修訂版

企業改造

組織轉型的管理解謎，改革現場的教戰手冊

ザ・会社改造
340人からグローバル1万人企業へ
Transforming a Company

三枝匡
Tadashi Saegusa

李友君｜譯

經營管理 149

企業改造（修訂版）：

組織轉型的管理解謎，改革現場的教戰手冊

作　　者　三枝匡（Tadashi Saegusa）
譯　　者　李友君
責任編輯　文及元
行銷業務　劉順眾、顏宏紋、李君宜

總 編 輯　林博華
發 行 人　凃玉雲
出　　版　經濟新潮社
104台北市中山區民生東路二段141號5樓
電話：（02）2500-7696　傳真：（02）2500-1955
經濟新潮社部落格：http://ecocite.pixnet.net
發　　行　英屬蓋曼群島商家庭傳媒股份有限公司城邦分公司
104台北市中山區民生東路二段141號11樓
客服服務專線：02-25007718；25007719
24小時傳真專線：02-25001990；25001991
服務時間：週一至週五上午09:30~12:00；下午13:30~17:00
劃撥帳號：19863813　戶名：書虫股份有限公司
讀者服務信箱：service@readingclub.com.tw
香港發行所　城邦（香港）出版集團有限公司
香港灣仔駱克道193號東超商業中心1 樓
電話：852-25086231　傳真：852-25789337
E-mail: hkcite@biznetvigator.com
馬新發行所　城邦（馬新）出版集團Cite（M）Sdn. Bhd.（458372 U）
41, Jalan Radin Anum, Bandar Baru Sri Petaling,
57000 Kuala Lumpur, Malaysia.
電話：（603）90578822　傳真：（603）90576622
E-mail: cite@cite.com.my
印　　刷　漾格科技股份有限公司
初版一刷　2017年11月16日
二版一刷　2018年7月5日
二版二刷　2021年3月16日

城邦讀書花園
www.cite.com.tw

ISBN：978-986-96244-4-2

售價：550元
Printed in Taiwan

〈出版緣起〉

我們在商業性、全球化的世界中生活

經濟新潮社編輯部

跨入二十一世紀，放眼這個世界，不能不感到這是「全球化」及「商業力量無遠弗屆」的時代。隨著資訊科技的進步、網路的普及，我們可以輕鬆地和認識或不認識的朋友交流；同時，企業巨人在我們日常生活中所扮演的角色，也是日益重要，甚至不可或缺。

在這樣的背景下，我們可以說，無論是企業或個人，都面臨了巨大的挑戰與無限的機會。

本著「以人為本位，在商業性、全球化的世界中生活」為宗旨，我們成立了「經濟新潮社」，以探索未來的經營管理、經濟趨勢、投資理財為目標，使讀者能更快掌握時代的脈動，抓住最新的趨勢，並在全球化的世界裏，過更人性的生活。

之所以選擇「經營管理——經濟趨勢——投資理財」為主要目標，其實包含了我們的關注：「經營管理」是企業體（或非營利組織）的成長與永續之道；「投資理財」是個人的安身之道；而「經濟趨勢」則是會影響這兩者的變數。綜合來看，可以涵蓋我們所關注的「個人生活」和「組織生活」這兩個面向。

這也可以說明我們命名為「經濟新潮」的緣由——因為經濟狀況變化萬千，最終還是群眾心理的反映，離不開「人」的因素；這也是我們「以人為本位」的初衷。

手機廣告裏有一句名言：「科技始終來自人性。」我們倒期待「商業始終來自人性」，並努力在往後的編輯與出版的過程中實踐。

目錄

企業改造（修訂版）：組織轉型的管理解謎，改革現場的教戰手冊

前言　挑戰企業改造的成敗……19

迎面而來的機緣　19・三十歲出頭：挑戰經營者重任　21・
四十歲：邁向企業再造專家之道　23・五十幾歲後期：職涯尾聲的奮戰　27・
什麼是專業經理人？　28・向全球的「企業革新大趨勢」對抗　30・
寫給立志當經營者的讀者　32・這不是三住才會發生的特殊故事　33

第一章　企業改造一：藉由解謎看出公司的強弱……35

有一位經營者只用四年，就將創業四十年上市公司的銷售額，從五百億日圓提高到一千億日圓，戰勝全球景氣低迷，蛻變為身價超過二千億日圓的企業。他會如何預先「解謎」，親自出馬進行企業改造？

第一節　描繪商業模式　36

還有四個月　36・三住強大的祕訣是什麼？　37・三住掀起的創新　40・
描繪三住商業模式　42・為什麼高成長和高收益會延續至今？　47

第二節　從多角化事業撤退　52
用一天時間看出異常所在　52・沒有戰略的雜貨店　54・勝負的關鍵是什麼？56・
公司內部的戰略素養　58・新創企業的成長障礙　59・多角化事業的轉機　62・
七個撤退決策　63・高階經營者的心態困境　64

第三節　提出「第一套」改革劇本　66
再次聘請　66・答應接任　67・新任總經理的上任簡報　70・三住八大弱點　71・
迫使員工面對　74・宣布總經理交接　77・剛好趕上　80・
三住改革戰略地圖的整體面貌：企業改造的對策　82・每一位員工的勝負　84・
日後的成長軌跡　86

第二章　企業改造二：向事業部組織灌輸戰略意識

……97

戰略是什麼？原本不懂戰略的事業部員工，要在痛苦煎熬中描繪「戰略劇本」，讓銷售額一百五十億日圓的事業部，成長為超過一千億日圓的全球企業。

第一節　迷失在戰略的入口　98
要從哪裏切入改革？　98・看不出「競爭」的事業計畫　103・
沒有理念的戰略行動　105・為什麼沒講出答案？　108・回歸基本面　109・

逼近問題的核心 111・重新設計專案 114

第二節 描繪戰鬥的劇本 122

回頭再次擬定戰略 122・忍耐的極限 123・培養經營人才的過程 126・
莫忘初衷 128・管理素養迅速提升 129・仍然不足夠（necessary but not sufficient） 131・
三住提供什麼「價值」？ 133・最後關頭，再度感覺「似乎還有哪裏不夠」 135・
星期六製作簡報 138・看圖說故事：總經理的「連環畫劇」 141・
全社管理論壇 143・日本國內銷售額五年內成長為三．四倍 145

第三章 **企業改造三：導正成本系統，避免誤判戰略** ……155

不正確的成本會計可能會產生重大的戰略錯誤。接下來要將世界上許多企業引進失敗的「ＡＢＣ法」，定調為員工平常使用的戰略導向系統。

三住ＡＢＣ系統的「歷史曙光」 156・專案啟動 157・
步驟一：整理全公司的業務流程，釐清與各職位行動的關係 158・
步驟二：分析各個會計科目經費與行動的關係，定義成本動因 159・
步驟三：勾連每項行動的經費與出貨商品紀錄 161・
步驟四：運用ＡＢＣ法進行「損益分析」 162・

數字反映事實 164・針對全公司發展的三個內部趨勢 167・
對ABC分析的執著與危機感 169

第四章 企業改造四：以國際戰略追求成長、一決勝負……181

「對國外漠不關心，總公司的國外事業組織為零，也沒有戰略。」這樣的公司竟然在十三年後發展成國外員工七千人，國外銷售額比率將近五〇％的國際事業。「世界戰略」要如何建構和實行？

第一節 妨礙國際化的昔日詛咒 182
海外事業的初始形貌 182・拜訪美國 183・描述「第一套」劇本 185・
抓出並根除造成偏狹症的病因 186・進軍中國大陸市場 188・
組成中國事業小組 189・預測現金流量 192・總經理的決心 193・
對抗異國的障礙，破解內部的詛咒 195・門外漢的障礙 198

第二節 從門外漢改頭換面 202
總經理現身第一線 202・為什麼是最差勁的型錄？ 204・從制約條件中解放 209・
拜訪中國廠商 211・驚人的新方針 214・打造上海三住村 217・
高速設立進軍國外新工廠 219・升起Z旗 221

中國事業的成長 224・往後在全球的發展 227

第五章 企業改造五：安排併購謀求業態革新……235

三住告別專業貿易商四十年的歷史，鐵了心要併購製造商。毅然決然實行業態變革的戰略，根除「商業模式弱點」的背後，具備了什麼樣的「歷史觀」和「目標」？

宣布廠商併購案 236・進軍中國大陸市場學到的教訓 237・近親憎恨：相依為命卻彼此厭惡 238・全球管理革命新浪潮 240・提出併購 244・管理整合的障礙 248・以國際發展為優先 251・駿河精機的總經理交接 252

第六章 企業改造六：藉由生產改革打破僵局……259

生產改革被現場的反抗逼到「死亡之谷」，要以什麼樣的契機復甦？與高階經營者合作的腦力戰和充滿汗水的現場改善，產生最適合三住業態的「世界水準生產系統」。

第一節 反抗生產革新 260

著手改善生產 260・三住改善生產的難題 262・縮短生產製造時間和刪減成本 265・指導協力廠商 267・關西生產園區 270・駿河精機的生產改善 271・典型的反抗改革心態 275・如何解決危機 278

第二節　決心＋智慧＋汗水的結晶　280
生產改革　280・亂來的人事異動　282・問題浮現　283・開始真正的改革　287・託付給改革領導者的斬斷力　291・大幅改頭換面及隨之而來的改革躍進　293・打造朝向水平擴展的羅盤　297・召開協力廠商經營者會議　298・動態戰略的自立性　301・達成隔日出貨的標準：發動嶄新的時間戰略　303

第七章　企業改造七：與時間賽跑，挑戰營運改革……311
改變體制之後，以前由六百人處理的工作，現在僅需一百四十五人就能完成。要在客服中心進行汗水、淚水和忍耐交織的「業務改革」是什麼？與時間賽跑的經營是什麼？

第一節　選錯改革的概念　312
營運鏈生病了　312・雙重損失結構：成本昂貴的外包　316・第一次受挫　319・五C改革：重新出發　321・坦承計畫　322・總經理最大的「失策與不幸」　328・第二次受挫　330・發揮斬斷力　332・「死亡之谷」的痛苦，想逃也逃不掉　335

第二節　第三次終於成功　337
擔任救火隊　337・改善新中心以求再次整併　340・由三住框架所引導出的深刻反省　343・建構新的模式概念　346・

邁向新型營運的實驗 347・開始展現成果 349・客服人員的正職化 354・再次整併地方中心 355・女性領導者大顯身手 356・開始自行進步 358・由一百四十五人做六百人的工作 362・從失敗中學習 363・三住營運模式在世界的發展 366

第八章 企業改造八：如何設計充滿朝氣的組織？……373

「組織末端朝氣蓬勃」與「戰略凝聚力」兩全其美是公司的理想。然而，當成日本經營的實驗地不斷摸索，產生高成長率的「三住組織模式」，成為大企業病的威脅。

三住舊有思想「小組制」的革新價值 374・創辦總經理的思想：「自由與個人職責」 376・新任總經理的思想 377・對人才培育的態度 379・三住組織論：充滿朝氣的組織 383・這個組織發展不順的原因是什麼？ 385・改革的方案 387・事業計畫系統 389・與員工溝通 391・KJKJ：總經理發出的建言電郵 393・設置人材開發室 394・企業體組織 395・組織持續改變 397

後記 「戰略」與「熱情」的經營……407

以成為專業經理人為職志的讀者，好好把握機會 407・事業成長和人才培育的你追我跑 409・用什麼方法可以輕鬆一點？ 410・培育人才的難題 412・公司是「生物」 413

三枝匡的經營筆記

一、管理框架是什麼？ 49
領導力取決於「框架」的數量和品質 49
冷凍保存、解凍、應用 50
二、經營者以「解謎」決勝 92
領導者的工作始於解謎 92
從渾沌的現實中掌握「結構」 93
熱情暢談簡單易懂的故事 95
三、產品組合管理（PPM，Product Portfolio Management）看似過時，卻是穩住改革的經典戰略 117
PPM的功效 119
輝煌的「第一路線」 120
四、為什麼戰略中的成本會計很重要？ 150
成本會計不正確的危害 150
成本會計的正確程度 151
為什麼要進行ABC分析？ 152
五、全球的「企業革新大趨勢」 173

第一項潮流：做生意的基本循環 173
第二項潮流：從日本研究中誕生的「時間戰略」 175
持續進化的第二項潮流：企業革新大趨勢 176
第三項潮流：三住的短交期模式 179
六、三住的事業計畫系統 230
事業計畫的意義 230
四〇％審議、七〇％審議、一〇〇％審議 231
「培養執行者」的絕對條件 233
七、組織的危機感是什麼？ 256
單憑訴諸危機感，不會產生任何效果 256
只靠一位強人領導者，就會產生變化 257
八、熱情企業集團的結構 305
共通的框架 305
熱情企業集團的三大原動力 306
1. 何謂戰略 306 2. 何謂商業流程 307 3. 何謂心態和行動 308
單純化的薪火相傳 309

九、朝氣蓬勃企業的「組織活性循環動態論」 368
對立的二個關鍵字 368
因應發展階段重組，謀求組織活性化 372
十、個人的「跳躍」與組織「矮化」的力學 399
職位低，難道就不能做事嗎？ 399
是否刻意忽略自己能力不足的問題？ 400
「跳躍」將人生的學問極大化 403
消除職位矮化 405

【經營者的解謎】

1. 經營的斬斷力 25
2. 經營的修羅場 26
3. 死亡之谷 36
4. 了解商業模式並在內部共享 42
5. 商業模式的觸媒 45
6. 時間戰略 45
7. 事業綜效 55
8. 內部風險投資的弱點 60

9. 沉沒成本，與過去的損失訣別 61
10. 改革的第一套關鍵劇本 71
11. 創、造、賣：做生意的基本循環（商業流程） 72
12. Do it right! 85
13. 第一套、第一套、第三套劇本：領導者必備的管理劇本 93
14. 因果律的分解和萃取 95
15. 避免全面戰爭 99
16. 空降的專業經理人，是企業歷史的旁觀者 101
17. 管理素養 107
18. 現場主義 110
19. 貼近個別情況 114
20. 戰略是什麼？ 125
21. 鑽研一項基礎理論 131
22. 一張關鍵圖表 135
23. 框架的矛盾地帶 137
24. 改革是一齣連續劇 139
25. ABC 法引進失敗的障礙 167
26. 看似亂來的人事異動：培育人才，義無反顧 195
27. 職位矮化：位置換了，腦袋卻沒有跟著換 200

28. 延遲競爭反應：伺機而動，等待時機，一決勝負 206
29. 制約條件的鬆綁 210
30. 來自修羅場的緊急救援 210
31. 五C：五大鏈（價值鏈、時間鏈、資訊鏈、戰略鏈和心態鏈） 241
32. 改善交期的優點 262
33. 改善生產要從上到下，才能上意下達 267
34. 確實反抗型（類型C1） 273
35. 如何應付改革反抗派 277
36. 組織建立要從上到下 280
37. 管理技巧化為到處適用的通則 284
38. 分工的迷思：椅子師傅的悲劇 295
39. 公司內部的矛盾浮上檯面 313
40. 過度委外 316
41. TAT縮短的功效 344
42. 速贏：儘快取得首勝，哪怕只是小小的成功也好 352
43. 小而美的一條龍組織 378
44. 失敗是企業寶貴的財產 380
45. 嚴厲斥責 380
46. 農耕民族vs.騎馬民族 386

【重要關鍵：經營者的解謎與判斷】

商業模式　42．事業改革　102．培育將才　127．進軍國際　214．併購　242．生產改革　268．
貫徹改革　286．人力配置　318．時間急迫　348．組織文化　381

【叩問讀者】

企業改造之後的商業模式　91．掌握要訣，打造改革鏈　149．
改革之前，正確掌握問題的核心　172．找出阻礙企業改造的詛咒和成因　229．
業態革新的形式和戰略　255．改革反抗類型的特徵與因應方式　304．
長期進行企業改造的邏輯和框架　367．貴公司目前處於哪個階段？　398

前言　挑戰企業改造的成敗

迎面而來的機緣

「三枝先生，能否麻煩您接替我，成為三住的總經理（社長）呢？」

事情來得很突然。三個月之前，我擔任東證一部上市（按：東京證券交易所簡稱東證，將上市公司股票分為市場一部和市場二部。東證一部相當於東京股市大盤，主要由大型公司股票組成）企業三住（MISUMI，現為三住集團〔MISUMI Group〕；按：主要以「高品質、低成本，短交期」〔QCT〕模式，提供沖壓、塑膠模具零件，自動化機械零件等商品，迅速送達客戶手中的銷售服務。）的獨立董事，出席每個月召開一次的董事會。從我來到三住服務算起，那天還只是第四次例會，創社總經理田口弘先生就來拜託我接任總經理。

我當時以自己的公司（三枝匡事務所）為根據地，為業績不振的公司進行企業再造（reengineering）。許多日本企業在泡沫經濟崩潰後呈現低迷，陷入困境。我在「企業再造」這個詞在日本還不常用的時代中，開始多方嘗試相關做法。

三住的田口總經理委託我擔任接班人，我正接受小松製作所（Komatsu）當時的總經理安崎曉先生的委聘，進行該公司的企業再造。接受這項專案過了大約二年，改革已越過關卡，有希望順利完成改革（當時的故事記載於拙作《V型復甦的經營》）。因此，雖然接受三住公司獨立董事一職不會受限於時間不足，但若要擔任總經理就另當別論了。

從事「企業再造」工作的這十六年來，曾經三次有人問我要不要擔任上市公司的領導者。每一次我都拒絕了。雖然這些企業都在東京證券一部和二部上市，沒有能讓我興奮的要素。我並不認為這些公司能讓自己「激發熱情」。究竟三住公司的情況怎麼樣呢？當了短短三個月的獨立董事就要談到擔任總經理的事，老實說，多少讓我有點戒心。

然而，當我迎向人生的終局，追求嶄新人生的心境也強烈起來。當時我覺得這件事或許會在人生的最後啟動嶄新的發展。開口說要卸任總經理一職的創辦人，必然下了很大決心，但也是在要求受到請託的另一方懷抱更大的決心。

「田口先生，我還有正業在身。假如擔任三住的總經理，我就必須結束持續做了十六年的工作，關掉自己的公司。」

創辦人以理解的目光望著我的臉，我沒有立即拒絕，似乎讓他鬆了一口氣。後來他在總經理交接記者會上這樣表示：

「九月時，我就篤定自己的繼任者非三枝先生不可。」

即使受到這番讚譽，但若要問我在擔任獨立董事的這三個月來，究竟是哪件事讓他看出我的能力，卻絲毫沒有頭緒。他可能是耳聞我這個企業再造專家在外界的評價，也或許是讀過拙作，對於戰略領導力（Strategic Corporate Leadership）應有的觀念起了共鳴。

這就像是人生從不同道路走來的二人，在十字路口邂逅的瞬間。

三住這家公司看起來很獨特。然而這會是間「有趣的公司」，足以讓人拋棄自己的正業，將人生至今累積下來的經營技巧、戰略方法和領導風格全盤賭上，下定決心「為此鞠躬盡瘁」嗎？除非認清這一點，否則就無法下定決心，決定是否要接下總經理的重任。

三十出頭：挑戰經營者重任

最後，我就決定接手經營三住了。上任後，我在三住實施許多改革，苦難接二連三相繼發生。結果在擔任總經理兼執行長的這十二年來（按：二〇〇二至二〇一四年），三住公司終於改頭換面，堪稱成功的「企業改造」。

當然，改革的風險很高。假如方法和戰略不當，反而會讓公司陷入困境，公司還有可能掉進「死亡之谷」（valley of death）。改革與企業再造的成敗，取決於**事前**思考得多麼正確，以及是否不斷建構戰略。經營者必須正確判斷企業的問題所在，以及「真正原因」。

作家筆下的大偵探白羅（Poirot）及神探可倫坡（Columbo），沒有任何一處會描寫主角經歷過失敗期，提到他們其實以前曾經忽略重要的證據而揪錯凶手。然而，沒有累積基層的經驗，就無法培養如此知名的偵探。

企業家也是如此。面對眼前雜亂無章的「混沌」時，一定要正視現實，魄力十足地進行「解謎」，逼近問題的本質。但這項能力並非一朝一夕就可以提升，必須累積多年豐富的經驗，包括失敗在內。

東證一部上市企業的總經理並非人人可當。但是，為什麼要拜託我這件事呢？相信讀者當中也有許多人覺得不可思議，懷疑我是否扛得起重責大任吧。

我從二十歲出頭就始終持續冒險，以先驅的姿態摸索生存之道，挑戰超越時代十年或二十年的職業。當然，其中也包含了失敗案例。我的資歷從日本的常理來看，「正經」的就只有從大學畢業後任職於三井石油化學工業（Mitsui Petrochemical Industries，現為三井化學〔Mitsui Chemicals〕）這一段，我在二年半之後辭職，當時日本人社會普遍認為跳槽是社會邊緣人才會做的事（按：當時日本人遵守終身雇用制度，進入一家公司就會工作至退休）。

我很早就離開日本大企業，成為波士頓顧問公司（Boston Consulting Group，以下簡稱ＢＣＧ）在日本雇用的第一位顧問，任職於東京辦公室和波士頓總公司。ＢＣＧ這家公司當時就連在美國都還是幾近於無名，但進入公司一看，就會知道這其實是一流的專業集團。ＢＣＧ在七〇年代帶起了世界中「經營戰略時代」的潮流。

我開始培養經營者應該具備的「邏輯和戰略」，就是在ＢＣＧ時期受到啟蒙。此外，專業的態度和觀念也是在這段期間獲得啟發。

任職ＢＣＧ之後，我期盼將來能有機會成為「經營者」。之後前往史丹福大學商學院（Stanford Graduate School of Business）取得ＭＢＡ學位，邁入三十歲之後，我就很幸運地在三家公司擔任經營者，累積領導經驗。

剛開始我在住友化學（Sumitomo Chemical）和美國企業的合併公司空降為常務董事，一年後晉升高階經營者。三十五歲時，則替大塚製藥（Otsuka Pharmaceutical）援助的新創業公司（startup company）進行企業再造。然後在三字頭年紀的尾聲，創辦擁有約六十億日圓資金的創投公司（venture capital company），曾經擔任總經理。我覺得自己已經陸續掌握到當時日本保守的職場環境難以獲得的機會。就算是社會邊緣人，表面上看不到的「小路」也很多，連接在社會的四面八方。

儘管二十幾歲時想要當上「經營者」的夢想，很快地就在三十幾歲時成真，我這個別人眼中的「企業層峰」，卻經常碰壁；其中多半遇到是「人際關係」的問題。這時，我的經營管理經驗中辛苦的部分，就讓人獲益良多。畢竟唯有「自立自強」積極生活的人，方能享受排山倒海的「學習量」。

四十歲：邁向企業再造專家之道

到了四十歲，我累積的資歷有戰略顧問、二家企業公司的總經理，以及創投公司的總經理。這種職涯組合在那時當然稀奇，就連現在都很少見。

四十一歲時，我斷然放棄跳槽選擇創業，決定以自己的生存之道迎戰，成立三枝匡事務所；當時我創業的報導就刊登在《日經產業新聞》。

周遭的人擔心我無法謀生，但那是杞人憂天。我希望經營技巧能夠提升，有一天達到「專業經理人」的層次。不久前我還在經營創投公司，雖然剛開始要負責提供建議給創業者，但在進入泡沫經濟開始崩潰的一九九〇年代之後，大企業就找我進行企業再造。

那成了我人生的第二次轉機。

雖然還不到五十歲，我卻進入東證一部上市企業，以「戰略方法」為切入點策畫企業再造。後來日本冒出了再造基金和再造機構，「企業再造」這個詞逐漸普及，但我的挑戰比這早了十年。當時還不曉得能不能當成正業來做。

想必我是在日本自稱「企業再造專家」（turnaround specialist）的第一人。要挑戰的與其說是新工作，倒不如說是在日本開創「新職業」。沒有前輩可以指點我，一切都要在孤獨中不斷摸索嘗試。

有些企業層峰在因緣際會下聽到傳聞後前來洽談，拜託我進入苦於業績低迷的上市企業。以往大企業還有精力追求日本的高度成長，現在卻完全失去活力，落得一副狼狽樣。員工垂頭喪氣，失去對於工作的熱情和生活的喜悅，就連組織也逐漸「上班族化」（按：有氣無力，萎靡不振），領導力蕩然無存。我想，那裏一定有一位經營者正在懊惱自己沒有善盡職責。

我在那裏發現嶄新的人生責任。當事人被逼到走投無路、事業半途而廢，之後要怎麼做才能重新振作？從這種絕境中拯救他人，這就是我選擇的專業之道。

我的工作風格是擔任受託公司的副社長（按：相當於副總經理）和事業部長（按：相當於經理），從公司的內部推動改革。換句話說，就是進入公司的執政黨核心，而不是選擇做一名在野黨。為了斬斷失敗的劣勢，再次朝業績改善的動向起步，為此就必須發揮經營的**斬斷力**。

【經營者的解謎一】經營的斬斷力

斬斷的意思並不是要開除員工斬斷其生路，而是要斬斷因循苟且的「管理流程」，啟發組織的新方向再落實；如此一來，企業就會出現**轉折**（kink）。首先必須要逼近潛藏在問題底下的本質，將問題的結構「單純化」。然後要根據結果構思新戰略，將**現在身在其中的人**凝聚起來，同心協力、眾志成城，迎向全新的**對外戰爭**。

然而，對手是歷代經營者改革失敗的事業。也就是說，除非我掌握的經營技巧比上市企業的總經理更高明，否則這份工作就不可能當成生意在做。這家公司誤入「死亡之谷」的泥沼，我也要穿上長靴、捲起袖子，以這副模樣隻身空降。還必須找到突破的戰略，率領大家從死亡之谷爬上來。

無論在什麼公司進行企業再造，都一定會發生一次堪稱「修羅場」（按：原意為佛教用語，意指阿修羅和帝釋天互鬥；引申為面臨絕境）的狀況。雖然受邀出任總經理，這或許是挽救公司最後的機會，員工當中卻出現會反抗和怠工的人。因此，有時精神上還會被逼到極限。

晚上十點，我從公司回到自己的事務所。事務所雅致的裝潢讓人安心，祕書傍晚就回家了，只有自己一個人在。音響流瀉著我喜歡的古典音樂，整個人倒在沙發上，隨即沉睡。

沒過多久，我逐漸從睡夢中甦醒，朦朧之間我隱約聽見古典音樂。然後聲音就愈來愈大，將我拉回現實。

我在疲憊中聽著音樂，度過了非常幸福的時光。看看時鐘，已經過了夜晚十一點。很好，得回家了。當時的我就用這樣的儀式，找回明天的活力。

每當親手再造一家公司時就會發生這種事，緊要關頭簡直就是名符其實的「死亡之谷」。有時還會被「一路走來都是泥濘之路，究竟何處是終點？」的心境逼得難受不已。

明明是別人的公司，為什麼要這麼努力？**積極求生**的企業家，一輩子當中就要插手管一、二次艱難的狀況（又稱為修羅場）。但我遇到的次數和密度，是一般企業家的十倍甚或更多。

【經營者的解謎二】經營的修羅場

一般來說，修羅場是指自己無法控制全盤局勢，遭到別人的主觀意見、勝負得失、利己保身和個人好惡等外在因素影響，把自己逼到走投無路的絕境。修羅場會降低邏輯的正向影響（正確或不正確），增加情緒的負面影響（喜歡或討厭）。換句話說，形成修羅場的**原因**多半是因為擬定與執行戰略，而人事問題和職場政治則會提高脫離修羅場的困難度。

我藉此累積管理經驗和管理素養（管理判讀能力），歷練遠多於一般企業家。就算發生什麼事，也能逐漸以平常心對待。「**似曾相識的景色**」（按：場景、情境）也是這個時期有所領悟的用語（其實那就是一種管理框架）。大偵探白羅及神探可倫坡，一定也歷經這樣持續精益求精的過程。

五十幾歲後期：職涯尾聲的奮戰

這十六年來最後經辦的工作，就是為小松製作所的赤字部門進行再造，當初那可是集團銷售額一兆日圓的企業。時任總經理的安崎曉先生委聘我進行專案，面對十年來業績持續低迷的產業機械部門，向公司內外宣布「如果在二年內不能重建就收掉」。

我這個企業再造專家磨練出來的經營技巧，大致可分為以下三種：

1.「戰略」落實到組織末端，鼓舞眾人的「戰略術」

戰略不只是企業高階經營者的工具。改革者必須找出簡單到能夠人人共享的「戰略故事」，讓高階經營者到組織末端的年輕人每個人都放眼外界（競爭）。改革者要熱情暢談戰略，逐漸落實到經營現場。

2.讓難以改變的組織重建的「組織術論」

「組織論」是為了讓組織運作充滿朝氣。員工過度事前疏通的組織（按：指不善於正面決戰），就必須加以破壞。要抓緊機會變成「戰鬥組織」，像量身訂做般設計新組織；還可以用業務流程（business process）代替組織這個稱呼。

3.識人術

許多員工在前途黯淡的公司中，鐵了心要當個輕鬆的局外人。如果改革小組的成員選錯了，企業再造就會受挫，這個領悟至今為止毫無例外。重建的修羅場能在短期內證實「這個人是不是成大器的將才」，透過這種濃縮的經驗，識人之明就會急速進步。

這段時期的經驗，讓我在人生的後半段獲得回報。五十幾歲前半的某一天，我注意到自己的經營管理技巧在不知不覺之間大幅提升；這種實際體認的瞬間，曾發生過很多次。

什麼是專業經理人？

我從三十幾歲起，就想達到堪稱「專業經理人」的層次，主動冒險，累積相當的經驗。但是，我完全不認為自己早就達到專業經理人的境界。說到底，「專業經理人」是什麼樣的人？我的定義如下：

1. 無論要改革的公司在什麼狀況下，都能在短時間內發現「問題本質」的人。
2. 能夠向幹部和員工「簡單」說明問題的人。
3. 根據問題「管理」幹部和員工的精神和行動，推動組織前進的人。
4. 再來當然就是交出最後「成果」的人。

就算知名的職業經理人，也不一定是「專業經理人」。假如只有管理一家公司的經驗，那只不過是「這家公司的經營者」，管理技巧或許只能限於適用於那家公司。所謂成為「專業經理人」，就代表：

5.要累積「到處適用」（通用）的經營技巧、管理通則、戰略能力和企業家精神，超越產業、規模、組織文化和其他要素的差異，無論管理**任何企業**都適用。

6.以真本事為後盾的專業經理人，過去累積了「豐富的管理經驗」。就算面對艱難的狀況也會淡然處之，當成**走過的來時路**或**似曾相識的景色**。

此外，專業經理人還有一項特徵，就是薪水比一般經營者高。這就像是職棒選手和職業足球選手，就算有一天突然換到不同的組織（球隊），也可以從第一天就讓人見識到高超的專業本領。

7.「與付出相應的高額報酬」不必強求，有朝一日自然而然水到渠成。

將業務和開發這些分門別類的工作熟習到專精，當然是一種出色的生存之道。然而一般人往往以為，長期持續分工做事，身為經營者應有的本事也會同時提升，反正高階經營者的工作總會等著自己；這種想法，是日本式經營論資排輩（年功序列）制度造成的重大誤解。

假如你以成為經營者為目標，就要直接把「經營者」當成獨立的職業，最晚必須在三十幾歲找出生存之道，專心培養身為經營者應有的本領。

向全球的「企業革新大趨勢」對抗

讀者千萬不要以為這本書只不過只是歸納零星進行的改革課題。後面的〈三枝匡的經營筆記五：全球的「企業革新大趨勢」〉當中，說明世界上的企業革新趨勢也朝日本席捲而來，就像大河一般滔滔不絕。

這項變化的源流要追溯到一九八〇年代的歐美。其後企業革新的潮流接踵而來，包括「時間戰略」「企業再造」（reengineering）和「供應鏈」（supply chain），或是號稱「企業資源規畫」（ERP，Enterprise Resource Planning）的整合軟體，以及歐洲的「工業四．〇」（industrie 4.0）。此外，「電子商務」（EC，Electronic Commerce）的風潮也應運而生，代表的例子就是亞馬遜（Amazon）。我將這種從源自歐美歷史事件，稱為「企業革新大趨勢」。

其實，這項趨勢的源流就在日本，那就是豐田生產方式（TPS，Toyota Production System）。明確來說，日本人並未將發源於日本的方法升格為日本企業的革新概念，也沒能融會貫通用在管理上，讓歐美企業占了先機。將豐田生產方式推廣出去的「時間戰略」，是歐美企業自一九九〇年代以後恢復強大的重要原因。

換句話說，以前日本企業在全球市場上獲得壓倒性勝利，其後卻慘澹倒退。追溯歷史，都是因為面對來自歐美的「企業革新大趨勢」時，行動處處晚了一步；這可說是日本人管理素養（管理判讀能力）的敗北。

許多日本人現在還對這種風潮沒有足夠的認識，對於這點，三住從這本書出版之際的十四年前，就在新任總經理的授意下，開始進行各種改革。長期攀越失敗的障礙，不斷穩健地改革企業戰略和平臺組織（platform organization）。眼看這些改革在公司內逐一連結起來，經過幾年之後，不只是個別職位的強韌度凝聚一體，連整個公司的事業模型應有的優勢都結合起來。這份概念和現場踏實的努力累積下，三住就改頭換面變成「截然不同的公司」，堪稱「企業改造」。

進步並非易事，這本書的每一章都在奮鬥。前半本在描述改革專案進展不順的「失敗狀況」，後半本則描述打破僵局邁向成功的突破點，一切都是真人真事。每一章出現的管理框架當中蘊含**通用性**和**普遍性**，許多公司都適用。

這本書延續以往撰寫的「企業改革三部曲」《放膽做決策》（戦略プロフェッショナル）和《V型復甦的經營》（V字回復の経営）（按：以上二書繁體中文版皆由經濟新潮社出版）與《經營力的危機》（按：暫譯，原書名経営パワーの危機，日本經濟新聞社出版）的風格一致，並不是生硬死板的理論類商管書，讀者會透過如同直播的故事，體驗到改革現場貼近活生生的現實，同時學習經營的「邏輯性」和「戰略性」。

只不過，這本書和之前的三部曲有一個很大的不同，希望讀者明察。

以往的三部曲都是「短期決戰」，被逼到絕境的公司或事業要在二至三年內重建。反觀這本書則是從擔任上市企業的總經理兼執行長開始，耗時長達十二年實行「企業改造」，也就是要尋求「改革鏈」。想要將員工僅僅三百四十名的本土貿易商，轉變成現在全球將近一萬人的全球企業在世界奮戰，需要什麼條件呢？

換句話說，三部曲的故事是親身赴難拯救公司，就像在深山進行危險的「溯溪」一樣。反觀這本書的故事則是花十二年全力投入困難的工程，好讓進入原野後河道變寬的河流大幅改變地貌。這本書每一章的困難工程各個部分都是「危險工程」，當一切竣工與整合後，「企業改造」的困難工程才算落成。

寫給立志當經營者的讀者

每一章描述的各種改革並非自然發生的變化，統統都是由故事中的三住領導者憑藉意志，以人為引發的行動。這些篇章當中，既有失敗者因能力不夠或判斷錯誤而防堵，也有真正的改革者反而一口氣疏通。

有時我像老鷹一樣從上空俯瞰，有時我降落地面指揮。讀者閱讀到最後，應該會看見分隔每一章的並不是「事件」，而是十二年來，我如何將三住這家公司徹底改頭換面的過程。

另外，目前為止三部曲當中出現的公司名稱都以化名替代，不過，這本書卻從一開始就大方寫出真名，指出故事背景就在三住（現為三住集團總公司）。主角就是我，這十二年來擔任執行長兼總經理暨董事，這本書出版時則擔任董事會議長一職。

由於創辦總經理為田口弘先生（現為三住集團總公司特別顧問、創辦人）這是公認的事實，因此就以真名記述。我自從擔任總經理以來就警惕自己，別在公司外對前任經營者的經營方針表達負面言論，這本書則將當時的經營判斷流程如實公開。

從外界的角度來看三住，是一家優良企業，為什麼我接任總經理不久，就必須進行**那麼**激烈的改革？究竟是在害怕什麼？想要閃避什麼樣的情況？要是沒有如實描述過程，就失去了撰寫本書的意義。

這份原稿在交給出版社之前，曾請創辦人田口先生過目。當時他笑嘻嘻地說：「這些都是事實，直接公開就行了。」就連隻字片語都沒有要求修正。

這本書就算對田口先生那個時代做了負評，也不是否定創辦人的功績。田口先生是創意洋溢的一流企業家，就因為公司擁有四十年的歷史，我才能夠**以此為基礎**，建立下一個青出於藍的時代。

這不是三住才會發生的特殊故事

除此之外，故事的出場人物皆為化名。撰寫時會以實際特定單一人物為模特兒，或是由好幾個人組合而成的「平均形象」。

為了撰寫這本書，三住旗下約有三十位現任幹部，將當時的狀況和他們的經驗撰寫成文章。另外，中階經營者以上的同事們還回憶當時情況，將我的「言行錄」寫成卡片送給我，蒐集了五百張左右。

這本書與事實相關之處，有留下豐富的文件可茲證明。但是，對話和發言者的心態則沒留下正確的紀錄，每個時期的演變和詮釋都以作者的主觀描述。引用同事們所寫文章的段落，也是回憶當時情況增寫或修正；因此，本書由我擔負全責。

最後，針對閱讀這本書的方法，我有一個建議。

假如讀者閱讀本書時當成「三住才會發生的特殊故事」，會大幅減少從這本書能夠學到的事情。雖然這是三住的故事，書中出現的管理現象、人的行動、情感的糾結、戰略的邏輯和其他要素，卻蘊含普遍性和通用性，適用於所有公司。讀者閱讀時若知道這一點，從本書學到的事情就會多出好幾倍，拙作「改革三部曲」的三本書也是如此。

當時，倘若我拒絕接任三住的總經理，到其他公司接任執行長，我也會大刀闊斧改革，卸任執行長之後，也極有可能將企業改造的經驗出版成書。屆時讀者無論閱讀哪本書，學到的道理都會有許多重複之處。無論在哪家公司進行都一樣，具有管理和戰略的「普遍性」。掌握許多能夠各行各業適用的通則或框架，就能提供有志於成為經營者或專業經理人的讀者自我磨練的武器。

因此，讀者要了解這本書就必須知道三住，但是，本書改革的場景發生在三住，其實不必看得那麼重要。

將來努力「想要成為經營者」「以專業經營者為目標」的人，務必細讀本書。假如這本書能夠發揮作用，多培育一位經營者，就達到撰寫這本書的目的。

接下來，第一人稱「我」的文章告一段落，以第三人稱描述主角三枝匡挑戰「企業改造」的故事，就此展開。

第一章

企業改造一
藉由解謎
看出公司的強弱

有一位經營者只用四年，就將創業四十年上市公司的銷售額，由五百億日圓的上市公司提高到一千億日圓，戰勝全球景氣低迷，蛻變成身價超過二千億日圓的企業。他會如何預先「解謎」，親自出馬進行企業改造？

第一節　描繪商業模式

還有四個月

「三枝先生，能否麻煩您接替我，成為三住的總經理呢？」

這件事發生在九月，三住公司的獨立董事三枝匡來公司時。要不要接受職位，隔年過新曆年時，就是答覆的最後期限，在此之前，還剩下四個月可以考慮。這段期間必須了解三住的「強弱」，判斷這是否為「有趣的公司」，讓自己熱血沸騰，需要以最快的速度行動。

現在，三枝要面對的情況，類似於過去在業績不振的企業負責再造專案；第一次進入該公司服務。感覺就像在巨大迷宮當中徘徊良久，無法立刻看出判斷的切入點。

從過去的大多數例子來看，公司幫忙準備的內部資料不會派上用場。雙方對事物的觀點和切入點不同，**被動等待**，就什麼也看不出來。

【經營者的解謎三】死亡之谷

無論在哪家公司，某種形式的「死亡之谷」一定會等著新來的經營者。這是避免不了的宿命。然而，只要提早知道，前有危機等著自己，做好充足的準備，就能**提高平安過關的機率**；關鍵在於改革者如何搭配「高明的管理素養」和「熱情的領導力」。

十六年來，三枝以企業再造專家的身分工作。他進入委聘企業服務時，員工就把他當成外人，存有戒心。然而，三枝卻不以為意，順利深入公司內部。

到處走動之後，就能從幹部和員工無心的言詞和玩笑，以及些微的表情變化背後，抓住看出問題徵兆的瞬間。原以為要打開窗戶看見對面的景色，結果窗戶卻立刻關上了。**那一瞬間**映入眼簾的事物當中，原本應該在那裏的事物並**不在**，應該不在的東西**卻在**，就會覺得不對勁。

就算覺得哪裏怪怪的，但一時之間還不曉得那真的是問題，還是自己想太多。這時，就要再度打開緊閉的窗戶，再仔細窺探其中。

假如之後發現異狀，就要踏進現場，當場接觸實物，確定問題的本質是什麼。還要聽聽周遭外部人士的意見；如果沒有問題，就要迅速抽離；優秀的經營者每天都要重複這些動作，度過危急時刻（touch and go）。

三住強大的祕訣是什麼？

三枝見到創辦人田口總經理的八年前，三住在東京證券二部上市，過了四年之後，就升格為東京證券一部。

三住以前是間不起眼的企業間商務（B2B，Business to Business）貿易商（商社），販賣機械工業零件。銷售的零件會用在工廠的自動機械、機器人、金屬模具，以及其他**羅列在生產線上的**

機械。換句話說，三住經手的零件並不會裝在汽車、電腦，以及**消費者直接接觸**的商品上。

企業對消費者商務（B2C，Business to Customer）的商品喜好者當中，也有人覺得機械零件業界不起眼，缺乏行銷要素，施展戰略的餘地不多，於是就敬而遠之，但這種誤解是出於「偏見」。從三枝過去的經驗來看，B2B的這種業界也蘊含戰略、行銷和其他商業上所有強而有力的要素。

以往三住業績優異。銷售額約五百億日圓的規模，在東證一部上市企業當中並不算大，毛利率卻有三五至四〇%，營業淨利則為一〇%左右。就算在日本景氣低迷期間，也維持高收益和高成長。「貿易商」的業務型態通常多半是薄利多銷，這樣的高報酬率幾乎稱得上是反常。就連三菱商事和三井物產之類的大型貿易商，都不可能出現這樣的報酬率。

「三住的企業特色是什麼？」

假如這樣問公司外的一般人（儘管原本知道三住情況的人就沒那麼多），知道的人通常只說一句：「藉由型錄販賣機械零件的公司」。

凡是看過這本型錄的人都會很驚訝。型錄的厚度有一千五百頁左右，厚得像磚頭一樣，重到連單手拿著走路都很難。假如期待翻開書頁後，就會出現漂亮模特兒和彩色插圖，那可是會完全落空。裏頭都是些數字與符號，一點都不有趣吸引人。

三枝開始在公司裏走動，詢問員工三住的企業特色是什麼，結果每個人回答的都一樣。

「三住透過型錄提供給顧客的是零件的『標準化』，許多技術人員用型錄就像用辭典一樣順手。」

這話讓人一時摸不著頭緒。「標準化」是指什麼？

驚人的是，這番話的背後隱藏著三住波瀾壯闊的企業革新歷史。

三住約在半個世紀前創立（按：一九六三年），剛開始經營的事業是金屬模具零件的販賣。我們每天的生活環繞在用金屬模具生產的商品當中。像是汽車、電器產品、電腦、手機，或是塑膠製的水桶及玩具，用金屬模具製造的零件會用在各種的商品上，金屬模具的重要性堪稱產業的核心。

比方說，某家汽車零件廠商在工廠設置壓床，想要生產汽車零件。製造符合設計圖的零件時，一定要將「金屬模具」裝在壓床機械上。要是產品的設計和規格稍微有點改變，就必須裝上新的金屬模具以配合需求。假如不這樣做，就無法生產出理想的零件。要組裝金屬模具就需要「金屬模具零件」。三住開創的事業就是在製造這種零件。

【眾生相】荒垣正純的說法（時任董事，當時五十三歲）

以前我們會一家家拜訪三住業務員的客戶，也就是「金屬模具廠商」，過去詢問他們所需的金屬模具零件，爭取訂單。三住會將訂單送到「金屬模具廠商」手上，等零件做好之後，三住再交給「金屬模具廠商」。「金屬模具廠商」的設計師在製作新的金屬模具時，要替一個個零件繪製詳細的「圖面」（設計圖）。圖面會交給零件廠商，讓廠商製造相符的零件。

當時，金屬模具零件的「交期」從接受訂單到交貨為止，通常都要二至三個星期。而且有時會出現生產失誤，送達的金屬模具零件尺寸不對。這麼一來就要重做，花上更多的天數。

另外，不管是洽談圖面的詳情，還是在零件送達時逐一核對是否按照著圖面（驗收），都要花時間和工夫。因此，當時金屬模具零件的價格也就水漲船高了。

三住掀起的創新

當時這種做法在業界是家常便飯，三住創辦人卻掀起了堪稱革命的創新。他在創業後的十五年，發行金屬模具廠商的「型錄」。

型錄內容記載了數量龐大的零件表，包含以微米（按：micron, micrometer, μm，即為一公尺的百萬分之一）為單位的尺寸差異。雖然都是數字和符號，但金屬模具設計師**不需要**經過「描繪圖面」這項麻煩的作業，這正是劃時代的創新。

- 設計師不必繪製圖面，而是看三住型錄的表格**取代**，以數字和符號指定自己想要的零件尺寸。
- 將數字和符號結合之後，就成了三住的商品編號，稱為型號。設計師會將型號打電話或送傳真到三住的客服中心。

- 三住會將型號發送給協力廠商（金屬模具零件廠商），廠商的員工光看型號也能判斷該怎麼加工。
- 就算是以微米為單位的高精度產品，協力廠商也能在一天內生產，當天晚上之前就送到三住的配送中心。三住會在第三天出貨（後來時程縮短，這本書出版時是隔天出貨）。顧客急著要，就會另外收費，一天就能出貨。
- 型錄上印著商品價格，由於是不二價，不需要報價與議價。

三住開創這個事業之前，每次客戶繪製圖面時，每一個都要當成「特別訂購品」。透過型錄挑選就形同於標準零件，三住稱為「標準化」。

「金屬模具廠商的設計師可以省去很大的工夫，換句話說，這種措施提供了**便利性**。而且三住堅持品質，這一點也能贏得客戶的信賴。」

訂單開始從全日本湧來，三住成長擴張的歷史就此展開。

三住的革新類似亞馬遜和愛速客樂（ASKUL，按：創立於一九六三年，將辦公室用品和服務迅速準確送到顧客手中的線上購物服務商，主要客戶是中小企業，過去是以型錄銷售）的物流革命；許多人誤以為歷史的先驅是愛速客樂而不是三住，但三住採用以型錄縮短交期的模式後，過了將近十五年愛速客樂才開始型錄銷售。業種雖然不同，但是三住縮短交期的模式，是領先世界的創新。

描繪三住商業模式

三枝開始在公司內走動沒多久，心裏就有一個疑問。雖然員工講出「標準化」這個詞，但若讓他們說說看事業的特徵，照理說該更加複雜多樣。結果卻沒有人**統整全局**加以說明。

三住「強大的泉源」就只有「標準化」嗎？

【經營者的解謎四】了解商業模式並在內部共享

自家公司的商業模式雖然優異，但沒能整理其結構的公司，極有可能會忘記從「商業模式」的切入點議論，將強化商業模式的綜合戰略晾在一旁。競爭對手看出了我們的價值而加以模仿的話，我方的優勢就會不知不覺逐漸消失。

【重要關鍵：經營者的解謎與判斷】商業模式

- 員工對商業模式不加思索的現象，就過去的企業再造經驗來看反而很常見。這種刻意一味模仿別人，採取相同措施的情況，正是弱者的特徵。
- 然而，持續高成長及高收益的三住並非弱者。要將員工片面描述的內容，加以統整化、系統化和構圖化，獲得「三住商業模式」的圖像。
- 要是沒有充分了解商業模式就擔任總經理，極有可能會出錯主意。三枝顧慮到這一點，於是就決定自行描繪「商業模式」。

要說明商業模式並非易事。公司內部的結構和外部的競爭要素錯綜複雜，必須同時挑選出關鍵的要素，盡量歸納為**單純的構圖**。

花了好多天繪製多張圖表後，總算變成了一張「畫」。照理說三住的幹部和員工從來沒看過這種說明方式。這種工夫要自己去做，是三枝的**自行構思框架**，這種圖表則命名為**「三住QCT模式」**（按：高品質、低成本、短交期）。

1. 無論是哪家公司，商品的決勝關鍵取決於品質（Q，quality）、成本（C，cost）和時間（T，time）三項要素。假如高品質（Q）的商品有著比別家便宜的成本（C），以最短的時間（T）交貨，那麼除非另有其他特別的要素，否則許多顧客一定會選擇這

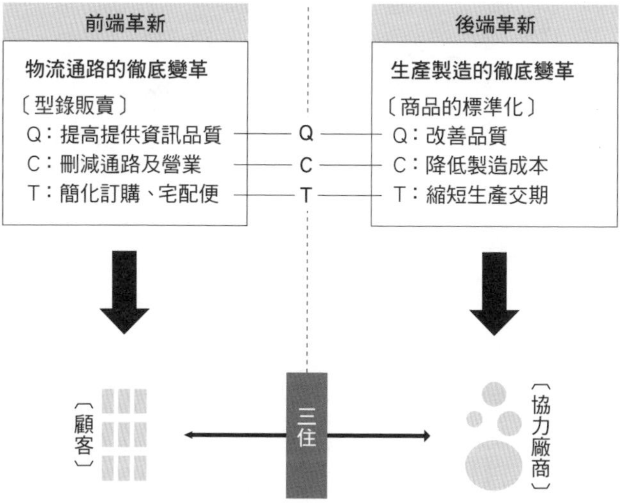

【圖1-1】三住QCT模式：高品質、低成本、短交期

個商品。

2. 三枝將三住眼中的客戶命名為「前端」。三住首次採用「型錄販賣」直接販賣，掀起創新，從歷史來看是物流通路的徹底變革。這就是啟動 QCT 這項利器的「觸媒」。

Q：記載在型錄上的資訊，遠比當地金屬模具零件廠商提供的資訊還要充實。業務員不需要介入，送到顧客手上的資訊品質大為提高。

C：採用型錄，透過傳真（後來則透過網頁）直接訂貨後，三住就不需要業務員了。藉由直接販賣降低中間抽成，就能大幅刪減物流成本。

T：原本花上二至三個星期的交期，三住縮短為通常是第三天出貨。

3. 三枝將三住背後的協力廠商命名為「後端」。這會成為「商品標準化」的「觸媒」，讓三住掀起徹底變革，而後端亦可進行 QCT 革新。

Q：三住協力廠商的生產量飛躍成長，透過「標準化」改善生產技術，提升品質。

C：生產量增加後不但會達到「規模經濟」（economies of scale），還會因為「熟練」而提升良率。成本陡降到以往的三分之一。儘管三住大幅壓低販賣價格，但還是能夠獲得足夠的利潤。

T：協力廠商以「單件流」（one-piece flow）生產大幅縮短「生產製造時間」。結果包括從訂貨到發送在內的「總生產製造時間」，就真的明顯縮減了。

【經營者的解謎五】商業模式的觸媒

現在做生意就算慢慢累積工夫，「漸進式改善」持續得再久，也達不到「徹底改革」成功時的劇烈變化。新穎的商業模式將會大幅改變市場，其中蘊含的技術革新和創意，必然會產生一氣呵成的變化，那就叫做觸媒。

其實「時間」這項**戰略概念**在三枝匡的職涯中，扮演關鍵角色。對於立志成為經營者或專業經理人的讀者來說，「時間戰略」是必修科目。

【經營者的解謎六】時間戰略

一九九〇年代初期，美國人揭露豐田生產方式並非單純的改善生產手法，而是讓企業發揮「**時間戰略**」的作用。這種**歷史性的發現**沒有將改善的空間侷限在工廠，而是讓整個企業升級，逐漸形成企業再造、供應鏈、ERP系統、最近歐洲的工業四．〇，以及其他歷史性概念的變遷。想提高企業競爭力，就需要引進「縮短時間」的利器，重新檢視公司內部的工作流程（詳情參閱〈三枝匡的經營筆記五〉或是《V型復甦的經營》第三章）。

三住的型錄堪稱「觸媒」，對於當時老舊工業機械零件的流通來說，具有革新價值。三枝覺得自己描繪的「**三住 QCT 模式**」真有意思，一個人開心老半天。然後，這份圖表就向自己發出新的「謎題」。

這種商業模式不會跟不上時代吧？換個問法，是否會遭到競爭對手模仿，反而讓現在的三住變成普通的企業？

還有，幹部和員工對「商業模式」的型態沒有明確的認識，這項事實意味什麼呢？搞不好這項訊號，是在透露他們仗著過去建立的事業優勢趾高氣揚，荒廢了催生下一個革新的努力吧？

這種提問是框架的長處；三枝描繪的「**三住 QCT 模式**」內容是否妥當，必須由三住的同事們驗證。

【眾生相】荒垣正純的說法（簡歷如前述）

三枝先生擔任獨立董事半年多之後，就邀我喝酒聊天，於是我們就去附近的壽司店。就在開心暢飲之際，三枝先生突然用手指拆開插著免洗筷的筷套，開始在內側的空白面振筆疾書。

「三住企業就是這個樣子。」

當時我很驚訝，三枝先生竟將我們公司的情況簡化為那麼精準俐落的圖表。照理說他是個大外行，說明的方式卻連我都覺得新鮮。

當然，那時我還想不到三枝先生會擔任三住的總經理。原本以為三住永遠都是創辦人田口先生的公司。

為什麼高成長和高收益會延續至今？

三枝繼續調查公司內部。為了強化長久以來以金屬模具零件起家的事業，三住在強化基礎設施部門上也採取過各種必要措施。承辦訂貨的客服中心、配送中心，以及支援這些部門的資訊系統逐漸擴充。另外，三住的基礎設施部門長久以來提出「遵守交期」做為經營方針。幹部得意洋洋地說，這種精神已經銘刻在三住的基因（DNA）當中。

三枝發現了有趣的事實。基礎設施部門當初建立，是為了經營一開始的金屬模具零件事業，但這項功能逐漸充實起來，假如能夠認清這是三住的優點之一，公司內部自然會想出接下來的點子。

「假如透過這項措施販賣不同的商品，就有十足的把握成功，推動公司的成長。」

這就是商品多角化的緣起。當時正是金屬模具零件市場的成長開始遲緩，三住的成長出現陰影之際。

首先要進軍用在塑膠成型上的模具零件市場，其次是生產現場自動機械用的零件（工廠自動化零件），然後是電子零件、配線零件，以及現場使用的工具等，將三住的基礎設施部門當成**平臺**（platform），相繼打入新領域。如果三住滿足於一開始的金屬模具零件生意而停止進入新事業，三住的高收益和高成長老早就沒了。

目前為止，調查進行得很順利。三枝看出「三住『高收益』和『高成長』的機制」，覺得無懈可擊，同意這家公司很獨特。

然而，判斷是否要接任總經理，關鍵在於三住藏有多大的潛力可以從日本「走出去」進軍國際。他在人生的最後，單槍匹馬扶植「來自日本」的新型國際企業，想要在這當中培育日本的經營者人才。

詢問之後發現，現在國外並沒有競爭對手採取這種商業模式。現在許多日本企業失去世界級優勢，想必三住的特質會在國際上掀起有趣的發展吧？真令人期待。

到此為止，過了大約四個星期，十月也即將結束。

三枝匡的經營筆記 一

三枝匡的經營筆記 一

管理框架是什麼？

領導力取決於「框架」的數量和品質

這本書頻頻出現「框架」這個詞。我認為經營者的優劣，取決於是否具有框架。具備框架，能夠了解事物的本質和結構，為求說明易懂起見，不妨視為「輪廓」。

能幹的領導者在看到異常時，腦中會響起警報，想著「總覺得這不是原本該有的樣子」。沒有這種想法的人就不會覺得那是異常，直接掉頭走開。

換句話說，發現「似乎不對勁」的人，頭腦的**抽屜**當中，就已經擁有「原本應該是這樣」、「正常來說會這樣」的印象和觀念。他會與這些要素核對，判斷眼前的狀態是正常還是異常。

這不只是在說企業家。每個人的生活當中，都會核對自己原本具有的印象，瞬間判斷及採取行動；動物也是如此，比方說，要是頭腦的抽屜積存著「人類好可怕」的感覺，那隻動物就會見人就逃。抽屜裏沒有這種想法的動物，則會毫不在乎地接近人類。

於是，技術人員擁有關於技術的抽屜，戰略優異的企業家擁有關於戰略的抽屜，大家都擁有許多的抽屜。同樣的，優秀的企業層峰，也擁有許多關於高階管理的「抽屜」。我將裝在這種抽屜當中的觀念和對事物的見解，稱為「框架」。

這不只是顧問或學者弄出來的複雜圖表和概念。更為單純的「觀念」和「對事物的見解」，也叫做框架。比方說，假如你認為「這種狀況下最重要的是提出『最終目標』以『鼓舞』眾人」，就代表你腦中已經擁有關於「鼓舞眾人」和「提出目標」的經驗和觀念，當成框架保存下來。

能幹的領導者擁有許多框架，靈活運用在每個情境，這種場合可以應用這種觀念，下個狀況可以應用別的觀念。這就是能幹的領導者實際在做的事情。

冷凍保存、解凍、應用

我們從經驗和講座的學習中獲益良多。然而，要記住所學的事物時，重要的並不是將複雜的說明照單全收，而是用單純的「詞句」挑出本質，再收進自己的抽屜，我稱之為「冷凍保存」。雖然不曉得什麼時候會再用上，但就是覺得重要，因而事先保存在頭腦當中的「冷凍庫」（按：比喻腦中的資料庫）。

許多框架沉睡在人類的冷凍庫裏，其中還有結了霜超過賞味期限的。然而，當面對某些新的狀況，毫無頭緒苦惱得團團轉之際，有時會在某個瞬間想起事先冷凍保存的詞句，覺得「說不定和那件事有關係」。所以要打開冷凍庫，取出詞句除霜「解凍」。當時的記憶會源源不絕地甦醒，再將那些事物應用在現在的狀況上。

說不定冷凍保存的是從以前讀過的學者著作中學到的理論，或是聽到別人說話之後覺得感動的詞句。我將這些稱為「**借用框架**」。借用也可以寫成**暫用**。就算是別人的框架，一開始「剽竊」是

三枝匡的經營筆記　一

很重要的。

但是，「**借用框架**」多半不能原封不動套用在自己眼前的狀況；所以為了能夠適用於眼前的問題，就要自己加點工夫，稍微修正使用方法。假如能夠順利變成自己覺得可用的，哪怕是修正分毫也不算是剽竊。這會變成嶄新的自我主張，我稱為「**自行構思的框架**」。

這裏用的不是辭典中會出現的「主張」，而是我自創的新詞「自行構思」。就連這個詞彙在我看來，都是重要的自行構思的框架。

像這樣累積借用框架和自行構思的框架後，這個人就能比其他人早一步說出「這個問題不是這樣的嗎？」所以，當體驗到和學習到某些事物時，要用簡單的詞句保存在冷凍庫裏，這項作業是日後提升自我能力的關鍵。

就算氣憤或後悔以前遇到什麼複雜的問題也要暫時拋開，捨棄個人好惡和情緒，**不要出現既有名詞**，剷除**抽象化**的詞句。要是沒這樣做，過往經驗就不能適用於將來的狀況。換句話說，詞句和觀念的**通用性**高，要以單字和短句的型態放進冷凍庫裏。

冷凍時，千萬不要把自身的經驗談（包含情緒）等瑣事一併放進冷凍庫，這就像一般人不會把長長的**烏龍麵條**原封不動直接放進冷凍庫裏（按：一般會將烏龍麵條彎曲折疊再放入）。畢竟人類的冷凍庫不大，很快就滿了。

搭建自行構思的框架，積存在自己的冷凍庫，「應用」在將來的事件中，這個過程會提升領導力，少了它就無法提高領導力。

第二節　從多角化事業撤退

用一天時間看出異常所在

當時三枝能夠明白「三住 QCT 模式」的優勢。然而在這之後，三住經營的不同面相就浮現出來了。三住頻頻出現在傳播媒體上，表面的排場浩大，讓人感到不安，但他卻注意到癥結所在。他發現三住多年來傾盡全力在不同的事業上，沒有專心做「正業」。

三枝獲選為獨立董事的那一年，創辦總經理在股東總會上發表新事業計畫如下（這裏的小組相當於一般公司的「課」或「部門」，詳情參閱第八章）。

- 三住的事業小組數量，要是包含過去工業機械零件的相關單位在內，則去年度為十二組，今年度為十七組。
- 新事業創辦得更為迅速，五年後新事業的數量就增加到二十種以上。

三枝到處詢問公司內投資的事業內容為何，結果卻讓他驚訝不已。

「日本修理外國車的價格太高了。三住的新事業是要以便宜的價格從國外送來水貨零件，賣給日本的外國車修理工廠。」

「訂做商店『招牌』要花的天數太多，價錢也貴。新事業要以短交期為訴求製造招牌，價格也要適中。」

「個人住宅裝設『嵌入式家具』的費用相當高昂。新事業要以低價格和短交期，提供設計、製造與安裝服務。」

「城鎮裏的居酒屋店鋪又小，菜單也有限。新事業要以短交期配送加工食材，只要用居酒屋的微波爐加熱，就能立刻端給客人。」

三枝歸納各方意見之後，**當天**就做出判斷。

「這樣不行，三住的多角化不會成功。」

他才調查了短短一天，就否定上市企業持續將近十年的新事業。這樣判斷的根據是什麼？

三枝在三十幾歲後期擔任創投公司的總經理，進行約六十億日圓的基金投資活動。換句話說，他曾經在專業創業投資者的環境中打滾。他也知道什麼樣的創投散發出「有前途」的氣息，而就算覺得有前途，但若出資時管理不善，最後破產就會等著自己。三枝就碰過自己提供的資金逐漸賠光的慘痛經驗。

三枝聽到三住新事業的內容後，腦中就響起警報聲，紅燈開始轉個不停。究竟為什麼行不通呢？

沒有戰略的雜貨店

三住的員工離開「正業」，飛到遼闊的天空，著陸在形同月球和火星的另一個世界，到處創辦性質各異的事業；但是，無論怎麼看都沒有綜效（synergy effect）。

三枝意識到這個問題之後，就掌握住另一個從經驗當中取得的框架。他在觀察三住多角化事業的內容時，就想起一九八〇年代中期的新日鐵（Nippon Steel，現為新日鐵住金〔Nippon Steel & Sumitomo Metal〕）和其他日本重工業，譜出的空頭多角化創投問題（詳情參閱《經營力的危機》第一章）。

《日本經濟新聞》等媒體幾乎天天都在報導他們的多角化事業，舉例來說，像是遊樂場、運動俱樂部、避暑勝地、教育訓練中心、出版、人力派遣、影印服務、餐廳、香菇栽培、巨大迷宮、高爾夫練習場、鮑魚養殖和小木屋等。這樣的多角化事業沒辦法拯救重工業的經營不善。

三枝稱這種現象為「沒有戰略的**雜貨店**」。雖然他也見過許多當時推動多角化的人，但說穿了，裏頭並沒有真正的「企業家精神」，而是上班族作風的延伸。

這種多角化問題花了三年左右才解決；雖然大企業發覺雷聲大卻連雨點都沒有，但是當初投入許多時間和資金。

三枝在其中看到了日本企業「經營力的枯竭」（經營力的危機）。

從那之後過了二十年，現在三住是否還在做同樣的事情？所採取的行動是否還像「沒有戰略的雜貨店」？他為此心懷畏懼。一問之下，他發現這三、四年來，三住為了開發新事業而脫離正業的傾向，逐漸變本加厲。

【經營者的解謎七】事業綜效

想要獲得事業綜效，就要滿足以下條件：

1.事業和商品要有關聯性；
2.使用共通的技術；
3.市場和顧客要重疊；
4.販售通路要重疊；
5.能夠利用既有的品牌形象；
6.既然競爭對手相同，就該有戰略綜效；
7.奪勝的關鍵競爭因素相同，我方要熟悉這場戰爭；
8.所需的公司內部組織優勢相同，可以派上用場。

三住的多角化事業都沒有發揮出以上一至八項的綜效。不僅沒有與**任何**正業發生綜效，就連**新事業之間**的綜效**也**沒有。這根本是一盤散沙。

三枝判斷，之所以發生這麼嚴重的散沙症狀，絕對是因為公司**沒有**控管。極有可能缺乏**企業整**

體戰略；三枝從中嗅出了三住管理的重大失誤。

勝負的關鍵是什麼？

啟動新事業（venture）時，要是握有一定程度的豐厚資金，當事人多半會逞強，以為事業的前途不難發展。然而，新事業管理的鬼門關不在金錢，而在於戰略。

管理素養差的人，甚至不會發現危機迫近。一旦手握資金之後，就會燃燒鬥志，拚命工作。這和普通的上班族不能比，整個人顯得容光煥發。不過，要是沒有「金錢」和「努力」以外值得倚靠的武器，終究會遇到極限，身心俱疲。結果就會變成「資金燒光、力氣耗盡、事業失敗」。

努力非常重要，然而，光是努力還不夠。就算能夠熬過新事業草創初期的障礙，也要歷經長期抗戰，才能獲得勝利。這時就需要事業戰略產生的「策畫優勢」。要是少了它，新事業的成長就會**受限**。

換句話說，儘管公司大小發展到某種程度，成長卻會因此停止。雖然現在在大家的努力下支撐下去，但事業成功需要時機。要是拚命過頭，油盡燈枯的命運終究會等在前頭。這是因為競爭對手先走一步，消耗我方的戰力直到敗戰。

假如負責制定戰略的經營者能夠徹底明白這項概念，就算遇到弱小的事業，也可以從適合**弱小的方式**做起。那就是「戰略能力」。

三住事業小組的人個個看起來都相當熱情。他們擁有青春活力、努力不懈，再怎麼工作也不知疲倦，總是神采奕奕。

三枝曾將過時的日本企業改頭換面，覺得創辦總經理能在三住營造出這種氣氛很了不起。但遺憾的是，員工的戰略能力和管理素養看起來並沒有特別高。老實說，他們就像是一群門外漢，或像是普通人湊在一起的雜牌軍。

【眾生相】西堀陽平的說法（當時最年輕的執行董事，三十七歲）

當初，我是一畢業就進入三住工作的員工之一。那時的總公司是二層樓的預鑄屋，我看到時還很驚訝，雖然覺得三住著眼於獨特的經營模式上有點奇怪，但還是歡欣雀躍地進入公司。

創辦人田口總經理從我進公司時就提倡革新，鼓吹「標準零件的先驅」和「生產材料的物流革命」，建立了金屬模具零件事業的壓倒性優勢。

金屬模具零件事業終究進入了成熟階段，成長率下滑。公司有鑒於此，就發展出工廠自動化（FA，Factory Automation）零件這項新事業。後來三枝擔任總經理，這項事業在他的指導下達到爆發性的成長，成為三住全球化發展的支柱，培育成三住代替金屬模具零件事業的棟樑。

然而，當時這項事業還很小，沒有其他能夠培育成長的事業。因此，對公司領先感到不安的田口總經理，決定要改變三住的歷史。他提出多角化經營的方針，要接連設立範圍與既有事業無關的新事業。

公司內部的戰略素養

十二月的第一個星期，召開了每年舉辦一回的次年度事業計畫評估會議。這種會議叫做「願景簡報會」，由執行董事發表事業計畫。他們執行董事一年一聘的任命也會在此更新契約。執行董事在極度緊張之下接連進行簡報，設法讓自己的事業計畫獲得賞識。

不知怎地，一個人在做簡報時，往往會吹噓自己看準的「潛在市場」多麼大，以浮誇的數字示人。三枝推測，吹噓潛在市場很大，比較有利於獲得批准，這種錯誤的觀念成為公司內部的常識流傳開來。

這種模式持續了好多次，終於有人舉手發問。剛才還沉默不語的獨立董事三枝匡，竟然要求發言，員工的視線集中在他身上，大家納悶著：「有事嗎？」「哪位啊？」

「你之前說目標市場有三千億日圓的規模。但是，你的事業小組計畫在五年後獲得多少銷售額？」

預計在五年後達到十億日圓。以東證一部上市企業的多角化戰略現況來說，這簡直空洞得不值一提。重要場合提出那種計畫，顯得層次很低。然而，三枝的提問並沒有就此打住。

「市場規模為三千億日圓，你的目標銷售額為十億日圓，以新事業的提案來說，不覺得奇怪嗎？」

提案人聽不懂三枝在問什麼，於是三枝就幫了他一把。

「五年後，剩下的二千九百九十億日圓會由誰賺走？」

提案人總算明白三枝匡剛才的問題是什麼意思，卻無法回答，進退不得。競爭是戰略的基礎，而他欠缺對於**競合的認識**。

「這麼聽起來，你的事業和泡沫沒什麼兩樣，計畫終究會失敗。鎖定的市場就算小也沒關係，關鍵是要將目標放在如何在其中獲得壓倒性的第一吧？」

這可以說是打勝仗的要訣。進行簡報的執行董事坦然地點頭附和。現場瀰漫著同意的氣氛。

新創企業的成長障礙

當時的執行董事旗下擁有好幾個行業相異的事業小組，看在三枝眼中就像是「個人商店」一樣。有一位執行董事現身，針對工業機械零件如何在美國發展進行簡報，但三住在美國的事業規模很小，計畫看起來也不積極。

不久之後，同一位董事再度上臺。原本還奇怪這次要說什麼，結果他竟然在講解自己旗下的食品販賣事業。他提出的計畫，是要將**章魚燒**當成賣給居酒屋的新商品銷售。

三枝匡很驚訝。雖然不想過於引人注目，卻舉手發問：

「剛才是『進軍美國戰略』，接下來卻是『章魚燒』嗎？不知在你的心目中，哪一個事業最優先？」

全場哄堂大笑，提案人也答不出來，一起跟著笑，三枝也笑了。但他覺得，實在是病入膏肓。

換成自己，就會立刻回答美國比章魚燒重要。「從全公司的觀點來看，並沒有認清各個事業的**戰略優先度**」，他覺得這種問題會出現在事與願違的情況。

窗戶只會打開一瞬間，是否能立刻發現對面「原本**應該**在那裏的事物並不在」，或是「原本**不該**出現的事物卻在那裏」，三枝覺得這是**很典型的情境**。

【經營者的解謎八】內部風險投資的弱點

公司內部風險投資在基本階段中，會經過「探索→實驗階段→挑選→一氣呵成的大對決」的分段審查，和外界的專業做法相比就顯得天真，自曝其短。所以，經營事業的員工，並不明白資金調度的急迫感和辛苦，直接通過提案。許多看似了解狀況的人，終究也走不出上班族的格局。號稱內部風險投資的行動往往是提出無關痛癢的戰略，培育出半吊子的人才。

連一件讓人怦然心動而且「足以取勝」的事業都沒有。

這種程度的事業內容真能以公司的名義出資嗎？凡是世上的新創企業，都不會有投資人願意出面投資。曾經當過專業創業投資者的他，是這麼認為的。

即使是在公司內部成長相對較大的事業，也會在銷售額達到二十至三十億日圓後止步。而且在盈虧上還擺脫不了赤字。三枝知道以世間的常理而論，這個銷售額等於是新創企業成長的第一道障礙，實際上有許多企業在此停滯不前；他覺得三住也發生了同樣的現象。

這裏要稍微預告一下後來才知道的事實。自從三枝擔任總經理之後，就調查多角化事業小組過去這十年來的赤字總共有多少。

結果他發現累計赤字一共為五十億日圓。倘若加上難以總計的經費，包括顧問費用與其他總公司負擔的經費，以及員工的人事費等，則金額超過七十億日圓。雖然這則故事起於三住年度盈餘為二十億或三十億日圓的時期，但那並不是可以輕易割捨的金額。假如公司「正業」（本業）的報酬率更低，三住的經營就會被逼到絕境。

當然，三枝果斷地做出結論。事到如今，這一切都是沉沒成本（sunk cost）。

【經營者的解謎九】沉沒成本，與過去的損失訣別

沉沒成本是遭到埋沒的成本，也就是已經付出的損失。為了日後制定最佳的戰略，最好**不要**顧慮以往的費用，才是明智之舉（詳情參閱《經營力的危機》第一章）。

三枝反倒看出比沉沒成本更為重要的問題。他發現實際上**目前**依然出現嚴重的「獲利損失」。

「自從公司內掀起多角化事業的熱潮後，就形成了冷落工業機械零件事業這項正業的風氣。新事業正如日方中，負責正業的員工看起來就覺得俗不可耐。」

血氣方剛的員工調到了新事業部門，既有事業的陣容縮到最小，工業零件型錄的出刊次數減少。儘管有些商品受到來自新興競爭企業的降價攻勢，卻沒有迅速採取因應對策，甚至還發生失去市場占有率的事件。

這不能叫做沉沒成本。要是三住的市場定位和獲利能力依舊貧弱，**現在**也會付出慘痛的代價。

多角化事業的轉機

繼十二月上旬舉辦的願景簡報會之後，就在一個星期後的十二月十九日召開董事會。屆時要決議每位執行董事的事業計畫和一年期滿後是否續聘。

就如三枝所料，剛開始的討論相當天真。驚人的是，遇到事業起步後**第八年**仍然赤字的生意，感覺上卻像是連大肆討論都沒有就可以直接通過。

假如提案就此保留，往後一年也不會做期中檢討。眼前發生的事情並不是放任了一年，而是**不聞不問長達八年之久**。

三住平常就會談「自由與個人職責」或是「為結果負責」（按：當責〔accountability〕）。然而，實際上卻不問「結果」和「責任」。三枝覺得應該以獨立董事的身分在這個場合上發言。幸好，現場釀造出來的氣氛正在支持三枝發表意見。

這是因為他上個月受了創辦人田口總經理之託，花上整整一天陪所有董事進行戰略研修，所以這時就發揮了作用；董事之間戰略的「共通語言」增加了。

三枝提出意見。

「依照『戰略論』，應該依據**邏輯**決定事業的好壞。」

這段發言在董事之間掀起異樣的變化。判斷多角化事業好壞的「判定基準」一下子突然提高了。更厲害的是，還掀起另一項異樣的變化。當時在場的創辦總經理對於這個情況沒有表現出任何否定的反應。董事們開始說出之前不敢說的話。

「這項事業並沒有像說明般的優勢和成長性。」

「這項事業也沒辦法發展到足以擺脫赤字的規模。」

這樣的意見不斷冒出來，結果，多角化事業就打上了問號。不久後，這值得驚訝的結果就出現在會議室的白板上，許多事業都標上符號表示「撤退」或「中止設立」。

七個撤退決策

當時的三住，經常徘徊在生死之間，然而，實際上既非生也非死，感覺這簡直就像是某種遊戲無形之中，提振了每個人的朝氣，公司裏處處充滿了戲劇性。

不過，這個時代的終結要來了。當時發生了一樁在許多員工心中堪稱晴天霹靂的事件，那就是董事會決定要讓七個多角化事業撤退和中止。相較於以往因循惰性的「經營流程」，現在則要以「斬斷力」（經營者的解謎一）做決策。

- 三個前景無望的既有事業小組要清算事業及撤退。

- 準備發展事業的四個小組也要中止成立及解散。
- 要在三個月以內解散小組，成員調任到公司內的其他事業。

公司上下頓時震撼萬分。對於長年專注在內部風險投資的幹部及員工來說，感覺簡直就像是中了魔咒一般，自己的事業竟然突然消失了。

獲准存續的事業有三個。每個都發展到銷售額二十至三十億日圓的規模，雖然有赤字，但其金額在逐漸縮減，虧損不大。因此將來要判斷是否該首次公開募股、賣出事業或清算，做好準備，再讓各個事業脫離三住，變成另外的公司。這也是在三枝的主意下做出的新對策。

這三個事業後來怎麼樣了呢？事實上，這些事業都沒達到首次公開募股的程度，幾年內就統統賣給別的企業了。賣得掉還算幸運，但價格都沒能彌補累計損失。

三枝很滿意讓七個多角化事業撤退的決定。他的結論很明確。這間公司正確的戰略是「放眼世界」，專心在工業機械零件這一項正業上。他深深相信這一點。

高階經營者的心態困境

接下來該言歸正傳了。到這個階段，三枝還沒決定要接任三住社長一職。

對於花上十年推動多角化戰略的創辦人田口總經理來說，下定決心拋棄沿襲至今的方針並不簡單。但可以推測的是，當時田口總經理對董事會的決定沒有異議，大刀闊斧要與以往的經營方針訣別。

企業層峰大刀闊斧改變經營方針，從公司的**面子**來看，心理制約也很大。當時，三住在傳播媒體和股票市場上頗有能見度，雖然從上市企業的角度來看不大，卻是間知名企業。創辦人也出過幾本書，經營得有聲有色。還成為慶應義塾大學商學院的成功案例，當成特殊日本企業的教材用在ＭＢＡ的教學上。除此之外，許多一流大學的教授也會論及三住。報章雜誌也會報導這家公司。這些論調幾乎都在稱讚三住獨特的經營方式。

公司形象強調獨特，表面上看起來很風光，實際上，三住內部的經營卻像原地踏步。不曉得讀者知道身為高階經營者的心態困境嗎？表面看似成功風光的公司形象，導致難以當機立斷轉換早就該放棄的管理方針。恐怕只有體驗過的人伴隨相當痛苦的記憶，才會明白表裏不一的兩難處境。三枝在三十幾歲時經歷過這種心境，對他來說，這也是忘不了的教訓，形成一個鮮明的框架，銘記在心。

第三節　提出「第一套」改革劇本

再次聘請

三枝決定是否要接受繼任總經理一職之前，創辦總經理曾經和他提到新任總經理的待遇條件。這一天，創辦人田口總經理提出具體的年薪及股票選擇權的張數，所訂出的待遇遠遠超過傳統日本企業的總經理。

三枝從以前就覺得有件事必須時間詢問田口總經理，當雙方洽談完畢後，就決定要趁這個機會問問看，因為這件事遠比待遇還重要。

「田口先生，剛才您提到自己有意卸任。不過，我想確定一件事，您**真的**打算退下來嗎？」

開門見山，是三枝的作風。

一般而言，要是創辦人嘴上說要卸任，暗地裏卻掌握實權持續統治，公司往往會形成**雙頭馬車的職場政治**。三枝過去也多次看過這樣的症狀。這種大齡經營者有個共通點，那就是猜忌心會隨著年齡漸長而增強，總是把**公司裏某個人**當成箭靶，非得找個假想敵發動攻擊才善罷甘休。

假如這次採取的方式，是由地位至高無上的田口總經理卸任，與空降的新任總經理展開「共治」，公司內部一定會變成「玩弄職場政治」的大鍋炒。

三枝說完這句話，臉上流露的意思很明確。就算要當上市企業的總經理，能夠賺到再多錢，但若自己在擔任高階經營者的同時，無法基於自身的信念執行戰略與調整體制，他就不打算答應接任總經理。

創辦總經理盯著三枝的臉，說出自己的心聲。他從以前就一直這樣想。

「三枝先生，要是我辭去總經理一職，別說是公司的代表權，就連執行決策的立場都沒有。就讓我當個兼任董事顧問怎麼樣呢？我只希望你以後能幫助這家公司成長茁壯，三住未來不管怎麼改變都可以。」

相信讀者很清楚，他這番話出自真心，而世上許多號稱創業者的人，大概都不會這樣說。

創辦人田口總經理似乎對長年的經營感到疲憊，他打從心底希望卸任。這對三枝的決定來說是項重要的關鍵，該不該答應這件事的最大懸念消失了。

答應接任

三枝又花了一個月左右繼續審視公司內部。接下來的重點，是基礎設施部門。

前面已經從歷史的角度分析過，由於以前三住強化基礎設施部門，因此機械工業零件的商品有機會多角化，締造高成長。這個優勢現在是否還在呢？於是三枝就跑到處理訂貨業務的客服中心、物流、資訊系統和業務組織等地查訪。

驚人的是，衰敗的症狀竟然開始冒出來。無論走到公司哪個地方，一再出現的委外方針都帶有危機感。儘管田口總經理標榜的「非持有經營」大肆在傳播媒體上宣傳，三枝卻對此有所疑問。

這家公司是貿易商，從一開始就將「生產」交給協力廠商。換句話說，原本這個行業就是要外包。另外他還知道，處理訂貨業務的客服中心、配送中心及資訊系統的工作，統統都是委外處理。無論是哪個單位，三住的員工都只有寥寥數名。

甚至連會計部門都將工作外包，三住的員工只有二、三人。人事部從一開始就廢除了，總公司該有的人事部工作蕩然無存。

這太厲害了。但不會出問題嗎？三枝用這樣一段話提出疑問。

「如此一來，這家公司還剩下什麼獨特的**核心競爭力**（core competence）呢？」

假如讀者不知道這個詞，就代表「功課做得不夠」；核心競爭力是支撐公司優勢的「骨幹能力」。無法明確定義這一點的公司，成長性和獲利能力都很糟，最後極有可能會逐漸敗退。

三住的商品企畫和型錄編製是由公司內部負責。但是，讓顧客滿意的要素不只有這些。依三枝看來，三住太過仰賴外包，能夠各盡其能在公司**參與推動革新**的員工卻太少。**沉醉在**過去辛苦建立的商業模式優勢，疏忽了近年來的長期戰略。再這樣下去，就會趕不上時代的潮流，反而會淪為高成本結構的舊型公司。

雖然覺得相當不安，但經過這番分析後，這四個月的「見聞」也增加了。現在日本能夠替三住徹底做好「企業改造」，帶領到下一個成功階段的人沒那麼多。或許這話聽起來太過自信，但在三枝以往的人生中可以感受到**氣魄**，願意接受常人做不到的工作。他的目標是要藉此變成與眾不同的專家。

儘管三枝讓三住的優點和缺點浮現出來，但以結論來看，只要以後進展順利，就會擁有龐大的潛力。這是家有趣的公司，足以在人生的最後賭一把嗎？他思考到最後，就下定決心接任三住總經理了。

五十七歲，人生到了一個段落，三枝決定選擇帶有風險的新路線。與其繼續從事資歷十六年的企業再造專家工作，他還有一個更為強烈的野心，那就是在職涯的最後扶植一家公司，也就是動手進行「企業改造」，培育經營者人才，建立國際型企業。

三枝四個月前，連三住的歷史都一無所知，同時還要繼續進行小松產機事業的再造專案，要抽出空檔了解三住。假如將勞動量換算成工時，頂多連一個月都不到，儘管如此，他接手經營三住的意志還是變得堅定起來。

從二十幾歲起，三枝一向都是連未知的工作都要勇敢爭取，儘管已是五十幾歲的大齡人士，他的心中還是堅持這個態度。

一月中旬，三枝告訴創辦田口總經理願意接任，他很高興事情可以早日塵埃落定。

「那麼，就在二月二十日例行董事會上決議總經理交接一事，再立刻對外公布吧。」

過程要循序漸進。三住的總經理會在六月的股東總會上進行交接，而在這個前提下，三枝要在三月一日擔任代表董事長兼**副**總經理（按：副社長），儘快開始委讓總經理權限。

新任總經理的上任簡報

這項正式決定實施之前，創辦人田口總經理拜託三枝一件事。

「三枝先生，您能不能在決議通過的董事會之前，在幹部員工的面前提出『上任簡報』呢？」

創辦總經理似乎從以前就對繼任總經理選舉的方法有一個夢想。首先要從公司內選出幾名候選人，讓這些人提出「競爭簡報」，再從中選擇下屆總經理。

怎麼感覺像是在玩什麼遊戲呢？這種挑選總經理的方法，別說是日本，就連世界都沒有前例。或許從評審看來很有趣，不過站在這些競逐者的角度來說，像是在眾人圍觀的羅馬競技場當中，被迫打一場弱肉強食的戰爭。

要受這種罪實在是敬謝不敏，但這次就只是形式而已。首先，三枝自己要以候選人的身分對幹部進行簡報，接著在二天後的董事會上正式遴選新任總經理，這就是創辦人田口總經理屬意的流程。

只不過，簡報的難度增加了。簡報是在董事會決議和對外公布的二天前，三枝自己尚未向員工表明擔任總經理一事。儘管如此，還是要說出以總經理身分該說的話，宣布要接任總經理時必須事先遊說，讓員工轉而信服。

無論在什麼地方做企業再造，剛開始的三、四個月，都必須設想足以左右成敗的簡報現場是何種情境。算了，也好，這次就當成來得早了一點；他毅然接受這項事實。

【經營者的解謎十】改革的第一套關鍵劇本

改革的成敗基本上是靠「**第一套**」改革劇本（正視現實、問題的本質、強烈的反省論）決勝。改革之初關鍵時刻會突然降臨。幹部和員工會本能嗅出高階經營者揭示的「**第一套**」劇本是否接近本質。要是「第一套」劇本很天真，從中導出的「**第二套**」改革劇本也會變得天真，就算施行，也難以呈現改革的效果（詳見〈三枝匡的經營筆記二〉說明）。

三住八大弱點

二月十八日下午三點，總計一百二十名左右的幹部員工，齊聚在三住總公司五樓的大會議室。與會者主要是全體董事和小組領導者。儘管大樓外面是快要下雪的天氣，會場卻很暖和。

「我受田口先生之託，這四個月來以獨立董事的身分，查出三住的經營問題。今天我想開門見山地將結果告訴各位。」

三枝開始說明一張名叫「**三住 QCT 模式**」的圖表，「**創、造、賣**」的加速運轉是決定事業勝敗的框架，現場的員工還是第一次看到這種圖。這張圖表起自運用壽司店免洗筷的筷套背面寫下的說明，現在則變成了美觀的投影片。

【經營者的解謎十一】創、造、賣：做生意的基本循環（商業流程）

一旦公司罹患大企業病，「開發→生產→營業」的協作速度就會變得遲緩。將顧客要求回饋到公司內部，再將回答送到顧客手上的速度也會慢下來。能夠在這迴圈中轉得比競爭對手快的企業會逐漸在市場上勝出，轉得慢的企業則會落敗。我在三十年前將之命名為「**做生意的基本循環**」。這個速度是**企業競爭力的原點**。儘管看板管理方式和供應鏈的觀念的歷史起源不同，思想上卻一致（詳情參閱《經營力的危機》第三章）。

「日本能夠描繪強勁『商業模式』的公司不多。然而，三住的各位同仁，卻建立出非凡的商業模式。」

後來三枝想起三住的事業有個宣傳標語，叫「世界製造業的幕後英雄」。不過，對在場員工的表揚就到此為止。接下來他拋出八大疑問，創辦人田口總經理也坐在相當近的地方傾聽。

疑問一：事業部與業務組織脫鉤

- 「三住 QCT 模式」的核心是「**創、造、賣**」的循環，這個地方已經實際浮現不能加速運轉的症狀，就和病痛纏身的公司常見的現象相同。
- 負責與各地顧客接觸的客服中心或是營業，與總公司之間的業務聯繫是脫鉤的。

疑問二：客服中心的問題

- 驚人的是，全日本竟然有十三間客服中心。這種過時的商業模式不是長途電話費昂貴的時代才會出現的嗎？各地工作的方式不一，以至於沒有效率。
- 委外問題。對企業來說決定性的關鍵，並不是由派遣員工負責接觸顧客，而是要由正式員工親身傾聽「顧客的痛苦」。

疑問三：物流看起來也並非一流

- 雖然觀察過配送中心，但這裏也仰賴外包，現場連一個員工都沒有。服務體制顯然沒有隨著時代進化。

疑問四：資訊系統的弱點

- 三住的資訊系統開始落後於世界的潮流。這裏也可以看出委外的問題。
- 總公司組織在網路的普及下變得孱弱。公司內部的行動漫無章法，到處都在做類似的事情，看起來就像是在做雙重或三重投資。

會場鴉雀無聲。這時三枝針對基礎設施部門的觀察提出「總結」。

「三住的『**事業平臺**』正在逐漸腐化對吧？公司恐怕會慢慢喪失競爭優勢。」

他們第一次聽到這樣的警告。而且，否定外包的論調完全推翻創辦人田口總經理的方針。三枝竟然在警告以往的經營模式不當。明明這個人連總經理都不是，為什麼可以說得這麼直截了當？

然而，從他們對三枝投射的目光當中卻感受不出敵意。他們不時瞄向坐在靠近講臺的田口總經理，好奇總經理有什麼反應，就像是小孩對父母察言觀色一樣。

創辦總經理一副撲克臉，表情沒什麼變化。

迫使員工面對

董事會已經在公司宣布讓七大事業撤退及中止成立的決定。接著三枝又說：

疑問五：多角化事業發展的疑問

- 新的多角化事業和正業的綜效都太弱，這樣就和一般人從零開始創業沒太大差別。換句話說，就是看不出三住的優勢。
- 這次董事會上決定要撤退的事業，其戰略故事一律都被判定為薄弱。
- 新事業必須果斷投資。投資規模要短小精悍，不能像以往一樣大張旗鼓。

儘管宣布撤退對員工來說是晴天霹靂，但在公開場合做出這番說明還是頭一遭。當時會場氣氛緊繃，任誰都沒想到二天後竟然會宣布新任總經理就任的消息。然而，談話的內容卻令人印象深刻，不能當成區區獨立董事的發言聽過就算了。

疑問六：國際發展慢如牛步

- 危機的時代正在逼近三住。要是不趕緊針對國外事業制定對策，就會變成致命傷。
- 以往對國外事業的「投資」方式也有可能會半途而廢。

三枝過去三十幾年來做過很多次這樣的簡報。自己說出來的話語是否扣緊在場人士的心弦，只要觀察大家的眼神和表情就會明白；行不通時也能感受到尷尬的氣氛。今天沒問題，大家已經接受了，簡報很切中人心。

三枝的談話進入尾聲。為了銜接二天後要宣布總經理就職一事，今天無論如何都要事先表明。這是在關鍵時刻互搏的最後一擊。

疑問七：缺乏平時的危機感

- 三住的「自由與個人職責」原則，從「專業手法」來說是很棒的原理。然而，大家真的能夠了解其含意，並在高度警戒下維持「平時的危機感」嗎？

疑問八：沒有培育人才

- 這家公司在培育「經營者人才」嗎？
- 你們認為，在三住工作會成為「光榮的履歷」嗎？難不成你們只是「暫棲」這家公司，之後打算離開這裏？

這段發言是基於三住離職率很高的事實。針對這個問題，以下的故事將以會場當中的幹部和員工為視點。

「經營者人才？難不成是在說我們嗎？」

換句話說，勇往直前挑戰公司內部創投管理的他們，沒有展現身為經營者人才，擔起這個頭銜的自覺。

簡報到了最後，就要談到今天歸納的「**三住八大弱點**」。這個會場上沒有一個人預料得到，三枝這位新任總經理，提出三住往後十二年來接踵而至的改革方針。

約四十分鐘的簡報結束了。會場所有人都沉默不語。

三枝感受到現場洋溢著沉靜的熱情。這並非批判和拒絕的氣氛，但絕不是喝采。說得更正確一點，就是這些人心想：「雖然覺得他說的話很**正確**，但也沒辦法立刻消化，這是怎麼回事？」他體會到這份困惑，也感覺到大家腦中縈繞著思緒。

「三住八大弱點」扮演關鍵角色。早在總經理就職前的階段就已經掌握三住的改革故事，這種速度感在就職後

❶ 事業部與業務組織脫鉤
❷ 十三個客服中心沒效率、士氣低
❸ 物流仰賴外包，不見起色
❹ 資訊系統也因外包而變弱，資訊科技落後
❺ 多角化事業屢屢失敗
❻ 進軍國外停滯
❼ 公司內部缺乏危機感
❽ 沒有培育管理人才

【圖1-2】三住八大弱點

馬上就引發迅即的行動。

當然，三枝這一天指出的問題是在預告暫定事項。因此在總經理就職後，就會仔細查驗是否正確。從結果來看，事前的「診斷」並沒有錯。許多改革專案就是從這裏推動的。

假如聘請顧問的話，光是獲得迄今的「診斷」，就要支付相當的金額。讀者還記得序章描述的「專業經理人七大條件」當中的前面二項是什麼嗎？

一、無論要改革的公司在什麼狀況下，都能在短時間內發現「問題本質」的人。

二、能夠向幹部和員工「簡單」說明問題的人。

三枝覺得自己當天滿足了這個條件。他的自信，已經**傳達**給員工。

宣布總經理交接

二天後的二月二十日如期召開董事會，正式決定在六月的股東總會上由三枝匡擔任總經理，而在這之前的三月一日則擔任握有代表權的**副**總經理（以下這本書將會從三枝匡擔任副總經理的那一刻起，就統一稱呼為「總經理」）。

那天傍晚，重大訊息透過東京證券交易所發送到各大媒體，連同照片刊登在隔天的各大早報上。三枝這下是破釜沉舟了。

由於創辦人田口總經理是名人，因而在帝國飯店舉辦記者招待會。

創辦總經理表示：

「雖然別人說我在對抗傳統式日本經營，進行洞察未來的**願景經營**，但我倒覺得自己有點得意忘形，具有矯枉過正的一面。」

三年之後，田口總經理出現在《日經產業新聞》的連載「專家祕錄」當中。他在當中吐露當時卸任總經理的理由如下：

「極端來說，我辭職就是因為感受到自身的極限。我的經營手法是『弱者的戰略』，要做別人不做的事情。這種措施是要尋找沒有競爭對手的市場，再發展起來。」

「然而一旦達到銷售額超過五百億日圓的規模後，碰上競爭對手的情況就會增加。這時就需要從正面作戰取勝的力量，全球戰略也會變得重要。我沒有那樣的能力。」

「（三枝先生）是公司外部人才，這是件好事，只了解三住的人反而危險，將三住全盤交給三枝先生就沒問題了。我打算在剩餘的人生當中，再次摸索活用自身能力和經驗的方法。」

三枝也接受記者提問。

「請問新任總經理，由獨立董事擔任上市企業的總經理，這種模式在以往的日本不曾出現。您上任後重視的管理方針是什麼？」

儘管記者的問題很平凡，三枝的答案卻不平凡。

「我擔任總經理的第一個目的是『培育經營者人才』。」

記者露出了疑惑的表情。三枝接著說：

「第二個目的是要著眼於三住的事業成長；我想把三住培育成願景**源自日本的新型國際企業**。」

讀者也發現新任總經理的回答不尋常嗎？擔任上市企業總經理的人，很少會說上任的首要目的是培育經營者人才。一般的經營者會說自己的態度是以拉抬業績為優先，想必三枝是因為這樣才說培育人才很重要吧。

但是，三枝是非常認真的。

「十六年來，我致力於協助陷入絕境的日本企業進行『企業再造』，覺得現在日本經濟之所以低迷，是因為日本的經營者人才枯竭。」

與其繼續從事企業再造的工作，他寧願在此生職涯的最後，扶植一家公司開出盛大的花朵，做為自己人生的集大成，於是就選擇了這條路。這是他的野心。

三枝希望能在改造一家上市企業的同時，將那裏發展成為培育經營者人才（按：將才）和日本經營的新型「實驗地」。讓自己這個經營者成功自不在話下，他還想在真槍實彈的**野戰場**上，藉由「做中學」培育經營者人才，而不是在教室「坐著學」的紙上談兵。

「我想將自己剩下的人生，用來**親手**培育可望背負日本將來的經營者人才。幸好遇到了三住這家有趣的公司。」

剛好趕上

三月一日，新任總經理三枝匡進入三住準備的辦公室。

漫長的挑戰終於開始了。

他立刻就發現，從早到晚，總經理室常常都沒有人來。創辦人田口總經理的作風是徹底秉持放任主義，讓每個董事在「個人商店」自由發揮。說來好笑，當時的風氣甚至連董事自己都不習慣去總經理室報告和討論。

再加上這是三住創業四十年來第一次總經理交接。員工和董事都抱持緊張感和猜疑心，同時在**遠處**旁觀「以後會發生什麼事」。儘管憑著眼力捕捉新任總經理三枝匡的一舉手一投足，但若視線快要交會時就迅速避開目光，當時就是這樣的感覺。

然而三枝卻泰然自若。他從履新第一天就哼著歌，表情像是已經在三住待了十年。他從三十幾歲起就在各地企業當過總經理，還以企業再造為由進入許多公司工作。每當隻身擔任空降部隊「著陸」時，就會體驗到這種情境；這也是「**似曾相識的情境**」。

應付這種事情很簡單。要走出總經理室迅速融入公司，而非坐在辦公室等待別人。一定要主動出聲，還要將幹部接連叫進總經理室。就像在動物園一樣，多接觸之後就會逐漸熟悉彼此。

一個獨立監事對他說：

「三枝先生，您剛好趕上了呢。」

這代表公司被逼到絕境，或許來得太遲了。

【眾生相】西堀陽平的說法（簡歷如前述）

新任總經理就職後不久，就下令要所有董事交報告。題目是「為了讓三住搭上成長的軌道，試寫出經營者該提出的改革劇本」。之後，三枝總經理叫我過去，於是一段讓我忐忑不安的對話就開始了。

「你希望這家公司怎麼樣？」

真是出人意料。以前經營者從來沒有這樣問過我。

「雖然我有思考自己的事業內容，但要掌管全公司也太……」

「上市企業的董事可不能這樣。」

過了一會兒，三枝總經理還這樣問我：

「你現在幾歲了？」

「三十七歲。」

「你覺得自己還年輕吧。人生苦短，要是渾渾噩噩度日，轉眼間就死了。」

這就是我和三枝總經理的第一次對話。

後來我在三枝總經理手下工作了超過十年，嘗試讓三住的事業成長，實際感受到自己的經營能力突飛猛進。

三枝總經理出現後的這十二年，在三住進行改革而發生巨變。奮鬥至今，讓我感受到「三住的成長等於我的成長」。

三枝上任後立即陸續推動公司內改革專案。這項挑戰將會在第二章以後談到。

三住改革戰略地圖的整體面貌：企業改造的對策

前言曾經談到，「讀者千萬不要以為這本書只不過是**歸納**零星進行的改革課題」。這本書的故事是在描述如何對抗巨變，將三住變成判若以往的公司。而其時局變動將會在〈三枝匡的經營筆記五：全球的「企業革新大趨勢」〉一節說明。

假如這本書各章記載的改革當中有一個環節以失敗告終，三住今天就會缺乏重要的武器，導致在全球戰略上背負嚴重的不利條件。這本書雖不能一一介紹，但十二年來施行的改革，涉及許多方面，主要的部分就如【圖1-3】。

【圖1-3】的中央是「高階經營者的戰略意識、本質理解」。這是改革的大前提。

從中央朝右是後端的強化（針對三住背後的商品調度、生產和製造進行改革），朝左是前端的強化（針對三住前面的顧客進行改革）。而朝下是著重改善三住公司內部「工作的品質和效率」，朝上則是將對策著眼於三住「成長的加速」。

三住變革需要好好強化這四個方向，處處都要均衡。假如想要將改革課題逐一寫出來，則這部改革連續劇的每個橋段都可以寫成一本書。

另外，對三枝來說，【圖1-3】就是「戰略地圖」。

然而，企圖將這些課題統統一次解決、多管齊下「**一點一滴**提高整間公司水準」的想法則是天方夜譚。除非發動改革，否則漸進式的做法不會奏效。制定戰略的經營者必須深入改革的「入口」，每一項改革都要一次見效，鎖定突出的成果，而不是拖泥帶水。當一項目標就緒後，再進行下一個。

雖然這【圖1-3】呈現不出來，

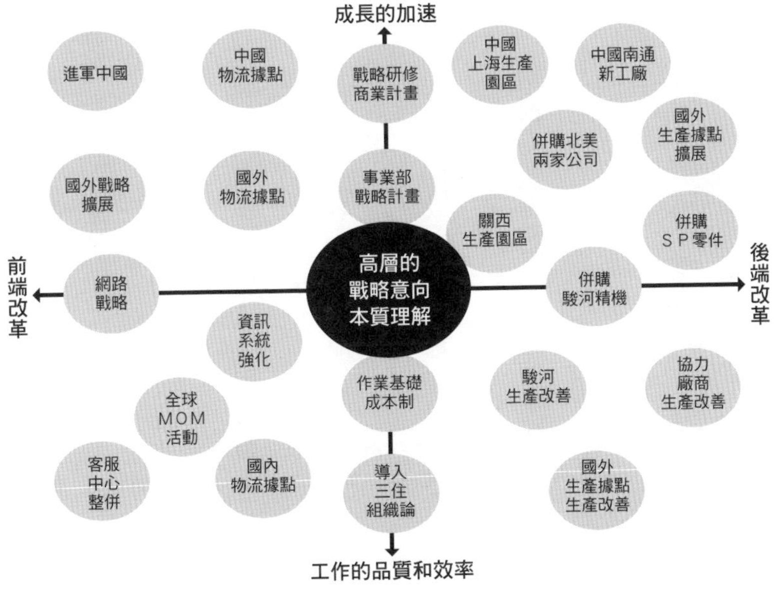

【圖1-3】以現場改革鏈在「商業模式」進行革新（對抗源於歐美的企業革新大趨勢）

但一個改革可以促成下一個改革，還可以再發揮之前改革的價值，產生「改革鏈」。這條改革鏈就像山谷迴音繚繞。當整家公司擁有戰略故事，將每項改革相互勾連和推動後，改革專案之間就會產生綜效，強化公司「模式革新」和「企業改造」這些綜合競爭力。

每一位員工的勝負

三住的管理革新都是員工奮鬥的產物，過程當中誕生出一幕幕**人生的連續劇**。剛開始幹部和員工都不習慣改革。但是，就算拿三枝以往看過的任何一家老派日本企業相比，三住也齊聚了一群「**老實人**」，做事認真。儘管他們有時身心俱疲，卻設法進行改革，持續在錯誤中嘗試及努力。

改革的途中也有失敗和挫折。三枝的信念是該開罵時就「**嚴厲斥責**」。這樣做的目的是為了避免後患無窮。要是出了問題，會引爆問題的行動就要**一次改掉**。

該說的話有時要大聲說出來。所以直接受到衝擊或聽到轉述的員工，就會深深覺得總經理很可怕。但是，他也經常站在自身立場不斷忍耐。假如看了第二章後面的內容就會發現，改革的過程中，三枝已經付出相當堅韌的耐力。

即使在改革課題中發生挫折或中斷也要等待。但若一項改革課題花了六年，以常識判斷就沒資格當總經理了。假如是美國式經營，總經理將會遭到開除。就連在日本，也有許多總經理花了六年等來的卻是卸任。即使如此，三枝還是持續拚命完成改革。

說來矛盾，三住員工的行動很敏捷。這份速度無疑超越了一般的日本企業。從外界進三住工作的人，都異口同聲地說「速度很快」。

然而，施行改革和戰略後不曉得會發生什麼事，所以在實施前都只是**假說**（hypothesis）。實踐之初會遇到應該修正、失敗、挫折或中斷的慘痛經驗。

這時，三枝會「**嚴厲斥責**」當事人，但他經常會同時告訴對方：「別急，採取正確的做法，**Do it right!**」。

【經營者的解謎十二】Do it right!

這句話的意思是要做正確的事，千萬不要半途而廢，堅持達到理想，就算花時間也不要緊。不過，經營者要事先明確告知部屬「必要時勇敢停下來」。

三枝在擔任執行長的十二年來，屢次在三住發源地日本，以及中國和亞洲及其他各地說過這句話。「**Do it right!**」，成了三住公司內部的共通語言之一。

因為失敗，大家才會重新建立觀念，從跌倒處爬起來再跑，再次覺得速度不會輸給任何人。通常第二次就會成功，但情況最糟時還會遇到挫折。這種時候三枝也會覺得不耐煩，但也沒辦法，還是要「**Do it right!**」。

相信讀者已經發現，前面描述的這六年絕不是拖泥帶水毫無建樹。而且每次失敗時，相關幹部和員工的管理能力就會更上一層樓。那就是大家努力精進、永不放棄之後，獲得的最大勳章。

假如企業被逼到絕境，有時就免不了要裁員。不過，他從來沒聽過一家日本企業在裁員或零星拋售事業之後，倖存的員工還可以振作精神，顯著提高那家公司的「戰鬥力」。大半企業在裁員後只會暫時減少赤字，組織內的工作方式依然不變，最後，業績成長的戰略依然沒有發揮作用。

所以三枝主張，提振日本企業的關鍵不在於減少人力的點子，而是講究方法讓「**現在身在其中的人**」變得神采飛揚。

日本人原本就很優秀。他認為孱弱的日本勝過國外企業的最後依靠，就在於日本人的能力平均值很高。假如管理領導者明確提出戰略，對此有共鳴的員工團結邁進的話，就會覺得同在公司休戚與共，成為命運共同體，開始加倍努力工作。

三枝過去做企業再造時屢次碰到這種經驗。歐美企業絕對模仿不來的日本式精神在發揮作用，這就是日本企業應該追求的改革方式。

日後的成長軌跡

總經理上任之後，就要設法越過心知肚明一定隱藏在某處的「死亡之谷」，讓三住走上大幅成長的路線。這裏要先提到三枝擔任執行長的十二年，以及擔任董事長到本書出版時追加的二年，總計十四年來三住成長到什麼地步。

創辦人田口總經理花了**四十年**達到的五百億日圓銷售額，三枝在**之後的四年**就追過了之前的紀錄。換句話說，實施新體制的第四年，三住的集團銷售額就變成三枝匡上任前的二倍，突破一千億日圓大關。期間年平均成長率為一九．五％。當時日本經濟低迷，以東京證券一部的上市企業來看，這樣的高成長率相當亮眼。

公司在接下來的二年間，儘管世界景氣低迷侵襲還是有所成長，實施新體制的第六年，集團銷售額就達到一千二百六十六億日圓，是上任前的二．五倍。

世界景氣嚴重低迷，豐田汽車的營業淨利與前一年相比減少二兆日圓以上，淪為赤字。三住也面臨同樣的風波，銷售額急遽減少，跌落幅度幾乎要回到四年前的水準。月度營業赤字持續了五個月。只不過，當許多企業年度決算陷入大赤字之際，三住還勉強保持年度黑字的獲利。

三枝表示：「景氣低迷對我們來說或許是恩賜。過去六年來的高度成長，導致公司內部各處累積不良影響。要暫時放低姿態，戒除陋習，先蹲後跳。」第七年這段時間，三住企圖從世界景氣低迷中掙脫出來，同時摸索下一步的成長。

過了將近二年，三住的銷售額和獲利水準得以回到景氣低迷前的成績。證券分析師曾撰文稱其為「業界中恢復最快的公司」。這是第九年的事情。

不過，當眾人以為景氣低迷的寒冬結束，春天到來，將房屋的遮雨窗打開後，竟然發現外面的景色巨變。中國與亞洲崛起。以往亞洲的競爭廠商只會模仿，但在世界景氣低迷之際也持續積極活動，開始走上獨特的成長之道。日本和歐美企業為了克服景氣低迷，理所當然要「暫時放低姿態」，中國和亞洲卻不吃這一套。他們在這段期間急起直追，沒有卑躬屈膝。

三住現在處在各國激烈的成本競爭和市占率之爭當中，競賽至今仍在繼續。這是第九年之後到現在的情況。

第十二年時，三住併購美國的金屬模具零件企業。三住之前的發展以「內部成長」為主，藉由併購獲得的「外部成長」，使得集團銷售額超過一千七百億日圓。

迎向第十三年的六月（按：二〇一四年六月十三日），三枝卸任。第十三年結束後，銷售額終於突破大關，達到二千零八十五億日圓。當年度的事業計畫是他在任內時通過及付諸實施，這部分當成他的業績也是天經地義。換句話說，十三年來銷售額從五百多億日圓成長了大約四倍。

當初上任總經理時，前年度的營業淨利為四十九億日圓。十三年後則達到了二百三十七億日圓。

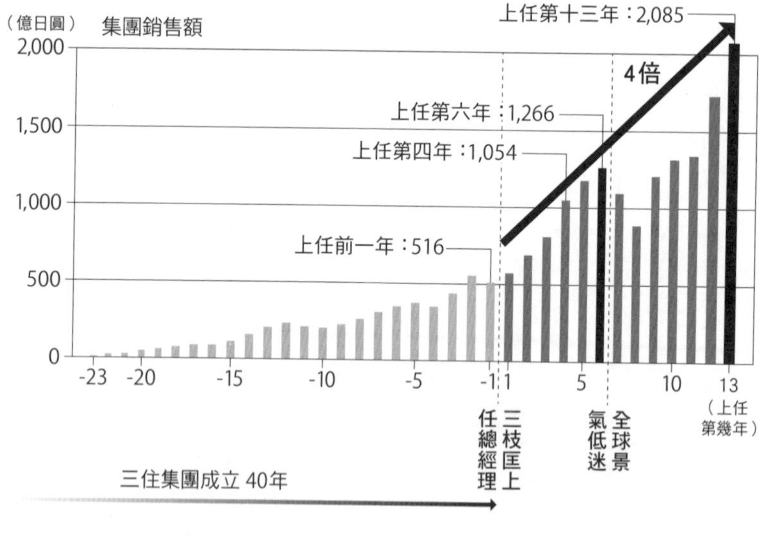

【圖1-4】戰勝全球景氣低迷的危機，銷售額增加為四倍

假如直接拿就職前的淨利額推算十三年來的情況，這段期間的營業淨利總額就是六百四十一億日圓，藉此可以算出徵收的公司稅約有二百四十五億日圓。實際上營業淨利還多出了一千一百八十一億日圓。由此可知，三住**追加**繳納的公司稅為五百億日圓。

這些金額與規模比三住大的上市公司相比微不足道，但透過企業成長產生的國家財政貢獻額**增加率**是頂尖水準。

總經理上任前的年度每股股利為二・三三日圓，第十三年則為十三・〇五日圓（反映股票分割）。對於這段期間一直保留股票的股東來說，每股股利是原來的五・六倍。

不管怎麼說，這十三年的成長當中最大的變化是員工人數。總經理上任時三住

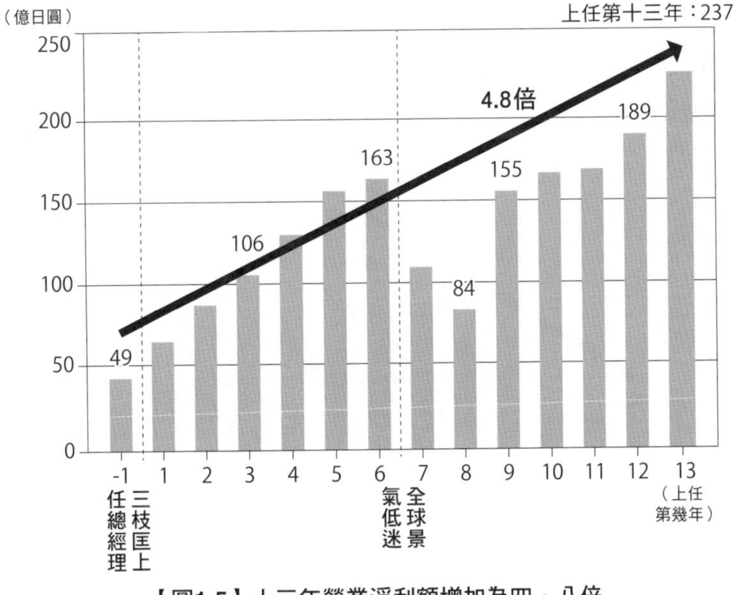

【圖1-5】十三年營業淨利額增加為四・八倍

的行業型態是單純的**貿易商**（商社），除了派遣人員及其他臨時工之外，正式員工人數就只有區區三百四十名。經過整整二年之後，數量早已增加到將近二倍。

不過，後來發生了更大的變化。總經理就任滿二年十個月時，三住併購了東京證券二部上市廠商駿河精機（Suruga Seiki）（參閱第五章）。因此，從【圖1-6】也可以看出，三住集團的員工人數在第四年大幅成長。

三住將旗下工廠擴展到世界上，並在第十二年併購美國廠商之後，員工數就增加得更多了。第十三年的年度尾聲，全球員工數達到八千八百七十六人，是上任前的二十六倍，再過一年則增加約七百五十人，到第十四年為九千六百二十八人，這本書出版（按：日文原書於二〇一六年出版）

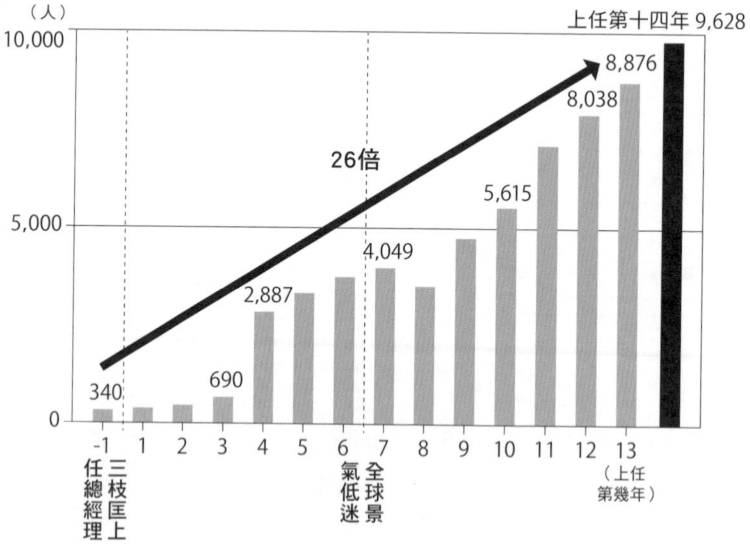

【圖1-6】員工從三百四十名邁向一萬人的全球企業

時則高達目前的一萬人。

三住從區區三百四十人的貿易商出發，變成規模截然不同的國際企業集團。十三年的歲月轉眼即逝，但當三枝看到【圖1-6】員工人數的圖表之後，就回首「**來時路**」，同時不斷感嘆「一路走來還真遙遠」。

【叩問讀者】企業改造之後的商業模式

改革即使只做一次，也會伴隨著相當的風險，要勇敢地不斷接連做下去，這就是「企業改造」。以這種想法為出發點，貴公司的商業模式會變成什麼樣子呢？以公司內部**沒有人**發現的優點勾勒而成的「一張圖」，絕對是以某種框架來佐證。建議大家參照之後，將貴公司的課題列表，就和「三住八大弱點」一樣。對三枝匡來說，這不是紙上談兵，而是他在管理現場要迫切回答的真實課題。

經營者以「解謎」決勝

領導者的工作始於解謎

我（作者）在序章當中，曾經描述大偵探白羅及神探可倫坡精益求精，以及提升儲備經營者領導能力的過程具有共通性，共通性的關鍵字就是「解謎能力」。

優秀的經營者，比方像是日產汽車（Nissan Motor）總裁卡洛斯．高恩（Carlos Ghosn），或是奇異（GE，General Electric）前執行長傑克．威爾許（Jack Welch），他們**俐落的行動**是怎麼產生的？

假設你的眼前有個「渾沌」的問題，沒辦法馬上知道該怎麼做。渾沌是以各種要素錯綜複雜交織而成，就像是**糾結的線團**。

這時，只要想想日產聘請高恩時的狀況就能輕鬆了解。幹部和員工不曉得要**改動**哪個地方才能尋求突破開闢經營。要是不慎拉到錯誤的絲線，糾結的線團就會愈來愈結實；這時，就該由高恩這樣「優秀的經營者」上場了。他為什麼可以在短短二年內重整日產呢？

接下來，我會以「**第一套**、**第二套**、**第三套**」劇本的框架來說明。這個框架已成為三住公司內部的「共通語言」，就連新進員工待在公司一段時間後也會懂。經營者只要說「『**第一套**』劇本做得還不夠」，他們就能理解其含意。

【經營者的解謎十三】第一套、第二套、第三套劇本：領導者必備的管理劇本

領導者能力的俐落度，能夠影響一個人如何迅速確實地編製「三套一組」的劇本。「**第一套**」劇本是「正視現實、問題的本質、強烈的反省論」，用來逼近複雜狀況的核心。「**第二套**」劇本是「改革劇本、戰略、計畫、對策」，用來解決「**第一套**」劇本所暴露的問題根源。「**第三套**」劇本則是「行動計畫」，會以「**第二套**」劇本為基礎。

從渾沌的現實中掌握「結構」

優秀的領導者會**解開**糾結的線團，迅速明白自己正視的現實是什麼樣的「結構」。逼近本質的「解謎」會很準確。這時優秀的領導者腦中會進行什麼樣的工作呢？

首先他會將腦中「渾沌」的線團逐漸「分解」。我將這一條條分解後的絲線稱為「**因果律**」，意思是原因與結果的關聯，也就是「因果關係」。不過，因果律這個詞，就和音樂的旋**律**一樣，蘊含著「時時變化**動態**」的意象。

假如將線團分解，從眼前糾纏不清的「渾沌」當中，找出蘊含在裏頭的因果律，單單這樣就是很大的進展了。然而，這樣還不足以讓領導者發揮能力。找到的絲線需要分類，歸納出哪些因果律會產生壞影響，哪些因果律會產生好影響，哪些中立的因果律不屬於以上兩者，最後再從壞的因果律當中選出「根本」的問題。

根本的問題是「基礎」的因果律，只要謀求改善及改革，整體狀況就會相繼改善。找出因果律之後，就等於是名符其實找到解決的**線索**。

優秀的領導者會妥善進行上述工作，以至於會比別人**先**說出以下這句話：

「總之，這個問題是這麼回事吧？」

說出這句話的人就是在發揮領導力；領導的意思是「走在別人前面」，擁有這種能力的人，在說明時只會擷取重要的「**因果律**」，別人認為的「渾沌」，在他聽起來極為**單純**而且能變得「簡單」。只要用這個直搗核心，朦朧的迷霧就會消散，大家就會恍然大悟，相信事情的確是這樣。

優秀的經營者就和大偵探白羅一樣，能夠正確而迅速地「解謎」，每分鐘、每小時、每一天、每一月、每一年，高明的領導者都能夠確實做好這件事。

要是組織內沒有能夠做到這一點的人，放著「渾沌」不管，白白讓時間流逝，等到看見大家被迫必須設法行動後才下達指示，這個人就只是在做後知後覺的「決定」罷了。這樣就算位居管理職，也不算是在做領導者的工作。相形之下，優秀的領導者則會先發制人，提出解決的方向。往往**在還看不清狀況**的階段中就要「下決斷」，而不是「下決定」。

優秀經營者所進行的上述工作，我稱之為「**第一套**」劇本。

想像一下，桌上疊著三頁空白的Ａ４用紙。最下面的「**第一套**」劇本在描述現在的渾沌狀態下運作的各種因果律。其中以「根本」的因果律產生的影響最大，要用紅色簽字筆或麥克筆強調。

【經營者的解謎十四】因果律的分解和萃取

一個人除非將糾結線團般的渾沌分解成「**自己可以處理的大小**」，否則就摸不清底細。這時就需要奉行「**現場主義**」（hands-on）探究現場的**細節**，親身觸摸、嗅聞氣味及查證。找出控制渾沌的關鍵「**因果律**」，是一項「邏輯性」的工作。職場上的「經驗」反而往往會造成阻礙。

熱情暢談簡單易懂的故事

接著，當構思完「**第一套**」劇本後，就要把「**第二套**」劇本的紙疊上去。透光之後就可以看到底下的第一套劇本，比面對整個渾沌時更能清楚明白「該做的事情」是什麼。優秀的領導者會用「**第二套**」對應「**第一套**」劇本，條理分明地構思戰略、劇本和對策等事宜。

領導者在談論「**第二套**」劇本時，需要抱持衝勁「熱情」暢談。部屬不但會覺得問題整理得簡潔分明，看到領導者的熱情，還會「想要跟隨這個人」。「簡單的故事」和「熱情暢談」搭配起來之後，就可以團結眾人邁向熱情的行動。

各位讀者明白了嗎？**單靠任何一方**都沒辦法維持集團的熱情。

接下來是「**第三套**」劇本，要依照「第二套」劇本的「方針和戰略」，撰寫出具體的「行動計畫」。這將會是一張具體的進度表，寫明要以怎麼樣的順序施行什麼步驟，連日期都要標上去。

「**第二套**」和「**第三套**」劇本必須完全整合。優秀的領導者會凝聚眾人的意識和精力，讓「施行」的方針確實「延續」下去。假如領導者沒有企圖用「**第一套**」劇本將事情「單純化」，容許現在的渾沌繼續擾亂局勢，直接將「**第二套**」和「**第三套**」劇本帶進來，領導力就會持續欠缺。

優秀的經營者不會走一步算一步，而是會徹底考慮清楚，早在開始行動前就將三套一組的劇本構思完善。然後他會向員工提出三套一組的劇本，假如有必要時再組成任務小組。

第二章

企業改造二
向事業部組織灌輸戰略意識

戰略是什麼？原本不懂戰略的事業部員工，要在痛苦煎熬中描繪「戰略劇本」，讓銷售額一百五十億日圓的事業部，成長為超過一千億日圓的全球企業。

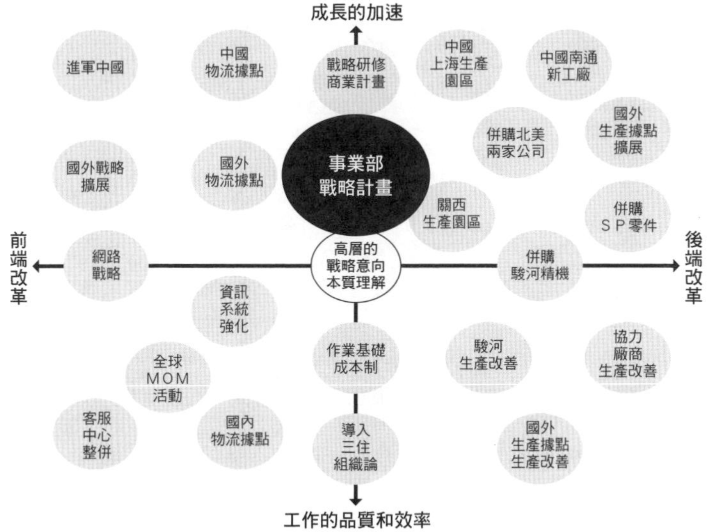

【圖2-1】企業改造二：向事業部組織灌輸戰略意識

第一節　迷失在戰略的入口

要從哪裏切入改革？

新任總經理提出的事業轉換方針很明確，那就是「回歸正業」和「進軍國際」。為了落實這一點，他下定決心要在公司內施行大刀闊斧的改革。

「回歸正業」的對象是工業機械零件事業，這項事業十年來維持高報酬，填補多角化事業的赤字綽綽有餘，讓公司決算交出漂亮的成績單。但這並未因此獲得感謝及好評，反而藏在備受關注的多角化事業陰影中，被眾人視為不起眼的部門。

話雖如此，但與三住正業同類的事業當中，也感受不到「戰略」的氣息。幹部和員工沒有提出明快的戰略，也沒有為了戰略的進度而努力，層次就和決定要撤退的多角化事業一樣淺薄。

原本員工就不像是懂得談論戰略所需的管理素養。整體來說，就是在經營事業時順其自然，走一步算一步。

然而，這種狀況對新任總經理來說正意味著機會。以往做事連戰略都沒有，就拿得出這麼優異的成長性和獲利性。假如引進正確的「戰略」概念，究竟會發生什麼事呢？三枝直到昨天為止，還以企業再造專家的身分，將「戰略」的概念引進生死未卜的絕望事業，為了拯救企業而疲於奔命。對他來說，沒有像三住這麼有趣的公司了。他這樣想。

三住以往雖然持續高報酬高成長，即將告一段落的今年度（新任總經理就職的前一年度）業績卻呈現大幅下滑。最大的原因顯然是進入今年度之後的日本經濟失控。

當時銷售額預估為五百一十六億日圓，比前一年減少八%，營業淨利則預估為四十九億日圓，也減少了二四%（以下的業績數值與三住集團總公司公布的決算內容一致。年度標示是以新任總經理上任的年度為第一年，之後逐年遞增，之前則遞減）。

儘管業績下滑對持續成長的三住來說出乎意料，三枝卻把這視為過渡現象。調查之下發現，這十年來三住的業績已經二次因為景氣惡化而比前一年低落。每次三住都會回到成長路線。第三次的這回，也是一樣吧？

然而，這種業績惡化的時期，公司內部籠罩在愁雲慘霧當中，正是開始改革的好時機。只不過就常理而論，雖說要改革工業機械零件事業，但若要同時改革三個主要事業則是個糊塗的主意。聰明的做法是循序漸進，任選一個締造出經典案例，成功後再推廣到其他事業。

【經營者的解謎十五】避免全面戰爭

以事業改革為職志的經營者，需要鎖定造成員工意志不堅的改革對象，並且著手處理。避免投入「全面戰爭」，將導致組織不穩的心理作用擴散到公司內部；這很有可能會成為改革者的致命傷。一項改革成功後，再將這個方法活用到類似的情況中，按部就班才是正途。

這麼一來，新任總經理該選擇哪個事業做為第一個改革對象呢？

●金屬模具零件事業部

這是三住起家的事業，銷售規模在事業部當中最大。該部門身為三住經營的「中樞」，所產生的現金流量足以彌補多角化事業的赤字還綽綽有餘。然而市場正在轉移到中國，日本國內的成長停滯不前。顯然這項事業需要改革。幹部和員工一派悠閒，**沒有絲毫**的危機感或覺得情勢變糟。這種症狀，就和三枝過去做企業再造時看到的衰敗公司相同。

●工廠自動化（FA，factory automation）事業部

這是締造三住現今成長的事業，銷售額擴大到僅次於金屬模具零件的規模。販賣的商品是裝在「生產機械」當中的零件，以便用在工廠生產線上。雖然FA事業部是在十四年前創立，但三年前擔任事業部長的長尾謙太（執行董事，四十二歲）成了核心人物造就飛快的成長。雖然他經過**磨練**之後，應能成為優秀的人才，現在卻對企業管理失去強烈的興趣，閒聊的話題三句不離釣魚、高爾夫和汽車。

●電子事業部

這是十一年前成立的事業。銷售額仍然在五十億日圓左右，成長率僅次於FA事業部。販賣的是裝在生產機械當中的電線、連接器及其他電器電子零件。這項事業在三住當中可以說是位居「邊境」，以改革對象來看是容易著手的**規模**。

進行公司改革時，「從哪裏著手」是件重大的戰略問題。

具備**悠久歷史**失去活力的部門，幾乎都是以**無法**因應變化的人居多，因而會施展「**政治手段**」。這時也可以考慮採用穩妥的步驟，在這種情況，直接避開上述的部門也是一種方法，從容易著手的「邊境」部門展開變革，締造成功案例，讓公司內部看到成果。

另外，還有一項條件絕對要列為最優先，那就是當組織沒有強力的領導者願意**接受改革**時，就不要把這個組織列為改革的對象。

【經營者的解謎十六】空降的事業經理人，是企業歷史的旁觀者

來自公司外部的改革者，不會受到過去的經營和戰略所**牽絆**，因而能夠提出變革，別人不會追究自己過去的責任。即使從內部培養改革者，這個人位居公司無足輕重的**邊境**地帶，旁人把他當成**歷史的旁觀者**，這個人的行動和改革就不會受到過去的束縛（詳情參閱《V型復甦的經營》第四章）。

三枝推動事業改革的方法歸納如下：

【重要關鍵：經營者的解謎與判斷】事業改革

- 想要改革，就無可避免會出現「組織不穩」的症狀。要是這個範圍沒有設定在自己完全可以掌控的界限範圍中，就會很危險。
- 要重建被逼到窘境的企業時，需要立竿見影的「短期決戰」救援；然而，高報酬的三住則不必如此，眼光要放遠一點。了解二者涇渭分明，會對經營者的行動造成**決定性的不同**。
- 剛開始選擇的改革對象是介於「中樞」和「邊境」之間的FA事業部，最大的原因在於「人」。三枝發現領導者長尾謙太是有前途的儲備經營者。還有一點在於FA事業部現正加速成長，相信能比其他事業更快呈現改革的成果。
- 這項改革工作要悄悄進行，不能在公司內大肆宣揚，更不要設定嚴格的期限。這樣就算長尾謙太和小組成員在改革中陷入僵局，內心也會保持從容淡定。

新任總經理為什麼要這樣再三衡量剛開始該選擇哪個對象推動改革？讀者當中是否也有人沒發覺其重要性，隨隨便便就看過去了？其實，三枝這個階段所做的選擇在往後十二年當中，對三住的經營造成堪稱關鍵影響。這一章的最後將會談到這件事。

看不出「競爭」的事業計畫

長尾謙太（FA事業部長）突然接到新任總經理的聯絡，報告事業的現況。這對長尾來說代表動盪的一年即將開始，但當時他還沒有發現這一點。

幾天後，長尾拿著資料去總經理室。

「我三年前被任命為FA事業部長，傾注全力在以往未曾做過的商品開發上，讓公司最後得以大幅投資新商品。」

於是他在就任期間創下八十五億日圓的國內銷售額，翌年為一百億日圓，再下一年為一百四十九億日圓，二年來成長了將近八〇%，取得長足的發展。

然而，今年就職第三年之際，銷售額受到景氣下滑直接影響而下滑。年度預算為一百八十四億日圓，預估沒有達成的業績有五十億日圓。

「就算是這樣，競爭上還是沒有落敗。」

長尾如此斷言。同業當中的其他大企業都比前年下滑三〇至四〇%，反觀FA事業部才下滑一〇%。這就代表市占率反而呈現上升態勢。

長尾向新任總經理說明今後的事業計畫，財報數字看漲。這個月結算的今年度（新任總經理就職的前一年度）銷售額為一百三十二億日圓，五年後將會達到四百一十億日圓。泡沫經濟崩潰後，日本經濟持續停滯，以當時來說這種高成長的事業計畫堪稱罕見。不過，長尾提出的銷售額成長，愈往後面就上升得愈快。

「這樣的成長稱之為 hockey stick。」

三枝隨口說出美國人常用的詞。

「hockey stick 是冰上曲棍球選手使用的球棒，前端會驟然上升。這種急遽加速的成長真的能夠實現嗎？」

長尾聽到三枝這樣講之後，就開始說明填補落差的計畫。為了在五年後達成目標，銷售額必須增加二百七十八億日圓。然而，計畫內容卻**雜亂無章**。

「這種程度粗略的計畫真的可以讓銷售額漲到現在的三倍嗎？能夠打『勝仗』嗎？根本連個『競爭對手』是誰都沒寫，這不能叫做『戰略』。」

新任總經理的目光銳利。對長尾來說，這樣尖銳的質問是文化衝擊（culture shock）。因為三枝口中的「競爭」和「勝仗」這些詞，都是「三住辭典上沒有記載的字彙」。

「三住這家公司理應代替客戶張羅他們需要的產品，善盡供應端的責任。所以只要徹底當個『代購店』，競爭就不會存在了。」創辦人田口總經理經常將這個理論掛在嘴邊，因此「競爭」這個詞在公司內就像是禁忌一樣，千萬提不得。

然而，三枝明明才上任幾天，就毅然割捨掉創辦總經理的理念。

「面對現實吧。不管哪種商品都會遇到競爭。現在三住的客戶當中，有沒有一家公司會說『一切皆由三住代為購買，本公司完全不經手』？有的話，是哪家？」

長尾回答不出來。以往不准批判的三住思想，在一夜之間崩潰。

「長尾啊，沒有衡量競爭對手是誰的事業計畫荒謬至極，稱不上經營。」

長尾同意。其實他也認為五年後達到四百一十億日圓的銷售目標這件事欠缺佐證。說真的，他覺得可能性只有一半。

「假如你想讓事業大為成功，**同時**失敗的風險也會提高。所以要事先構思『戰略』。這麼一來，**就算出錯也能及早發現**。」

長尾有個預感，新任總經理的出現將會大大改變公司。但是，長尾一直以來都以最後才會輪到我們的這種心態袖手旁觀著，完全沒想到這股改革的浪潮竟然第一波就打向業績良好的ＦＡ事業部。

不過，三枝看穿了長尾的想法，早已繞到前方等他上鉤。

沒有理念的戰略行動

長尾謙太回到座位後，就將四名事業部的幹部召集到會議室。

「新任總經理說要制定『戰略』。所以說，你們是否能針對掌管的商品群，建立屬於自己的戰略呢？」

四人的臉上浮現困惑的表情。他們還是第一次聽人談「戰略」。明明連長尾自己也搞不懂，卻突然將「思考戰略」的責任統統丟給部屬。他這時就已經出了錯，卻沒有發現這件事。長尾只提供了一個正確的提示：

「去年秋天，新任總經理還是獨立董事時，就陪所有董事做戰略研修。記得當時的內容有『選擇和集中』，還有『鎖定』。」

專案在三月十三日啟動。四個人製作了五花八門的圖表。

經過二個星期，三月底即將到來。長尾事業部長收下四人的報告，帶著他們製作的一張圖表，勇敢地進入新任總經理的辦公處。

這張圖表的縱軸是「商品的銷售額成長率」，橫軸是「商品的營業利益率」，形形色色的商品就標示在上頭。

然而，長尾還沒上場就被駁倒了。

三枝才看了十秒就隨即這樣說：

「這張圖表哪裏看得出『競爭』的『勝負』？」

從他的觀點來看，這就是初級的「**似曾相識的情境**」。沒有戰略意識的人，就會立刻做出這樣的圖表，這是典型的門外漢模式。

長尾覺得錯愕。這張圖表確實不包含競爭。部屬二個星期的辛苦奮鬥，總經理一句話就否決了。他沮喪地回到事業部，交代更多工作，卻沒能展現出具體的分析手法和觀念。

【經營者的解謎十七】管理素養

將課堂上「坐著學」的邏輯嘗試用在管理現場上，不斷歷經「做中學」的失敗和成功後，管理素養就會逐漸提升。高階經營者以「戰略創造性」決勝的時代已經來臨了。慢性衰敗的企業平常就很少進行邏輯性的討論，重視數字的風氣不強，容易流為陳腐過時的體制慣性。讓公司徹底變強的關鍵，就是管理素養。

長尾等人就這樣急著趕工。

「說到戰略商品，關鍵必然在於成長率、銷售額和報酬率要高。最好從中選擇三住『獨特性』高的商品。這樣一來，目標就是商品群一的A商品、B商品和C商品。」

又一口氣跳到結論了。他們列舉的商品群都是從以前就憑直覺宣稱重要，沒有更可靠的論據，跳過「深思熟慮」的步驟。

他們打算進行與以往不同的工作，製作幾十張種類不同的圖表。蒐集數據本身就是苦難連連，單單這樣就像是在完成一件大作。

長尾去把成果拿給總經理看，總經理卻又說了同樣的話。

「這樣看不出競爭的勝負，看不出戰略上有什麼問題。」

三枝並不是任憑他們自生自滅。當工作小組在會議室加班到深夜之際，有時他會突然進去加入討論。

總經理這麼晚都沒回家，而且還在員工的工作室出沒，這讓他們很驚訝。以前不可能出現這種情況。不，無論在哪家上市企業都很少見。但是三枝就算提供建議，也沒講出答案。

為什麼沒講出答案？

四月十七日，專案開始過了將近一個月，他們將「終極新戰略」的圖表完成了。儘管深信這次一定會「及格」，他們的新圖表竟然又回到原點，與第一次短短十秒落敗的圖表一樣，圖中沒有任何地方顯示競爭要素。

「你們就像是動物園的熊，都在原地打轉。」

之前三枝就默默看著，但他也差不多看不下去了。長尾他們先前用掉的時間多得不尋常。「丟開原本的工作埋頭做這件事，事業部的正業竟然沒因為這樣出毛病啊。」這種奇特的工作方式反而讓人很佩服。

然而要是再置之不理，就會浪費太多時間。丟棄到草原中不聞不問，讓他們自行覓食；找不到食物的工作小組，彷彿將會逐漸消瘦至死。

即使如此，但既然知道答案，為什麼在指導長尾他們時沒講得更具體一點呢？幾年後三枝回顧當時情況說道：

「三住在我來之前屢次聘用外部顧問進來。每次預算是以**億**為單位，一字排開都是知名顧問公司。我看過他們的每一篇報告，卻幾乎沒有落實的改革。」

「顧問是用時間做買賣的人。就算讓員工參與專案，也不會等員工程度提升。所以，顧問回去之後，員工自行思考的能力也不會有明顯的長進。雖然三住花了大錢，三住員工的管理素養卻和外面的上班族沒有太大的差別。」

「因此，我不能輕易把工具和答案給三住的幹部和員工，要讓他們自己**吃點苦頭**（笑）。這些人沒有深切想過管理和戰略的問題，只有這樣才能讓他們養成自行思考的習慣。」

這對三枝來說，也是痛苦的過程。他自己為委託的客戶做企業再造時，三天就會得出結論，到了三住卻等了一個月。即使如此，他們帶來的答案還是不對。難道說，下次要等到下個月嗎？

「但我曾經宣布要在三住培養經營人才，所以『欲速則不達』。」

回歸基本面

長尾目前為止都將思考和工作的事情，統統交給部屬做。「戰略觀念」、「技巧」、「推動改革的方式」和其他根本的觀念，他都沒能領先眾人；長尾被逼到了絕境。

「我終於發現到，要是自己這個領導者沒有掌握『觀念』和『工具』，用這些帶領部屬，他們就只會急得團團轉。」

雖然很想說事到如今能怎樣，但長尾總算在學習擬定戰略，盡到自己該負的責任。沒有累積框架的領導者無法扮演領導者的角色。沒有戰略的企業要改變戰略意識，就要將這種**個人層次**的變化散播到組織內。

後來，FA戰略小組的行動就逐漸改變了。總之，總經理半夜在工作室出沒，他們是躲不掉的。

【經營者的解謎十八】現場主義

企業領導者必須實地接觸現場工作，以凌駕於部屬的觀點掌握問題。為了避免部屬繞了太多遠路而耗費精力，要斟酌時機指出「觀念」和工作「出口」的方向。這就代表要教他們「偷懶的方法」，以捨棄多餘的步驟。「**現場主義**」是領導力的要訣之一。

長尾感到為難。工作小組連日加班身心俱疲，得想辦法才行。自己應該學到的框架是什麼呢？長尾為了尋找啟發，決定再看一次三枝的著作《V型復甦的經營》。

去年秋天，長尾將這本書當成高階經營者研修的指定讀物在看，但當時覺得內容和**自己無關**。不過這次讀起來卻讓人吃驚，想不到自己在看的是同一本書。書中出現的改革任務小組（task force），遭遇不就和自己現在面臨的狀況一樣嗎？長尾讀得欲罷不能，當他看到第三章〈探尋能成為改革線索的理念〉時，長尾心裏突然明白了什麼。他發現自己處在什麼立場了。

《V型復甦的經營》的改革任務小組成員，第一件致力要做的事就是徹底「正視現實」。他們透過集訓徹底追查「敗戰」的原因，藉此達到「強烈的反省論」。這就成了改革的出發點。反觀他們自己則把業績不好統統推給景氣，沒有試圖貼近事業部所背負的本質問題。

「這就是關鍵所在，我們動不動就隨意玩弄數字和圖表。」

長尾決定，回頭重新學習之前覺得沒意義的管理基礎知識。他的**實際經驗**（**做中學**）和**紙上談兵**（**坐著學**）的知識交集之後，就會所學甚多，這就是「管理素養」和「框架」的功效。他決定要追查問題重新來過，然後就召集了成員。

逼近問題的核心

四月二十七日星期六是黃金週（按：Golden Week，日本在四月底至五月初的連續假期）的第一天，從專案開始過了大約六個星期。長尾對眾人說：

「我們要回到原點，將自己不知道的事情寫出來，暫時提出幾項課題。」

長尾這麼說之後就舉出六項課題：「使用者」、「三住」、「成本」、「競爭」、「產品開發」和「協力廠商」。

眾人開始慢條斯理地發言。長尾親自將得出的意見接連寫在白板上。疑問和問題相繼冒出來，原以為到了傍晚就會結束，追查工作卻還在持續，等到意見全盤托出時，已經是末班電車快要抵達的時間了。

隔天早上，長尾等人又在同一間會議室集合，但他們**只是羅列問題**，看不出問題的核心。這就很像是《V型復甦的經營》當中出現的伊豆集訓情景。問題歸納到最後，就整理出以下六個項目：「商品開發」「協力廠商」「顧客的開拓」「各種商品的獲利程度」「市場與成長性」和「供應鏈」。

長尾在回家的路上持續捫心自問，他看不出專案日後會有什麼進展。

隔天假日時長尾也在家中不斷思考，感覺漫無頭緒。他的心境就和《V型復甦的經營》的主角黑岩莞太一樣。當時黑岩孤獨的身形，在半夜投射成黑影，盯著貼在牆壁上的五百張卡片看。長尾擔心還沒發現到的本質問題就藏在某個地方。

然後，他突然發現一件事。

「對了，這些現象，都是因為沒有『目標』的行動。」

讀者會不會覺得邏輯好像很跳躍呢（按：意指不按牌理出牌）？然而領導者的思考是要「追究問題根源」和「將渾沌單純化和抽象化」（參閱三枝匡的經營筆記二：經營者以「解謎」決勝負），必須**意識到某種邏輯的跳躍**才能往前推進。

長尾心想，以往三住就只有二個數字目標，那就是整個事業部的合計銷售額和合計淨利額。商品種數太多，沒辦法逐一設訂目標。將來的計畫也只有一個目標，那就是整個FA事業部的銷售額要達到四百一十億日圓。

個別商品的戰略不明確，負責商品的員工也完全是各自為政。每項商品擁有不同的競爭對手和顧客，照理說也可以選擇其他對策，卻沒有深究下去。

「我們只會宏觀談論整個事業，所以會想要這樣經營公司。」

長尾製作【圖2-2】，還在眾人面前宣稱，對這個問題置之不理，是自己這個事業部長的責任。

他又學到了一件事，那就是總經理常常在說的「貼近個別情況」就是在指這個。雖然總經理屢次問長尾「三住的好商品和爛商品是什麼？」「好顧客和爛顧客是什麼？」長尾卻不曉得商品各自的盈虧，因而答不上來。

當然，假如只是銷售額和毛利率的數字，他就知道各個商品有別。任何公司也都是如此。然而，我們不能因為毛利率高，就說這是好商品。假如特定的商品要花掉種種經費，或是因客訴賠償背負損失，這件商品的最終盈虧往往會出現赤字。

假如沒有徹底參透這一點，就分辨不出事物的「好壞」。要是分辨不出來，也就找不到對策，也不懂該怎麼做。

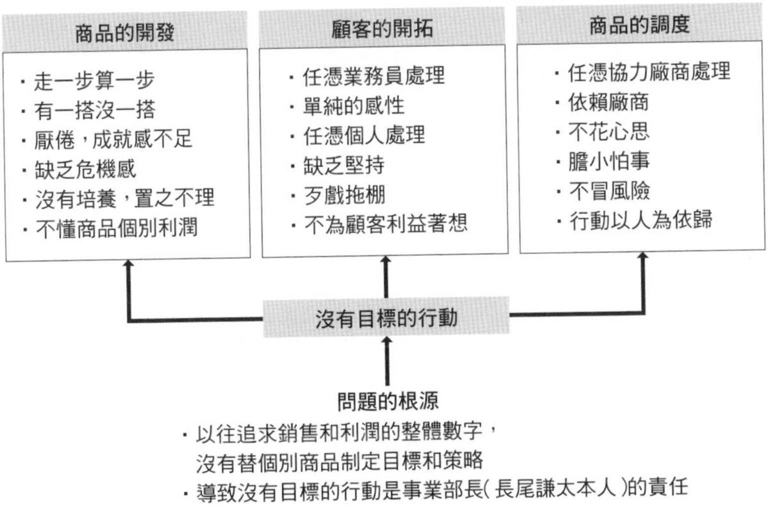
商品的開發
・走一步算一步
・有一搭沒一搭
・厭倦，成就感不足
・缺乏危機感
・沒有培養，置之不理
・不懂商品個別利潤
顧客的開拓
・任憑業務員處理
・單純的感性
・任憑個人處理
・缺乏堅持
・歹戲拖棚
・不為顧客利益著想
商品的調度
・任憑協力廠商處理
・依賴廠商
・不花心思
・膽小怕事
・不冒風險
・行動以人為依歸
沒有目標的行動
問題的根源
・以往追求銷售和利潤的整體數字，
沒有替個別商品制定目標和策略
・導致沒有目標的行動是事業部長（長尾謙太本人）的責任

【圖2-2】FA事業部至今的問題癥結

長尾覺得，他總算發現自己該做的事情了。

【經營者的解謎十九】貼近個別情況

「第一套」劇本在整理原因時，要透過「**貼近個別情況**」，將問題分解到「**自己可以處理的大小**」，最後就會引發具體的反省。這不是以大分類和中分類概括而論，而是要貼近個別商品、顧客、員工、行動和其他環節，不斷探究「為什麼」。解謎時，必須「堅持貼近」。

重新設計專案

「沒錯，假如不知道每種商品正確的利潤，就會找不出戰略。」

長尾發現了這件事。雖然之前花掉大把時間，他卻認為應該放棄動不動就選擇戰略商品的做法，而是回到鑑定利潤的地方重新做起。這下準備要挨總經理罵了。

「我認為要回頭正確測量各類商品的最終盈虧，再重新開始。」

總經理的反應和料想的完全相反。

「很好，你說的沒錯。不過各類商品盈虧要怎麼計算？」

總經理的提問愈覺得單純，就覺得愈恐怖。

「長尾啊，各類商品的最終盈虧，可不是輕鬆就能算得出來的。」

總經理表示，將經費依照銷售額和原價的比率「分配」這種平凡的做法，正是戰略判斷失誤的元凶。長尾沒有想到那麼多。這下自己所學的「思想」和「方法」又有了加速的發展，成為提案工作的基礎。

三枝幫了他一把。

「試試看ABC怎麼樣？」

長尾聽了這話後，猛然想起以前就有的ABC分析法（ABC Analysis，按：使用在物流和採購時達成最佳化商品進貨），或稱為「帕雷托法則」（Pareto Principle，按：八十／二十法則，八〇%的結果取決於二〇%的原因，八〇%的銷售額取決於二〇%的產品等。）。

「不對。我說的是ABC是作業基礎成本法（Activity-Based Costing），也就是計算成本的一種技巧。」

總經理簡要做補充說明。三住員工從接受顧客訂單的那一刻起，到把商品送至顧客手上為止，要處理訂單、向廠商訂貨、集貨到配送中心、包裝、出貨，以及後續的物流和客訴處理等，整個過程會在多方安排下進行各式各樣的活動。花費成本的方式會依商品或顧客而參差不齊。ABC法是要調查間接成本的花費法，**比以前更正確地**計算出個別商品的原價和利潤。

「我明白了。就試試ABC法吧。」

長尾還不知道，這句輕率的答案會是下一個泥沼的入口。只有三枝明白「ABC地獄」是什麼，而社員們只想著「今天在會議上總算表現得不錯」，各個放心地微笑著。

想要創造新東西而非模仿別人的人，無論是「技術開發」或「管理革新」，都必須摸索未知的道路行進。為了提升管理的能力，就要隨時這樣勇於嘗試，面對隨之而來的心理狀態不安，以及大量的「智慧勞動」，三枝稱為「**頭腦風暴**」。

就這樣，長尾等人踏入ＡＢＣ分析的領域中。

這本書會將ＡＢＣ法當成獨立的戰略來介紹，收錄於〈三枝匡的經營筆記四：為什麼戰略當中的成本會計很重要？〉，以及接下來的第三章當中。假如讀者在直接往下閱讀這一章之前，想要知道長尾等人採用ＡＢＣ法時做了什麼樣的工作，不妨先參閱那些內容，之後再回頭繼續閱讀這一章。

產品組合管理（PPM，Product Portfolio Management）看似過時，卻是穩住改革的經典戰略

長尾等人在結束ABC分析後，就正確而明快地描述出FA事業部抱持的問題，以前做不到的事情現在成功了。之所以能做到這一點，是因為長尾等人接觸到一項戰略概念。這則經營筆記要在談到下一個話題之前，說明這項戰略概念。

產品組合管理（PPM，Product Portfolio Management）是BCG的創辦人布魯斯・韓德森（Bruce Henderson）提出的理論，於一九七〇年代風靡一世，以至於當時號稱為「戰略的時代」。這在戰略論的歷史當中，堪稱**經典理論**（按：原文以「古典的恐龍」形容）。

然而，後來PPM幾乎沒用在實際的管理現場上，為什麼呢？針對PPM的批判五花八門，而我（作者）的說明則很單純。

照理說企業的「勝負」和「競爭優勢」**相當複雜**，PPM卻只用「成長率」和「市占率」這二軸說明其架構。認為這理論太單純的想法擴散開來，才是PPM理論衰弱的最大原因。換句話說，就是以戰略概念而言過於狹隘。

進入一九八〇年代之後，許多顧問和學者企圖超越單純的PPM。「說起來『競爭優勢』是

什麼？」、「企業該怎麼做才能建立優勢？」這些專家從上述觀點出發，陸續建立出嶄新的戰略論，其中最有名的就是麥可・波特（Michael Porter）的「五力分析」（Five Forces Analysis），這個模型是以多樣化說明「競爭優勢」的架構。

當時有一種現象很普遍，又稱為戰略論的「流行」。世上的企業家追逐這些陸續推陳出新的法則，用過即丟，又跳到下一個理論。就在這過程當中，世人對ＰＰＭ的關注急速喪失。

但是，有人堅持ＰＰＭ很管用，持續用在管理現場上，那個人就是我。我認為，世界上的經營者，或是號稱超過一萬名的ＢＣＧ出身人士當中，沒有一個人像我那樣對ＰＰＭ堅定不移，持續用在管理現場上。

擬定戰略的步驟如下，其中扮演關鍵角色的就是ＰＰＭ。

一、擬定「戰略事業」以做為全公司的戰略

二、從選出的戰略事業當中畫定「戰略商品群」

三、從選出的戰略商品群當中畫定「戰略商品」

接下來的戰略擬定流程如下：

四、要在戰略商品的對象市場當中做「戰略區隔」

五、針對鎖定的區隔做「業務綜合研究」
六、依照綜合研究管理「業務員活動」的效率
七、依照結果管理「各類顧客銷售額」的進展情況
八、觀察成果，同時回饋到高階經營者的「戰略事業」層級，形成「周而復始的循環」

三枝匡的經營筆記　三

PPM的功效

「PPM太單純了」「以競爭的概念來說過於狹隘」儘管前面已經談過這些批判聲浪，我的想法卻完全相反。這項指責雖然正確，但我認為PPM的單純，反而提高實用價值。

這是為什麼呢？假設你以經營者的身分衡量事業戰略時，能否**剔除**成長的要素，忽略這項事業日後會成長多少，再歸納出觀點呢？

另外，你能否**剔除**勝負的要素，忽略現在是贏是輸，這場勝負的將來會如何，再歸納出戰略觀點呢？

還有，你能否**剔除**獲利的要素，忽略這項事業是賺是賠，將來會如何，再歸納出戰略觀點呢？

從結論來看，要剔除這三項要素再歸納出「戰略」幾近於荒謬。

換句話說，**這份單純**正是PPM的優點，即使在現代都還提供生生不息的管用方案。PPM只不過是在處理眾多戰略要素的一部分，但處理的部分在戰略上非常重要。

就連過了數十年的今天，韓德森歸納這三項要素的動態關係當成競爭的最大要素時，至今都還

沒創造出更好的理論，比ＰＰＭ更能啟發明快而實用的戰略。

另外，雖然有批評的人存在，卻沒有人創造出超越這個的實用戰略工具。戰略上該思考的要素很多，卻沒有人編出**包山包海**的戰略理論。人類的企業活動就是那麼複雜。

因此，ＰＰＭ在我心目中的使用法，是在歸納戰略時將ＰＰＭ當成「出發點」使用。說到從中擴展戰略思索的運用方式，沒有一種理論像ＰＰＭ這樣俐落。假如要用ＰＰＭ做出一個解釋，那就是對照其他概念，檢查是否沒有矛盾和阻礙原因。步驟就是這樣。

我是現職的經營者。所以，就算別人覺得ＰＰＭ再怎麼過時，三住內部也是活用ＰＰＭ進行管理，因而實際締造出確實的成果。坊間將ＰＰＭ的定位比喻為恐龍化石，現在只有商學院才會談到的過時戰略，但還然千辛萬苦地活著。照理說，三住的這隻恐龍也可以叫做「三住雷龍」，大搖大擺地在公司裏走動。

將三住雷龍帶來的人是我，不過供應水分和飼料養活牠的，是出現在這一章的長尾謙太、改革任務小組，以及其他三住的幹部和員工。

關鍵字是「現場」。要記得ＰＰＭ不是高階經營者專用的工具，而是要由第一線上的中階經營者徹底了解其精髓，當成提升自己業績的工具來用。

輝煌的「第一路線」

我在ＰＰＭ上替事業和商品的成功路徑命名。從導入出發歷經成長期，最後抵達「輝煌」區塊的是「第一路線」。相形之下，從導入期就不斷戰敗，直接淪為「敗犬」的是最慘的「第三路線」。兩者之間則是經過混戰狀態的「第二路線」。

前面描寫到事業部長長尾謙太沒有框架就直接要部屬繼續工作，急得團團轉，以至於總經理說他「就像在動物園裏原地打轉的熊」，這都是真人真事。長尾重新用功學習，從中發現令他驚訝的事情，那就是「**各階段商品戰略的基本要素**」。我經常在三住公司內部的戰略研修講座上展示【圖2-3】。

首先要將你負責的商品標示在PPM當中，然後你再逐一針對那些商品，整理出該以什麼樣的立場來因應。

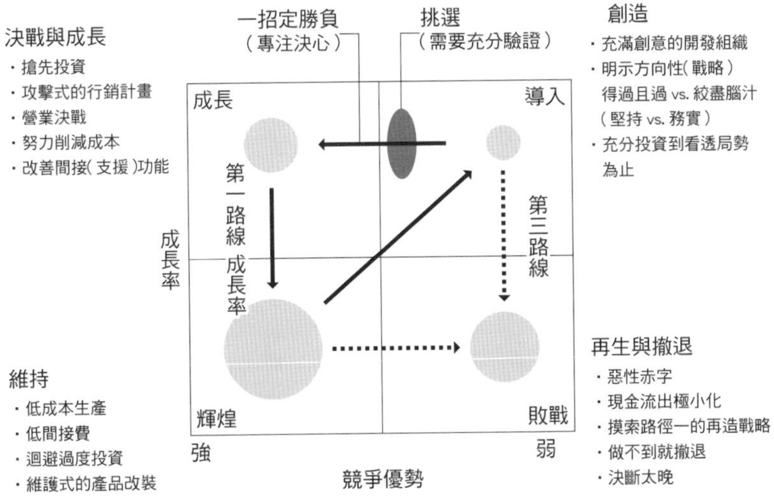

【圖2-3】各階段商品戰略的基本要素

第二節　描繪戰鬥的劇本

回頭再次擬定戰略

長尾等人不斷拚命做完ＡＢＣ專案（參閱第三章），並在協理會上發表工作結果。他們和任務小組沉浸在完成重大工作的充實感當中。

然而，單單做完ＡＢＣ分析，還是完全沒有回答以下疑問：「戰略上有什麼問題？具體的對策是什麼？」

因此，長尾等人開始進行下一項工作，將課題回歸到「決定戰略商品」這項出發點上。現在和致力做ＡＢＣ分析前不同，要解讀各類商品的報酬率數據。他和任務小組成員不斷開會。

首先，選擇「戰略商品」時最好要依照「今後三年淨利額成長最多的順序」。

「所以要調查過去三年的平均成長率。這樣也就可以類推今後三年的期望成長量、期望銷售額和期望報酬等數值。」

讀者是否瞬間看穿蘊含在二行字當中的謬誤呢？三枝聽到之後過了三秒，就問對方「你說什麼？」假如讀者再看一次之後還是沒有發現問題，就代表身為企業領導者的修練還不夠。

這二行當中蘊含著一項歪理，那就是「過去三年成長三〇％的成長商品，今後三年也會成長三〇％左右」。這種想法真糊塗。要是所有商品的成長率保持固定，過去的成長率也能自動套用到未來的話，世界上所有的「成果」就會延續下去了。這樣一來，就沒必要考慮戰略之類的課題。

他們從去年到今年歷經嚴重的業績低迷，遇到的都是巨變，成長率從正成長大幅跌落到負成長。既然如此，為什麼要講出歪理，將過去的成長率直接用在將來上呢？

長尾提到，總經理說進行ＡＢＣ分析之前「就像在動物園一樣」，如今他又開始出現同樣的狀況。換句話說，就是明明毫無根據卻跳到一個結論，**再配合著手工作**，導致陷入奇怪的模式中。

忍耐的極限

任務小組成員得意洋洋地前往總經理室。這三個星期他們也很努力，相信就和進行ＡＢＣ分析時一樣，最後終將獲得總經理的稱讚。

然而，三枝瞥了長尾等人製作的表格一眼後，就脫口而出：

「你們還是老樣子啊。」

三枝表情很沮喪。這是第四次了。他再也無法沉得住氣了。之前屢次耐著性子放手讓長尾等人去做，等待他們進步，但是這天，忍耐已經超過極限。

「聽好了，這張表從右到左、從上到下，再仔細好好看清楚。這張表哪裏可以判斷出『競爭的勝負』？」

假如開始實行改革時，相信這麼低劣的歪理，最後一定會造成**戰略落得一場空**。要是劈頭就讓員工施行以戰略為名的措施，後來卻發現會失敗或**白費力氣**，他們就會對於號稱戰略的做法抱持不信任感。三枝認為改革時提出的第一號戰略，**絕對**要成功才行。

「你懂嗎？戰略就是『勝負』。」

「總經理又說這種話了。自己的思路還是沒改變。單單這樣說還是不懂，我是笨蛋嗎？」長尾低下了頭。

他看了看總經理一張撲克臉，那表情就是在說「沒錯，你就是」。對方的態度不像之前那樣，笑咪咪地在等著自己。

三枝在這種場面下，反而必須對公司內規發揮「斬斷力」。這不是操弄強權般的腕力，而就只是「能以邏輯支持的斬斷力」。

「你聽好，我之前就講過了吧。就算商品**成長率一樣低**，但有時是市場處於成熟期，不再成長，有時則是目前正逢誕生期，成長率還很低。從這張表的什麼地方，可以嗅得出雖然現在看似低迷，將來卻值得期待的商品？」

「……。」

「就算一件商品為三住帶來再多高成長，但若競爭企業的成長率也日益提升，三住就會『落敗』。這時就需要號召大家『一決勝負』。從這張表的什麼地方可以分得出，**看似發展順利但其實會輸的商品**？」

長尾啞口無言。

「你所建立的邏輯，不就是會**錯誤**指定戰略商品的『壞工具』嗎？那有和沒有不都一樣嗎？那會變成事業的毒藥，變成禍害，還不如沒有比較好。」

【經營者的解謎二十】戰略是什麼？

戰略是什麼？假如詢問三枝「戰略的定義」，他會這樣回答：

戰略是：

1.「戰場和敵人」的動向

2.要加以「俯瞰」

3.從自身的「強弱」

4.看透「勝負的關鍵」

5.以及「選項」

6.要在追求「風險平衡」的同時

7.藉由「鎖定和集中」

8.歸納出能夠在規定「時程」內獲得勝利的

9.「邏輯」

而且，

10.要將這項戰略的「施行順序」

11. 當成「長期劇本」
12. 「展示在組織內部」

另外，戰略在描述尚未實行的措施時，經常帶有「假說」以判斷好壞（勝算大小）的方法在於「邏輯的強度」（詳情參閱《放膽做決策》）。

「你們啊，這不是學生交作業，也不是編寫上班族工作術大全。這是攸關企業生死的勝負關卡，高階經營者要依照你們的提案行動，實際動員員工，灌注經費和投資。事後可不能說當時思慮不周，戰略出了差錯。」

長尾垂下了頭。

「這個事業的將來就要靠你們建立的邏輯了。要有邏輯啊，邏輯。」

長尾等人不曉得接下來該怎麼做，沒有掌握答案就回去了。

培養經營人才的過程

三枝雖然沮喪，不過，這種情況就像是他推動企業再造時，被逼到絕境時的情形類似。就算召集公司內看似優秀的員工，思考和行動也不會輕易改變。除非**持續動搖他們頑固的價值觀**，直到正確的思考方式內化成為身體的一部分，否則公司就不會開始改變。

掌握關鍵的人是長尾謙太。這四個月來，三枝看穿了他的弱點。

假如他對「從天而降的課題」知之甚詳，就會用相當高效而聰明的方式自行區隔期限，以絕妙的速度行動，對組織的領導力會很出色。讓人感受到野心的強悍性格，以及聰明俐落腦筋轉得快的後起之秀，就連待過許多公司的三枝，都沒有遇過這種將才。

然而，這種人往往會逃避覺得不是很懂、不大擅長，或直覺沒必要的事物，甚至拖延不做。既然缺乏好奇心，就沒有學習新知的氣魄。當下的思考是自己過去經驗的延伸，行動只限於這個範圍之內，所以三枝才一直說他「還不成器」。就算做了ABC之後要恢復工作，長尾也六神無主。這次，他也讓部屬白費很多工夫。

三枝真的能夠將長尾和任務小組成員培育成為儲備經營者嗎？他們每個人都天性勤勉，進取心也很強，但若想要當個成功人士，就必須察覺自身不足之處，努力擺脫弱點。

有句話說「人才，會自己成長，用不著刻意培養」。然而，三枝偏偏要選擇在三住**培養**儲備經營者。

【重要關鍵：經營者的解謎與判斷】培育將才

- 假如長尾謙太建立的事業戰略程度很低，三住公司內部對戰略的滿意程度也會降低標準；如此一來，這代表三住「培養儲備經營者」的程度很低。
- 三住必須要建立從**世界標準**來看優異的事業戰略。世界三流的戰略，只會造就出世界三流的公司。

● 因此三枝決定完善機制，以便將自己過去的「戰略」和「現場改善」的經驗，**託付**給三住的儲備經營者。其中一項措施是要引進「事業計畫」的手法，三枝過去在經營現場中會用到這項技巧。這樣幹部在一決勝負時，就會將戰略理論實際用在自己的事業上。另一項措施，則是由三枝扮演公司內部的「戰略傳教士」。雖然對上市企業的經營者來說是很大的負擔，但要讓組織對戰略意識耳濡目染，沒有比這更有效的方法。

莫忘初衷

專案在三月啟動，現在已經進入七月。這下可不能放著長尾的任務小組不管。三枝決定給長尾機會超越原本「不會想去尋找看不見的事物」的缺點。

「長尾，去年我在董事戰略研修上教大家『**PPM**』。雖然別人覺得這套理論有點老掉牙，當時我教的內容，卻和一般教科書上寫的不同。那是我用在實戰上的實用工具；這樣吧，你要不要重新複習一遍，然後重新做專案？」

長尾回頭複習三枝的著作《放膽做決策》。他的手邊放著前一年秋天參加戰略研修時的講義。

當初三枝說他們必須成為商戰中的冠軍。那時長尾還覺得事不關己，現在這個問題卻逼近自己的眼前。

的確，他還記得三枝教過這項重點。與其在公認規模龐大的市場中當個微小的存在，還不如著眼於公認較冷門的獨特市場區隔，當個遙遙領先的冠軍。

長尾透過這條線索想起一件事。講義集當中出現過總經理製作的圖表「各階段商品戰略的基本要素」（參閱〈三枝匡的經營筆記三〉【圖2-3】）。

真令人驚訝。總經理要求的「戰略」要素，不就全都寫在這裏嗎？雖然自己參加過研修，但搞不好那天傍晚就已經忘了。

「就是這個。我要試著回到初衷，做好『PPM』。」

就這樣工作小組在七月最後的一個星期，嘗試製作「PPM」圖表。目前為止的工作當中，基本的數據全都在手邊。

管理素養迅速提升

七月三十日，FA事業部的第一張「PPM」終於完成了。

長尾和旗下任務小組的全體成員，拿著這張圖表去總經理那邊。

戲劇性的變化發生了，開始前所未有的對話。

「原來如此，FA事業部是正在成長，但還有很多商品在『敗戰區』。」

「是的。圖表中央那條線的左邊是市場上的冠軍，不過在這位置上的商品還相當稀少。」

長尾以胸有成竹的表情說話，但其實是他嘗試這項工作後，才首次明白這一點。

「沒錯。我們不妨稍微放寬『勝利』的判斷標準，爬到市場第二名就算好。但是，比那更弱小的商品群還真多。這樣ＦＡ事業部根本就稱不上成功。」

奇異（ＧＥ）前執行長傑克・威爾許（Jack Welch）進行大改革時，也認為事業爬到市場亞軍的地位就算好。一九七〇年代奇異上上下下徹底奉行「**PPM**」分析法，威爾許在受到奇異總經理提拔之前，就以塑膠部門總經理的身分受到其洗禮。

「是的。另外，右下方的『敗犬』區也有幾個商品群。理論上，落在這塊區域的應該要撤退。」

「不，呃，是否依照理論撤退，還是要慎重研議比較妥當。『**PPM**』無法呈現事業綜效，是這項概念的缺陷。既然還有其他競爭要素在，最好不要單憑『**PPM**』就決定撤退。根本來說，雖然來到這個區域，但也不見得一定會赤字。這次的ＡＢＣ數據，應該就會透露真實情況了。」

「總經理，雖然ＦＡ事業部整體在成長當中，現在卻發現低成長商品群竟然有這麼多。為什麼我們之前沒注意到呢？假如謎團能夠逐一解開，或許就可以朝『勝利』的方向行動。」

長尾的措辭發生戲劇性的變化。三枝瞥了長尾的臉一眼，露出微笑。

「不過，長尾，看了整張『**PPM**』圖表之後，就會發現整個事業的『全貌』並不壞。右上角的『創造』區當中也有很多商品群，真是令人期待啊。」

「這個商品群現在市占率低，成長卻很高。這就代表市占率會自動上升。只要當作戰略商品強化，整個事業也能夠加速成長。」

「嗯。只不過，我們必須慎重研議『創造』區的商品是否真的有前途。現在該拿到市場上一決勝負的戰略商品，反而是位在更左邊一點的勝負區。」

「要這樣解讀嗎？」

長尾和任務小組的成員覺得這番對話很驚人。以往被總經理駁回時，就像是大人和小孩聊天，這次卻變成大人之間的交談了。說得更貼切一點，就是他們和經營者之間程度旗鼓相當。

「原來，總經理的要求是這樣的，戰略是要這樣談的，管理素養會產生這樣的變化。」

上次是「ABC」，這次是「PPM」。不具備這個框架的人會徘徊不定，眼前的霧永遠散不了，持續看不見，發出錯誤的方針和戰略。這二個支離破碎的框架，現在正試圖在長尾的腦中連貫起來。

【經營者的解謎二十一】鑽研一項基礎理論

經營者不是學者，沒辦法學習和精通所有的管理理論。何況理論也有**流行**，千萬不能讓人牽著鼻子走。要記得徹底學習「這是**自己的基礎理論**」，哪怕只有鑽研一項也好，連現場實用工具都要學起來。這就是自己的**經典**（按：原典）。只要擁有基礎理論，就能以此為中心，感覺到其他框架在腦中繁衍增殖，就像樹木茂密成長一樣。

仍然不足夠（necessary but not sufficient）

很好，這樣行得通。只要使用「PPM」，就能夠決定FA事業部的戰略商品。凡是在場的任務小組成員都這樣認為。

不過，當長尾和旗下成員以為「終於完成」和「迷霧消散」的瞬間，這份天真的期待就被打碎，眼前忽然出現下一座險峻的山頭，而山頂瞬間就被新的霧所包圍。著眼於高處的登山客生來就常遇到這種事，或許辛苦，但以高處為目標的企業家也必須經歷這項過程。即使如此，成功人士依然熱衷於登頂，一定會累積這樣的經驗。

總經理向長尾拋出一個新問題。

「我問你，追根究柢，三住的商品在市場上『獲勝』時，推動勝利的『三住優勢』究竟是什麼？」

這是個基礎的問題。總經理換個問法：

「為什麼客戶要三住幫忙採購？或許該問，為什麼要向競爭企業買東西？」

所有的事業和生意都可以探討這個基本的問題，長尾卻從來沒有認真思考過。

即使如此，事業還是大幅成長了。以往他以自己的方式，不斷針對這個問題提出正確的答案，實際提供顧客服務，所以顧客的訂單會持續增加。然而，他是否**主動**理解這個現象的內情？長尾心想，或許總經理有此一問，是要幫沉湎於現狀而失去方向感的自己，指出應該回歸的原點。這不就是事業戰略擬定工作的出發點嗎？

這個問題對FA事業部特別重要。姑且不論成本和交期，假如委外企業擁有某種程度的金屬加工技術，任何公司都做得出三住的精密零件。另外，三住販賣的所謂市售品就是一般流通的零件，到處都可以取得。

既然如此，為什麼顧客還要三住幫忙採購呢？一定是因為三住提供客戶某些「價值」。分析原因何在，將以往**很自然在做**的事情，日後**主動**把這些事情當成戰略的課題並且實行，這不就是總經理在談的道理嗎？

「只要能夠整理方案，強化三住讓顧客欣賞的『優勢』，減少『劣勢』，這就會變成讓商品成長的『對策』。」

長尾等人就此明白，建立戰略時不可或缺的工作是什麼了。

三住提供什麼「價值」？

長尾和旗下的任務小組成員開始分析三住提供的「價值」。他們盡量列舉出很多「價值」，讓三住輸掉競爭的要素也包含在內。

就算我方覺得「有價值」，也不一定真的對顧客產生價值。明確對照雙方的情況是這項工作的要點；像是以下內容：

三住模式	顧客的價值
「型錄標明價格和交期」	↓○「縮短詢價作業的時間」
「只需型錄的商品編號就能下訂」	↓○「不必逐一描繪零件圖」
「客訴賠償可在客服中心對應」	↓×「打電話給客服中心很麻煩」

既有物流模式		顧客的價值
「經銷商的業務員會來詢問有沒有需要服務的地方」	↓○	「迅速因應很方便」
「經銷商只和特定廠商交易」	↓×	「該訂貨的對象變多，區分訂單很麻煩」

白板上寫了很多價值。長尾等人看了之後才發現，原來這就是三住商業模式的優點和缺點。單憑這張表不容易明白和競爭對手的異同。以○×方式做比較很難看出結論，不曉得「最後」贏的是三住還是競爭對手。於是長尾就想，這些「價值」能不能轉換成**數值**呢？如此一來，就可以再稍微清楚地掌握這些要素當中，哪個在戰略上很重要。

長尾將分析結果拿到總經理那邊去。總經理忙著到國外出差，埋首於其他管理課題當中，一個多月沒有碰過這項專案。

三枝聽了長尾的說明後很驚訝。任務小組才一個月就有很大的進展，替各類商品開創嶄新的競爭分析工具。雖然這本書不能詳細揭露運用戰略工具的數值方法，但次要的東西就可以寫出來。

三枝要求長尾等人替這項概念取個特別的名字。雖然他笑著說「要不要取個性感的名字呢」，最後還是選了個正經的名稱。

「那麼，長尾，就把這個框架叫做『相對顧客優勢』吧。」

三住特有的戰略概念誕生了。或許讀者看了之後會覺得不怎麼樣，然而長尾創造的這項概念，後來在經營三住時卻發揮了很大的價值。

【經營者的解謎二十二】一張關鍵圖表

為管理變革帶來關鍵影響的一張圖表，事後看來多半沒有高明到足以讓觀眾喝采的程度。許多人明明自己**想不出來**，看了這個之後嘲笑別人「沒什麼了不起」。然而，一張獨特關鍵圖表的「平凡」之處正隱藏著優點，蘊含「**現在身在其中的人**」以往沒有發現的通則。這會為員工帶來「迷霧消散」的感受，產生戰略上的衝擊。

長尾很高興可以得到超乎預期的稱讚。這次沒有陷入讓人團團轉的混亂局面，能夠恢復名譽，真是令人開心。

最後關頭，再度感覺「似乎還有哪裏不夠」

從三月開跑的專案，進入九月之後，長尾等人就展開歸納的工作。

「長尾，麻煩你向三住全體員工說明 FA 事業部的戰略。我希望你可以展現出戰略的意義，對三住新時代的來臨加深印象，這是改變公司文化重要的一步。」

發表戰略的管道是集合全體員工召開的「全社管理論壇」上，召開地點在有樂町的東京國際論壇大樓，日期定為十月十三日。

專案的最終期限總算決定出來了，無論如何都要在期限內完成才行。不過，他們遇到了最後一道障礙。「**PPM**」和「**相對顧客優勢**」再怎麼翻來弄去，堪稱支離破碎的地方也一大堆，戰略該有的結論並不明確。

三枝有種預感，只要跨越這道障礙，三住就會開始飛躍成長。過去找到精準俐落的企業再造劇本時，那一瞬間必然會覺得很有把握，認定這個行得通。三住現在也逼近這個瞬間，這幾天他一直有這種預感。長尾等人眼前正在跨越的障礙，其中一定會有突破點足以產生新戰略。

而發現突破點的責任，就落在以經營者身分接管公司的自己身上。要求長尾他們擔下這個任務太過嚴苛。假如他們最後有所成長，就鼓勵他們自己找出新的理論，這樣自己也樂得輕鬆；這是三枝的希望。

於是三枝一個人苦思，做出一張和任務小組不同的圖表，帶有真正的突破點。這是專屬三住集團含淚帶汗的智慧財產。這本書出版時，詳細公開這項戰略工具給競爭者在內的外界企業還言之過早，不過這項概念的大綱倒是可以談一談。

三枝和長尾等人做出的戰略地圖，將以下列舉的要素**統統塞進一張圖表**，能夠幫助經營者對商品戰略做綜合的判斷。

- 「**PPM**」的「相對市占率」（勝負）與市場成長性（成長潛力和風險）
- 「**ABC**」帶來的各類商品盈虧（自家公司觀點下的獲利魅力與成本定位）
- 顧客從三住身上獲得商品及服務價值時的「相對顧客優勢」

三枝將做好的圖表命名為「**三住商品戰略地圖**」。

這項行動判斷工具連年輕員工都能輕鬆了解並且應用在現場；三住戰略管理的歷史里程碑誕生了。

【經營者的解謎二十三】框架的矛盾地帶

追求戰略之際，要是**同時採用**二個內容相異的戰略框架，判斷就會變得複雜。因為其中經常會出現「矛盾地帶」，其中一方判定為可行的對策，另一個框架就不行。開始使用前最好要釐清邏輯，將二個框架**結合**後設計成一項綜合工具。總經理和長尾做出的「**三住商品戰略圖**」，就是在進行結合的工作。

長尾等人開始運用這張圖做商品分析，還用到許多推測數值。推測愈積愈多，某種程度也讓人感到疑惑和不安，但還是同意照原定計畫進行，認為不像顧問那樣追求面面俱到也無妨。我方陣容是親身經營事業的實業家。假如可以確定在社會的競爭中**必須發揮足夠智慧搶占先機**，如此一來，就具有充分的實踐性。

長尾開始感到事情有趣了起來。

「喂，這個戰略工具很強大，可以派上用場喲。」

這項工作結束於十月一日。接下來必須快馬加鞭製作簡報，短短二個星期後就要在全社管理論壇上給全體員工看。

雖然進行簡報的是長尾，不過，對三枝來說也是決戰現場。簡報必須讓所有員工接受，以嶄新的內容獲得喝采。為了日後讓三住這家公司對戰略意識耳濡目染，要施放第一發煙火。

遭受景氣低迷打擊而業績下降的ＦＡ事業部，前一年的國內銷售額是一百三十二億日圓。長尾的計畫是要從這裏起步，五年後達到四百一十億日圓的目標。以泡沫經濟崩潰後的日本企業計畫來說，這項戰略很有攻擊性。

這項目標和長尾剛見到總經理時宣稱的四百一十億日圓銷售額幾乎一致。然而透過這次的工作，達成目標的戰略和方案已經更換，內容和以前有天壤之別。

星期六製作簡報

終於進入簡報製作的工作，任務小組在這裏也遇到其他阻礙。

製作簡報時故事的「起承轉合」很重要。雖然受命製作「簡單」而具有「故事性」的簡報，簡報中卻看不出這一點。儘管手邊的分析圖很多，卻不曉得總經理說的簡報要做到哪種程度。

總經理一如往常突然在工作室露面時，長尾請他幫忙看了一下原稿，但對方什麼也不說，就微笑地走出房外。

三枝當時嗅到危險的氣味。開窗瞬間，對面的景色相當陰暗，顯然他們後面幾天沒辦法達到自己要求的水準。要是長尾做出粗略的簡報，員工就會懷疑戰略的意義，這樣就無法讓員工認知到改革的意圖。

困難的改革無可避免要傷透腦筋，面臨窮途末路的痛苦，但反過來說，從培養人才的觀點來看，這可是**千載難逢**的機會。三枝總會任憑部屬自行衡量到某個程度，自己則從上空俯瞰。偶而出沒在現場窺視後離開，遠離後又再接近。當他覺得部屬接近走投無路的邊緣時就翩然從天而降，趕在失敗之前「適時」介入，這是他培養部屬的方式。

星期六長尾來到公司，他從早上就心急如焚。剩下的時間已經不多。雖然圖表和數字一大堆，但就是看不出故事的「脈絡」。要是不設法做出最後的總結，就趕不上發表會了。

就在這時，正午過沒多久，總經理突然現身。他還是第一次在星期六出現於工作室。三枝想起前一天看過的景色，一早起床後就臨時起意到公司上班。他擔心任務小組的成員是否堪當大任；他們必須在全體員工面前，呈現一齣名符其實充滿戲劇張力的連續劇腳本。

【經營者的解謎二十四】改革是一齣連續劇

成功的改革案雖以邏輯正確為大前提，但還必須提供故事性和戲劇張力，打動員工的心。像是好人和壞人一定會出場，乍看之下，以為幫手現身是為了擺脫艱辛的難關，卻也出現意料之外扯後腿的阻礙。提高管理技巧所不可或缺的，就是親筆撰寫這樣的連續劇腳本，親口談論並躬身實踐，累積成功和失敗的經驗。要是沒有扣人心弦的故事，就無法改變這個組織的文化和眾人的行動。

雖說要有戲劇張力，但就少了說話的技巧。單憑口才耍嘴皮子的簡報，立刻就會被識破。要以明確的邏輯、可靠的數字和事實來印證，明快解釋管理方針。什麼樣的障礙在等著這家公司，突破困難到了最後會達到哪種成效，以及達成後再下一個目標是什麼，只要以淺顯易懂的順序談論這些問題，故事會自己從中冒出來。

「怎麼了，簡報還沒做完嗎？」

「啊，雖然做了很多努力……」

長尾被逼到了絕境。總經理短暫坐在工作室角落的椅子上，靜觀其變。接著他突然起身，馬上就下達奇怪的指示。

「等一下，各位，我也來幫忙吧。首先，將B5用紙對半剪開，準備許多白紙卡。然後要將鉛筆、橡皮擦、透明膠帶、剪刀、還有量尺，還有以及你們之前製作的簡報原稿、照片、圖表，統統擺到桌子上來。」

眾人不明白總經理想要做什麼，但還是依照命令行動了。

總經理捲起袖子蓄勢待發。

「長尾，過來坐我旁邊。」

三枝做出這樣的指示後，就和長尾並肩而坐，接連閱讀擺滿桌子的圖表和說明頁面。

然後他選出派得上用場的圖表，交給小組成員要他們縮小影印。他們輪流飛奔出去，再把縮小影印的圖表拿回來。

總經理將剪刀抵在那張紙上，喀嚓喀嚓剪出聲響。他只留下想要的部分，其餘的丟在地板上。用到的部分則以透明膠帶貼在半張B5（按：即為B6尺寸）的白紙卡上。

三枝把那張紙放在眼前，盯著內容沉思。然後就拿起自動鉛筆，在上下左右的空白處寫文章。接著他又想了想，有時用橡皮擦使勁擦掉，再寫新的上去。

於是，一張投影片的頁面就完成了。

「修改別人製作的簡報**故事**，用剪刀、直尺和透明膠帶是最快的方法。這種的工作用電腦反而費時又礙事。一定要用低科技（low-tech）喔，低科技，就對了。」

「簡報高明與否的關鍵，不在於寫法和說話的技巧，而是邏輯，是讓聽眾理解的故事性。內容差勁的簡報，就算講得再天花亂墜，員工也會看破手腳，簡報結束時沒辦法留下印象。」

製作一頁簡報要重寫很多次。小組成員看了這一幕後心想：

「是嗎，每一頁都要這樣灌注心力啊？我們當初就沒做到這一點。」

最後是將標題安插在最上面，寥寥數語的簡短標題彷彿能震撼人心。

看圖說故事：總經理的「連環畫劇」

接下來，製作底稿的頁面。

剪下來的圖表和揉成一團扔掉的原稿，讓總經理和長尾的周圍變成垃圾堆，都看不到地板了。有人拿垃圾桶過來，想要把垃圾集中。

「不行不行，維持原樣就好。垃圾愈遮住地板，工作就愈順利。」

總經理沾沾自喜地繼續他的工作。

他以一個主題累積幾頁之後，就開始以連環畫劇（按：日文漢字寫為「紙芝居」，一邊手動更換一張張圖畫，一邊唱作俱佳看圖說故事）。

三枝說話時伸出自己的食指，就像眼前有聽眾一樣，接連指出紙上的重點，同時喃喃自語，驗證自己的「口語」和「寫出的文章」搭配之後，是否能流暢進行。

假如不夠流暢，就要改寫索引，顛倒詞句的順序，或是將一頁剪成二張，偶爾還要大幅挪動頁面的順序。

任務小組成員都看得目瞪口呆。

總經理就像個作業員似的，將眼前的紙張喀嚓喀嚓地裁剪和黏貼。這份速度感和妙語如珠讓人欽佩，但竟然讓總經理親自動手做這種事，他們自己也覺得相當慚愧。

三枝沒把那種事放在心上，好不容易才做出超過二十張的卡片。資料是用透明膠帶貼的，每張紙都弄得硬梆梆，貼好的紙張有幾頁還超出卡片的邊緣。

最後，三枝**出聲**，再次演起連環畫劇。他侃侃而談看圖說故事，連貫到下一頁沒有中斷。是嗎，這就是故事嗎？

總經理做完這件事後就把卡片湊齊，將頁碼寫在右下角。然後把卡片在桌上敲幾下整理好，用迴紋針固定後，再交給長尾。

「好了。之後原稿要修要刪，都是你的自由。這份簡報可以講大概三十分鐘吧？你有一小時的時間，接下來要花一些心思。好，我的工作到此結束了！」

三枝說完這番話後迅速走出去離開現場，留下滿場目瞪口呆的部屬。

這次事件讓長尾學到新的經驗，眼前的總經理突然變成「閱卷老師」，但是並非大小事親力親為，而是在我們面前做示範，事後照樣丟下一句「自己做」，就回家了。

經營者介入部屬的工作，世上竟有這種做法嗎？他至今的人生當中，從來沒受過這樣的指導，也不曾自己這樣指導別人。長尾心目中的總經理只是個遙不可及的人，然而新任總經理一旦看到部屬有了萬一，就會及時救援來到工作室，以「手把手」的方式帶人，並與員工合作。

「總經理名符其實自己動手，幫忙剔除我們誤入歧途多此一舉的工作。他告訴我們**出口在哪裏**，那天下午工作就突然變得輕鬆了。」

這次事件讓長尾體認到往後公司會大幅改變。雖然和以前一樣待在三住這家公司，自己卻體驗到「跳槽」的感覺。

全社管理論壇

十月十三日，新任總經理正式上任約四個月後，全體員工就在有樂町的東京國際論壇大樓集合，召開「全社管理論壇」。地方營業所的員工和國外同事也統統齊聚一堂，出席人數超過三百名。

這是三住史無前例的大會，但以東證一部上市企業的規模而言反倒渺小。即使集合全體員工，人數也才只有這點程度。當時任誰都無法想像，這家本土企業在十三年後，竟然會轉型成全球一萬人的企業。

當天是由長尾上臺說明帶動成長的第一波事業戰略。這段演講是三住員工首次接觸「戰略」的機會。許多員工掌握到以前從沒想過的衝擊性內容，強烈感受到公司在逐漸改變。

傍晚，管理論壇結束之後，就邀請創辦人田口總經理夫婦到大宴會廳，舉辦「創辦總經理感謝會」。

所有員工都參加了這場盛宴。豪華派對本身就對員工造成了文化衝擊。透過一流的場地、一流的管理會議和一流的派對，一口氣為全體員工帶來「時代已經改變」的印象，這就是三枝的目的。

在此要總結戰略擬定專案的整體流程。【圖2-4】是長尾實際在公司內部用來說明的圖表。

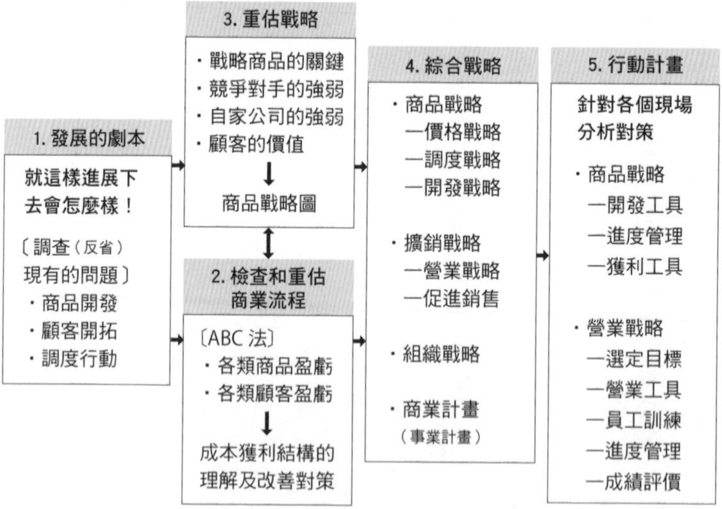

【圖2-4】事業戰略擬定作業的流程

假如讀者看下去之後讀到〈三枝匡的經營筆記八：熱情企業集團的結構〉，就會發現長尾的工作步驟其實是遵循那篇經營筆記出現的框架「三大變革原動力」。從這個意義來看，先閱讀〈經營筆記八〉，之後再回顧這個地方，或許是個聰明的選擇。

日本國內銷售額五年內成長為三．四倍

在此要闡述FA事業部實施改革後產生什麼樣的成果。長尾以他特有的優點自行擬定戰略，實際施行後就締造出漂亮的數字。

隔年度，三住創辦以來的招牌事業金屬模具零件的銷售額，按季來算已經超越以往，其後差距逐漸擴大。看看長尾的新戰略針對的國內銷售額，就會發現改革前一年是一百三十二億日圓，五年後則達到四百四十七億日圓，遠遠超出他設定的四百一十億日圓目標（以上資料

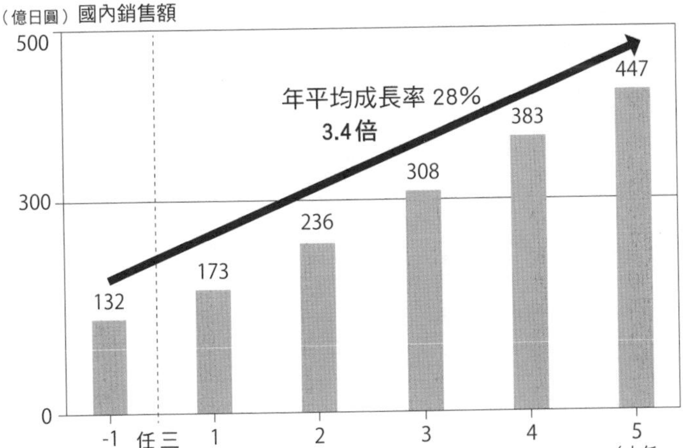

【圖2-5】新戰略下FA事業部的國內銷售額在五年內成長為3.4倍

來自當時三住決算發表的數值與整理）。

ＦＡ事業部從以前就多多少少透過出口締造國外銷售額，長尾依照新任總經理的國際戰略，開拓嶄新的國際發展，業績更形增加。同樣這五年來ＦＡ事業部的國外銷售額，從改革前一年的區區十四億日圓，成長到五年後的一百一十七億日圓。

國內外的集團銷售額每年以一百億日圓為單位持續突破大關，從改革前一年的一百四十七億日圓，成長為五年後的五百六十三億日圓。五年期間上升三．四倍，年平均成長率為**三一%**。那段期間許多企業苦於泡沫經濟崩潰的後遺症，掙扎在規模縮小及低成長之間，長尾的ＦＡ事業部戰略和總經理的國際戰略，單憑ＦＡ事業部就締造出這樣的成長。

其後ＦＡ事業部也持續成長。長尾擬定

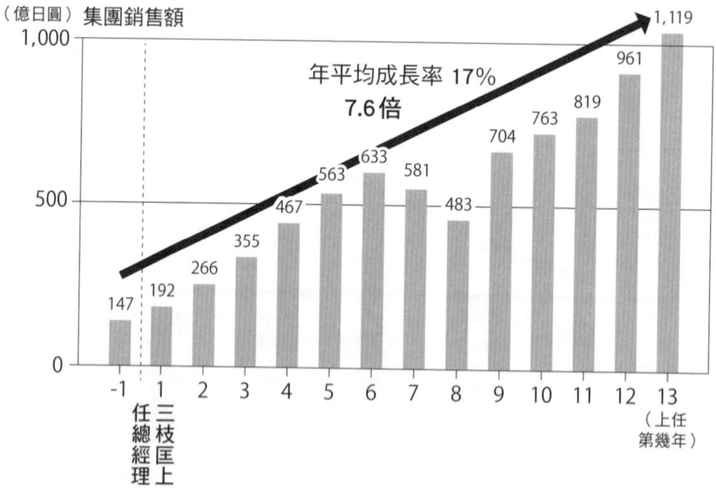

【圖2-6】FA事業的集團銷售額在13年內成長為7.6倍

新戰略之後的第十三年，全球集團銷售額超過一千一百億日圓，彌補世界景氣低迷時倒退四年份的銷售額，前後十三年來的年平均成長率為一七％。

三枝擔任總經理之前，公司外面的人就在說「提到三住就是金屬模具零件」，而公司內部組織也將金屬模具的優先順序排在其他事業之上。然而，三枝就職第二年就否定這項方針，宣布「三住新的招牌事業是ＦＡ零件」。當時金屬模具部門的員工仗著過去的業績坐享其成，對於新的競爭威脅後知後覺，這件事正好促使他們清醒過來。

三枝擔任總經理時將ＦＡ事業部列為率先改革的對象，這件事具有重要的**戰略價值**。其後，三住的國外投資和經費支出日益增加，但三住的營業利益率在吸收其負擔後，依然從總經理就職時的一〇％左右，逐步上升到一三％前後。

將第一個改革對象，鎖定在既非「中樞」也非「邊境」的ＦＡ事業部，真是個「幹得漂亮」的選擇。

【眾生相】長尾謙太的說法（當時的執行董事兼ＦＡ事業部長，四十二歲，其後歷任企業體總經理及常務董事，現為副總經理）

當時我學到了經營新事業的方法，以往的人生從來沒有這種經歷。

後來之所以產生爆炸性的成長，第一個要列出的原因在於高階經營者奉行「**現場主**

義」，參與當時的戰略擬定專案。光靠我們沒辦法發展出這套戰略。

三住整間公司對「戰略」的敏銳度一下子就擴展開來，感覺像是被使勁往上拉。借助前人的智慧，讓我們得以運用正確的步驟和各式各樣的框架，雖然痛苦不堪，卻可以創造新戰略。這次學到的東西日後可以應用在各種管理情境上。

現在恕我換個話題，談談FA事業部產生爆炸性成長之後過二年的事情。當時是星期天晚上，總經理打了通電話過來。他似乎在自己家裏喝一杯。

「長尾，要不要去看看大峽谷啊？你太太也一起來……」

我頓時摸不著頭緒。

「FA事業部在你拚命努力下大幅成長，就當成是公司慰勞你，和我一起去吧。」

於是我和內人，以及與我並肩奮鬥、努力工作的事業部長，三個人就跟著總經理出國了。

這並不是陪總經理出遊的奢華之旅。我們英文不好，一切都由總經理幫忙照應。國際線搭的是三住員工當時不會坐的商務艙，飛美國國內線時則是搭頭等艙。抵達鳳凰城的機場後，總經理就借了出租車。那是一輛體積龐大的林肯汽車。

隔天我們前往大峽谷，連續幾個小時都是總經理在開車。我想，他一定是世界上薪水最高的司機。

抵達飯店之後，總經理就去櫃檯辦理入住手續。預約的房間出問題時，我們就等總經理來房間查看情況，而去吃飯時總經理就幫所有人點菜，簡直像是導遊一樣，實在對他很不好意思（笑）。

大峽谷的壯觀令人震撼，日本絕對看不到那樣的景色。這是我和內人一輩子都忘不了的回憶。

【叩問讀者】掌握要訣，打造改革鏈

「企業改造」是要長期不斷遵循「改革鏈」。然而許多情況下，員工的戰略意識和管理技巧低落，試圖花時間慢慢逐漸進步的「漸進改善方案」，通常行不通。這一章當中描述的改革手法，是三枝活用過去三十年的管理經驗，一口氣提升三住的戰略意識和技巧，期盼讀者能夠明白和爬梳這場改革的「要訣」是什麼。對三枝匡來說，這不是紙上談兵，而是他在管理現場要迫切回答的真實課題。

為什麼戰略中的成本會計很重要？

成本會計不正確的危害

長尾等人決定在擬定事業計畫之前，回頭做好商品的成本會計。這則經營筆記將會在下一章描述其經過之前，溫習成本會計的基礎。

「成本會計」原本是要計算企業生產及販賣商品的「成本」，所以必須要盡量正確掌握成本。成本會計不正確對公司帶來的弊害列舉如下：

- 很有可能在戰略上產生錯誤判斷，拚命推銷成本昂貴實際上卻**不賺錢**的商品，反而將賺錢商品置之不理。
- 而且公司內部往往很長一段時間都不會有人發現這項錯誤。

換句話說，錯誤的成本會計會讓毒害在公司內部蔓延。

許多公司將會計視為專職工作，員工大多認為專業的會計部人員會適當運用成本會計，通常不會插嘴質疑會計部的做法。

所以，成本會計的做法一旦編排到公司內部的系統中，到了最後就沒有人會懷疑了。因此，事業部的人絕不能忘了時時自我**懷疑**，自己的商品盈虧是否基於以正確邏輯計算的「正確成本」。三住成本會計系統的「革新」也是由事業部的人發難，而不是會計部門。

成本會計的正確程度

想像現在廠商有一座工廠。假如想要知道「真正的成本」，正確測量當天製造的哪種商品，運用哪道工序要花掉多少費用，就必須時時刻刻掌握進行各項工序時每件商品的正確數據。比方說，光是作業員輪班、機械故障，或是加工步驟出了點差錯，即使製造同樣的商品，成本也不同。

然而，若要從早到晚正確測量這樣的數值，就會花費很大的工夫（資訊成本）。這時就需要簡便的措施。換句話說，就是需要犧牲某種程度的精確性，採用偷懶的辦法。記錄的頻率要從無時無刻壓低到極限，將大致計算的平均費用分攤到商品上。

間接費用的「分配」最能凸顯「正確性對抗簡便性」的自相矛盾。比方說，現在要衡量工廠如何安排品質管理。假如要正確掌握品質管理費用的數值，包括各個商品在內，就必須從早到晚按分鐘記錄所有負責品質管理的員工花多少時間在一件件商品上，每個員工的薪資不同也要納入計算，再將這項費用分攤到各個商品上。

這樣大費周章很辛苦，所以要每逢一段時間，比方像是一天或一個星期結束時，由各人回顧自己的行動，提出在概略的比率下分配給每個商品的行動時間表。另外就是不要連個人的薪資都考慮到，要以員工的平均薪資為準。還要將商品大致分類再配分計算以求省事，這樣簡化就能有效「偷懶」。

若要更簡化作業，就把一個月品質管理部門的「經費合計額」，依照這個月的「工廠出貨金額」分攤到各個商品上。這樣一來，就算沒有親臨現場，但只要會計部每個月計算一次就可以交差了。不過，要是偷懶到這種地步，就等於是幾乎不管各類商品的成本差異。

其實有的企業很少替個別商品做成本會計，統統都混成一團，這就是所謂的「糊塗帳」。

既希望盡量簡單又要盡量正確，該妥協到什麼地步才好？成本會計從以前就是大學的一種學問分類。只要觀察公司使用的成本會計方法落在哪個程度，就能明白這家公司管理素養的水準。

為什麼要進行ABC分析？

相信讀者已經透過先前的說明了解成本會計的重要性，這裏要開始談談ＡＢＣ法（Activity-Based Costing），也就是「作業基礎成本法」，重點在於「作業基礎」四個字。然而，像三住這樣形同貿易商的組織，為什麼我（作者）要引進ＡＢＣ法呢？為什麼必須做到那種地步呢？

假設貿易商從外面買來一個一千日圓的商品，正確的成本就還是一千日圓。要是三住賣一千五百日圓，就會獲得五百日圓的毛利。乍看之下，三住這個貿易商並沒有成本正確與否的問題。但是且慢，雖然商品毛利這樣估算就夠了，不過，三住從接下顧客的訂單到出貨，要處理各式各樣的間接業務。這一連串的活動就和廠商的工廠一樣，會發生成本問題。

三枝匡的經營筆記 四

比方說，假設有個成本一千日圓的商品，是業務員要拚命擴銷的戰略商品。仔細詢問之下發現，全日本的業務員平均要花三分之一的時間擴銷一件商品，而其人事費和營業費用平均一件要花三百日圓的經費。這項商品的五百日圓毛利等於用掉了一半以上。

另外，客服中心知道這項商品蘊含困難的技術，常常會遇到顧客來詢問或投訴。把客服人員的工作時間算進去加總之後，即可得知這項商品平均一個要花六十日圓的工錢。

配送中心也知道要花工夫包裝。加上輸送費之後，就會發現在物流部門，這項商品一個要花三百七十日圓。

目前為止的費用總計為七百三十日圓。不但毛利全都化為烏有，反而還出現二百三十日圓的赤字。還不知道這件事的商品負責人，看到這項發現肯定會驚訝地叫出來。原以為是優秀的戰略商品，但若擴銷活動再這樣持續下去，赤字反而會不斷膨脹。

目前為止已將ABC「作業基礎」的意義說明完畢。每位職場工作者會採取什麼樣的行動，要先詳細分析，再測量時間。這些活動鏈當中所累積的公司內部費用，最後要統統加總到各種商品的成本上，這就是ABC法。

原本羅伯．柯普朗（Robert Kaplan）在一九八〇年代末提倡ABC法，然而十幾年後他追述道：「許多企業嘗試引進ABC法，但在『實施成本』和『員工抗拒』的面前，就潰不成軍了。」（Time-Driven Activity-Based Costing, *Harvard Business Review*, November 2004）。這句話多麼不負責任。假如盲目聽信沒有考慮到實用性的學者和顧問，就會導致失誤。

明白這些來龍去脈之後，就會發現ＡＢＣ法沒什麼了不起。但我過去做企業再造時，**絕對**少不了正確的成本資訊。因此我早在ＡＢＣ法出現之前，就在企業再造的現場中多方嘗試類似的做法，就像是ＡＢＣ的簡略版。

三住活用這項經驗，由我親自處理ＡＢＣ引進作業的細節，與其窮盡過度的「精細」，不如帶入「偷懶」的觀念，既能**方便**運用又具有戰略價值，追求兩者之間的平衡。

結果，三住順利跨越「ＡＢＣ法容易變成萬惡淵藪」的死亡之谷。整間公司已經有十年以上常常在用ＡＢＣ法，員工會以這種方式判斷戰略。

這是一項由戰略意識和現場型管理素養搭配而成的創新。別說是日本企業，恐怕就連世界企業都很少見到成功導入系統的例子。

三住過去十二年來辛苦建立的智慧技術無法完全公開，不過，第三章將說明引進的過程和成果。ＡＢＣ法只要留意陷阱，就會產生龐大的戰略價值。

第三章

企業改造三
導正成本系統，避免誤判戰略

不正確的成本會計可能會產生重大的戰略錯誤。接下來，要將世界上許多企業引進失敗的「ABC 法」，定調為員工平常使用的戰略導向系統。

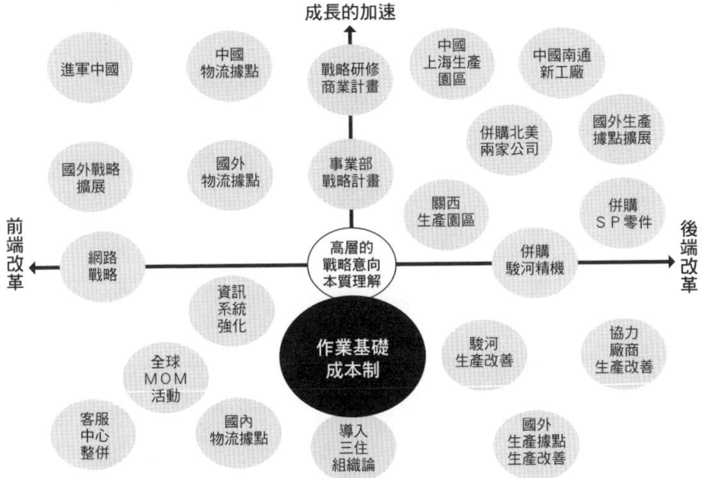

【圖3-1】企業改造三：導正成本系統，避免誤判戰略

三住ABC系統的「歷史曙光」

相信讀者還記得FA事業部部長長尾謙太在改革專案啟動後不久，將一張圖表拿去給總經理時，對方看十秒就遭駁倒的場面吧。這一章描述的事件發生在第二章第一節到第二節**之間**，考慮到ABC法的重要性，在此要獨立一章介紹。

雖然長尾垂頭喪氣地離開，但其實當時二人的對話是這樣的：

「長尾啊，這張圖表的橫軸上寫的營業利益率，真的是減掉營業費用、物流費用和其他所有間接費用之後的報酬率嗎？」

三枝簡單的問題背後，是從他過去經驗而來的靈機一動。他認為這或許就是「**似曾相識的情境**」。

「當然。要是不這樣做，整個事業部的營業利益率和經常利益率的數字就兜不起來了。」

通常對話會在這裏結束，三枝卻沒有就此罷休。

「間接費用經費率，所有商品用的比率都一樣嗎？」

「這是最快的方法。」

「我說啊，無論是營業費用、物流輸送費、宣傳之類的行銷費用，或是處理商品客訴和其他事宜的人事費，通常會因商品的不同而天差地遠。所以要是沒有套用反映每種商品實態的經費率，就看不出各個商品真正的報酬率，也不曉得商品在競爭上的優勢。」

「但是，總經理，我們事業部的商品，數得出來的就有幾十萬種，沒辦法計算每種商品花掉間接費的方法有什麼不同。因此，我們先合計整個事業的出貨件數，假如客服中心需要經費，就除以總出貨件數，算出一件商品出貨的平均費用。再乘以每個商品群的出貨件數，就是該商品群的間接費用。」

這樣寫起來感覺很複雜，但其實算法很單純。總經理馬上就有了反應。

「這就表示一個商品群的所有商品都依照同樣的比率套用間接費用。所以，每件商品的營業利益率孰高孰低，就和各個商品的『毛利率』成正比，對吧？」

三枝認為這是和成本會計有關的「經典對話」。從許多陷入經營不振的企業身上看到的成本意識，幾乎都千篇一律。

「你啊，為什麼敢斷定毛利高的商品就是『賺錢商品』？現實中有時會正好相反。」

毛利率高就是「好商品」，毛利率低就是「賺不了錢的爛商品」，這種說法到底是否真的有根據？三枝過去經常遇到因為這個問題導致定價錯誤，導致疏忽努力降低成本的例子，所以他要指示長尾等人，一定要做好ＡＢＣ分析。

專案啟動

ＡＢＣ專案於五月十四日啟動。

三個人獲指名為任務小組成員，包含長尾在內，是四人小組。

有趣的是，他們做的第一件事是先去書店。儘管買了四本ABC分析的專業書籍，嘗試了解ABC的基礎知識，但無論哪本書都只寫概念，不懂得實際上該從哪裏著手。

長尾等人從專案啟動前就頭昏腦脹。

「總之，行動要開始了。首先是步驟一。從顧客送來訂單到最後三住交貨之間，公司內部到底進行什麼樣的業務，這項業務程序是什麼，第一步就是要疏導業務流程。」

【圖3-2】列出的是ABC導入作業的步驟，以下將會從每個步驟說明長尾的小組在進行什麼樣的工作。

步驟一：整理全公司的業務流程，釐清與各職位行動的關係

首先要注意的是「顧客和商品的動向」。

顧客決定要訂的商品後，就會透過傳真和

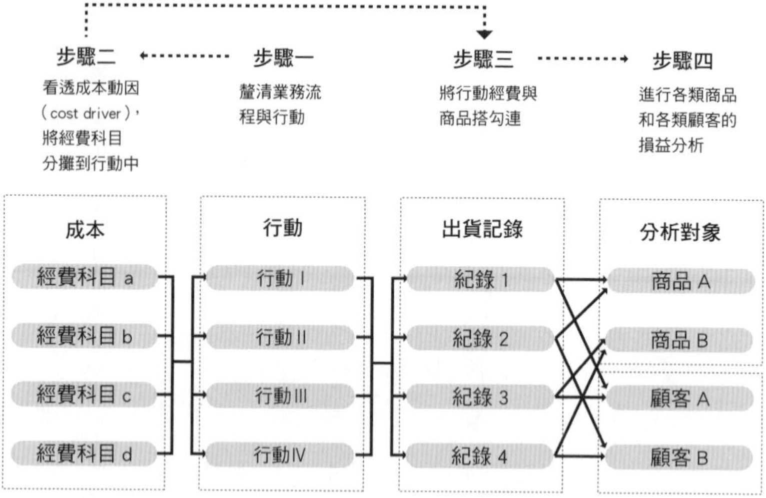

【圖3-2】計算作業基礎成本法（ABC）的步驟

網路下訂單，途中要是懷有疑問，三住的客服中心就會來電洽詢；雖然如期領到商品，但若運送出了問題，就會接到客訴的電話，諸如此類，將公司與顧客洽詢的種類統統列舉出來，掌握工作的流程。

長尾以前在資訊系統部底下做事，從系統架構的經驗中摸透全公司的業務流程（business process）。還為了提升業務效率，做過類似的分析活動。所以他也能迅速鎖定資訊來源，馬上判斷「如果出現這個數據，這項資料就可以用」。

工作小組得到客服中心、物流、資訊系統及其他各個部門的協助，將包含接受訂單到出貨流程在內的業務詳細列出；這項工作短短二天就結束了。

這張圖表（圖3-2）拿給總經理看過。原本總經理打算按部就班逐一指點，以免ABC誤入萬惡淵藪的迷途當中。想不到短短二天就做出這張圖表，他不禁覺得這些人做得真不賴。

這張表不只是「下訂↓出貨」的流程，還包括商品開發、型錄發送和協力廠商等要素。如此一來，就可以將三住商業流程的整體面貌俯瞰無遺。

步驟二：分析各個會計科目經費與行動的關係，定義成本動因

步驟一要著眼於「顧客和商品的動向」，步驟二則是要注意公司內部各職位的員工在做什麼，也就是「員工的行動」。接著要逐一釐清他們的行動，與步驟一整理出來的「業務流程」有什麼關係。

比方說，商品開發負責人對顧客進行的活動，有時是針對顧客決定購買商品的「前導階段」，有時則是牽涉到商品出貨後處理客訴的「後續階段」業務流程。一個員工進行的行動，會這樣與業務流程的不同階段扯上關係。

反過來說，處理客訴的業務流程當中，不只是負責商品的員工，營業、客服中心和物流的員工也要行動。換句話說，除非合計處理客訴時出現在公司內部各處的人事費和經費，否則就無法知道全公司處理客訴的業務流程費用。

只要針對全公司做出的所有行動進行這樣的分析，就會發現「組織圖上的安排」和「業務流程上的階段」之間的費用流向統統息息相關。

當然，假如想把這項工作做得精細，就會複雜得嚇人。然而，ＡＢＣ分析要求的數據某種程度上也能從平時取得。所以要先設法尋找手邊有用的數據。假如沒有數據，之後就以「創意工夫」決勝負。

三住各個部門的員工相當配合。雖然還可以拿總經理指示要做的專案為後盾，不過三住的企業文化，從以前就和偷懶或倒頭就睡這些詞無緣。一旦有人指出公司應該努力的課題，無論對自己有沒有好處，眾人都常常會形成一股全力以赴的氛圍。

假如沒有這種企業文化，說不定ＡＢＣ分析早就在這個階段受挫了。

步驟三：勾連每項行動的經費與出貨商品紀錄

長尾當時埋頭進行ＡＢＣ分析，甚至連用餐的時間都嫌浪費，不吃也行，就是想快點工作。這種情況還是有生以來第一次。當然，他這個事業部長的工作不只這一項。除了教導部屬經營事業外，同時還要擠出時間給任務小組。

工作小組頻頻去見總經理。每次遇到難關時就會告知「雖然現在這樣想卻行不通」、「這裏陷入僵局」，仰賴對方的建議。三枝對ＦＡ事業部的戰略擬定上經常堅守「**現場主義**」的態度，偶爾會親自到工作室走動，看著工作的經過。

每個行動的費用分配終於如期在六月十日完成，全體成員向總經理進行第五次彙報。

「你們做得很好。就算是專業的顧問也不能用這個速度完成。」

小組成員獲得總經理誇獎，覺得連續熬夜的辛苦有了回報。儘管之前渾然忘我奮勇向前，但自己竟然能做出這麼了不起的事情嗎？小組成員突然感到自豪。

當初展開ＡＢＣ分析時，說好要在二個月內完成，還有二十天就要逼近期限了。小組成員終於開始朝最終目標行動，也就是要「針對商品紀錄（包括顧客送來一件訂單在內的所有商品編號）分攤成本」。

步驟四：運用ＡＢＣ法進行「損益分析」

現在要跳過詳細的工作過程，談談後面的事情。任務小組總算從分析和數據的奮戰中解脫，最後抵達終點的滿足感讓成員心情高亢。

然而，得出的數據結果也堪稱晴天霹靂。他們看到事實上ＦＡ事業部製造大量赤字出貨。這項赤字和其他黑字出貨的黑字相抵，整體看來結構是黑字。

他們發現赤字的實際情況都愣住了。

- 查到情況嚴重的出貨紀錄時，發現有件商品的銷售單價為四十日圓，毛利率二十二日圓，但其實經費花了六百二十一日圓，營業利益率為負一五〇〇％。
- 雖然知道運費的比重很大，卻還有其他形形色色的物流經費。另外，任務小組沒想到應收帳款的回收費用會造成這麼大的負擔。資訊系統分攤到商品上之後，也會形成意想不到的重擔。
- 以往公司內部的常識認為，就算是單價低的商品，但若集中包裝，就會減輕運費負擔。然而ＡＢＣ分析卻告訴大家這是幻想，很多商品不適用這項常識。
- 問題不只在於商品。原本以為和大量採購的顧客做生意會賺錢，但其實那些顧客多半會帶來極大的赤字。
- 另外，以往長尾不斷堅持ＦＡ事業部成長的關鍵是新商品開發，只要持續做下去，就能維持事業的高獲利和高成長，但這個劇本也破滅了。新商品的毛利乍看之下很高，不過在結構上擁有間接費極高的商品，訂單來得愈多赤字就增加愈多。由此可以側面看出全力開發新商品不知是為了什麼。

●遺憾的是，業務部的人馬當中有人不知有赤字，抱著那個商品四處奔走，鞋子都磨破了。這項營業經費會讓赤字變本加厲，造成荒謬的惡性循環。

四人工作小組總算明白自己是為了什麼在進行ＡＢＣ分析了。是嗎？總經理的目的就是這個嗎？

六月二十六日，做完ＡＢＣ分析的小組成員向總經理報告。三枝看著各類商品的盈虧圖說：

「雖然覺得不對勁，但還真的應驗了。」

形容幹部的報告「不對勁」，早在任務小組工作初期也再三領教過，不過眾人當時都不明就裏。然而發展至今，他們終於發現，總經理早在一開始就從過去的經驗當中，預測三住會有大量的赤字商品。

長尾想起自己在年初舉辦的新年會上，對當時還是獨立董事的三枝吹噓：

「我們有個招牌商品一個售價才**幾塊錢**，這個商品看似**毫不起眼**，卻能讓公司賺到手軟。」

當時長尾提到商品的毛利率也有六〇％，是事業部的「搖錢樹」。但是，從ＡＢＣ分析的結果可知，這項商品的赤字高得嚇人聽聞。之前自己叫它搖錢樹，還向總經理吹噓，真是丟臉。

數字反映事實

長尾事業部部長和他的工作小組成員，如期在七月一日在總公司的協理會議上報告ＡＢＣ分析的結果。簡報進入佳境，談到分析結果的地方時，刺激性的標題和用來佐證的數字就陸續播映到螢幕上。

「由此可以看出ＦＡ事業部在進行這麼多的赤字出貨！」

「以為商品毛利率四〇％是高報酬，結果營業利益率竟然是大幅赤字，負七二％！」

「明明應該是暢銷商品，每年卻有一億日圓的赤字。」

協理和董事的臉上浮現驚訝和困惑的神色。他們以往相信的常識開始瓦解。

事業小組的員工從以前就對自己小組的盈虧非常敏感。然而，物流之類的營運成本及職員部門的間接費，對自己的商品盈虧帶來多大的影響，他們卻一無所知。

個別商品還不至於要這樣衡量成本，是過去三住公司內部的常識。不過，現在在做的簡報卻是在說明以往的商品盈虧概念是虛構的。

長尾等人說的話全都以數字為證據。從努力和正確的分析得出的數字，實在震撼到讓人「啞口無言」。

ＡＢＣ法顛覆了三住員工「利益」和「戰略」的概念。這會成為ＦＡ事業部戰略嶄新的出發點。

長尾透過ＡＢＣ分析，覺得自己腦中長年朦朧的迷霧消散了。就在明確看出各類商品和各類顧客利益結構的同時，還清楚發現開創ＦＡ事業部「打勝仗」的線索。

參與專案的成員短短三個月期間就蒙獲能力大幅「伸展」的機會，感覺就像是從以往的溫水游泳池，突然被丟進寒冬的游泳池。然而，當做完ＡＢＣ分析時竟引發莫大的變化，甚至讓周圍的人說「那批人看起來簡直脫胎換骨」。

改變的不只是工作小組成員。「了解每一件商品的盈虧」這種理所當然的觀念，單憑這個就為員工的行動和全公司經營帶來莫大的影響。

【眾生相】某營業所長

ＡＢＣ工作小組要求我提供協助，幫忙做各類顧客的損益分析。自家營業所的收益就只知道毛利總計值，公司的態度是「沒辦法管得更細」。即使如此，我仍然試圖憑藉長年來的直覺，大致分辨真正會賺錢的顧客和赤字的顧客。然而，這分「直覺」卻大錯特錯。

銷售額為頂尖的客戶Ｇ公司證實為大額赤字。零件是一個個分開訂，大量訂單來得很零散，從以前配送中心就在哀歎「再這樣下去，會處理不了。」

看了ＡＢＣ的分析結果之後，公司內部一致明白增加這麼多赤字的做法從事業角度來說站不住腳。因此就下定決心去客戶那邊拜託道：「小社赤字這麼高，能不能勞煩貴公司設法集中下訂單呢？」

我方人員以數字呈現實態，明白講出應該講的話，說明真正難纏的經營問題是什麼。就連G公司採購人員聽了之後也很驚訝，承諾改善做法。轉眼間交易就變成了黑字。假如沒有ＡＢＣ法的數字，就絕對拿不出說服力。

【眾生相】某物流員工

實際嘗試做ＡＢＣ分析後會發現一堆事情，像是原以為做起來簡單的工作成本很高，或是看出之前忽略的浪費之處。以「親身體驗」或「直覺」感受到的悖離事實，讓我體會到「不能憑感覺判斷」。

現在我們在認真研究商品保存容器的尺寸，兢兢業業要提升保存的效率。「裝在大一點的容器留出空間」的構想也被制止了。

結果我們發現倉庫出現多餘的空間，增加面積的投資也延後了。透過ＡＢＣ法讓我們知道重要的事情，那就是要在看數據的同時持續改善。

重新審視接受訂單到出貨的整個流程，超出個別職位的管轄範圍，所以需要高階經營者的帶頭。三住是在總經理一聲號令下，才開始施行ＡＢＣ法。

【眾生相】ＡＢＣ任務小組成員之一

我認為ＡＢＣ法能夠做到最後，長尾事業部長占了很大的功勞。他天天懷著強烈的幹勁工作到很晚，但做到一個階段後就約我們一起去喝酒，擔心我們放不開緊張的情緒。總經理要求我們要「深思熟慮」。其實「深思熟慮」四個字代表要思考到什麼程度，我自己心中並沒有標準。

不過在進入專案小組之後，無論用餐時或上廁所時都會不斷思考，遭到總經理駁回就再想，周而復始。好不容易終能獲得總經理稱讚時，才明白「這就是一流的標準」。「深思熟慮」是領導力重要的要素。總經理說過，「管理的基礎就只仰賴這一點」。

針對全公司發展的二個內部趨勢

三枝擔心ＦＡ事業部的ＡＢＣ專案結束之後，**僅限當下**使用的工具就會功成身退。放眼世界，暫時的工具功成身退的例子也占了大多數。三枝希望ＡＢＣ法能夠落實為三住永續的管理工具。

【經營者的解謎二十五】ＡＢＣ法引進失敗的障礙

如同〈三枝匡的經營筆記四：為什麼戰略當中的成本會計很重要？〉當中提到的一樣，幾乎許多企業在內部嘗試**經常**使用ＡＢＣ法時都失敗了。阻礙ＡＢＣ法的重大障礙有四種：①引進工作繁雜，②愈要追求精細，員工要做的時間報告及其他隱藏的人事費就愈高，③要是沒有配合業務流程的變化修正ＡＢＣ法，就會持續散播錯誤的成本資訊（腐化或過時風險），④要是沒有與公司內部業務接軌，員工無法頻繁利用靠ＡＢＣ法獲得的資訊，ＡＢＣ法就會變得窒礙難行（形式化風險）。

於是，他決定採取二個辦法。

第一個辦法是將ＡＢＣ法套進事業的「戰略擬定工具」當中，藉此將「三住在擬定戰略時少不得從ＡＢＣ法獲得的資訊」的觀念一口氣傳遍公司內部。另一個辦法是在那之後將ＦＡ事業部改良過的ＡＢＣ系統橫向推廣到所有的事業部，建立體制讓全體員工使用。

想要讓ＡＢＣ法落實，就必須讓許多員工「在工作中」充分運用ＡＢＣ數據。三枝新創一個「**ＡＢＣ導航器**」專案。他給專案的命題是這樣的：

「我期待ＡＢＣ系統能夠附加戰略價值，當成三住的『戰鬥工具』。也希望能有一種軟體，讓員工使用ＡＢＣ法，輕鬆進行商品和顧客的損益分析，制定改善及戰略行動的方針。」

「比方說，我希望軟體能像船隻的導航器一樣，偵查赤字和成本問題，即使經營者不說，員工也能自行建立對策，採取行動。」

「**ＡＢＣ導航器**」的名字就是從這裏誕生，意思是從負責的商品和顧客當中，指出（引導、領航）赤字的源頭潛伏在什麼地方。

專案目標是要讓ＡＢＣ數據和現場的改善工作密切連結，透過員工自動自發設法行動改善盈虧，進而以所謂的「草根」方式逐步實施。這就代表**即使經營者沒說**，自己也能判斷事業的健全度，自行採取對策，讓員工擁有儲備經營者該有的**自控式武器**。

負責開發軟體和內部推廣的並不是財務室，而是有總經理直屬人員在的管理企畫室。這樣做的目的是要與財務室的工作切割，由商業及做生意背景的人推動。從財務觀點出發往往會重蹈以往引進ＡＢＣ的失敗案例和歷史，漠視個別商品的成本。

製作ＡＢＣ導航器的過程當中有很多員工參與。軟體完成後，就針對全體員工展開「**ＡＢＣ導航器**」的研修。

三枝親自指揮ＡＢＣ法落實的工作，態度就和奇異的傑克．威爾許將「六標準差」（six sigma）這項改善方式引進公司內部時一樣熱情。威爾許從當時強盛的日本當中學會這套做法後就在公司內部推廣，授予精通這套做法的員工「black belt」（空手道或柔道的黑帶）的稱號。

當然三住這個組織很小，而且ＡＢＣ法和六標準差是二種截然不同的管理方法，三枝卻不斷執著於此。想讓這套不容易運用自如的方法在公司內扎根，就需要管理高階經營者的堅持。

對ＡＢＣ分析的執著與危機感

以ＦＡ事業部戰略的一環展開的三住ＡＢＣ系統開發案，花了大約五年的時間，才完成從世界角度來看也極為獨特的「ＡＢＣ導航器」。世界上的顧問想要將ＡＢＣ法培養成「精密的巨人」，三住則從一開始就重視「精密和簡便的平衡」及「容許偷懶」。

ＡＢＣ系統不僅限於製造業，舉凡保險公司、廣告代理商、貿易商、百貨公司、航空公司和其他各行各業的效果都值得期待。然而，像ＡＢＣ系統這樣當作①全公司②持續性的③戰略工具經常使用，而且④兼具改善經營的目的，可謂一石四鳥的例子，或許找一找會發現隱藏的實例，目前卻是聞所未聞。另外，世界上已經不再流行ＡＢＣ法，曾經出版的許多書籍也幾乎絕版。

然而，三枝卻決定將這培養成三住強力的管理工具。

「**PPM**」也是如此。這項概念現在在世界上看似退燒，到了三住卻以「戰略鏈」的基本概念發揮作用，從商品開發到營業員的行動都貫串起來。

這不是像追逐流行一樣，不斷採納陸續問世的新概念，而是管它是古典還是怎樣，凡是覺得有益於管理現場的東西，就老老實實地用到底。然後要記得不斷在公司內落實「能讓高階經營者和組織末端**一起行動**的概念和工具」。

不過，讀者當中或許也有人覺得奇怪，三枝和長尾怎麼會在公司內的一件專案上用掉這麼多時間。雖然當時公司規模小，三住卻是東證一部上市企業。總經理和事業部長熱衷於一件事，疏忽其他議題，難道就不會造成弊害嗎？

三枝對這一點的想法很明確。

假如有人可以拜託，他真的很想拜託。但若沒有員工能夠幫忙高階經營者實現想要實現的事情，高階經營者就可以介入現場，直到稱心如意為止。這是企業家對事業的深謀遠慮。

「這樣不會奪走部屬的自主性，拖慢培養部屬的速度嗎？」相信也有人懷著這樣的疑問，然而這是上班族的思維。只要擁有專業本領的人一起待在現場，接觸和處理「**細微之處見真章**」的事物，部屬就會在共同行動當中展現急速的成長。

只不過這時要記得處理危急狀態（touch and go），從上面觀察，必要時跨進現場。另外，該付諸實行的事情要分解成部屬「可以處理的大小」再重新定義，假如現場有部屬可以做得到，高階經營者就要抽身離開。

畢竟能親自做的事情有限，就只好由高階經營者決定優先順序，以這個方法追求最大效率。這樣就算遺漏或延宕，也會當成宿命去接受。比方說，要是沒有長尾在，FA事業部的改革就會在途中受挫，戰略擬定和ABC法皆然。

三住奉行的精神是「雖然不知道能否出現成效，但只要覺得挑戰是『正確』的，就先做做看再說」。他有這種感覺。這是因為員工的「坦率」（素直）和「拚勁」這二個詞在發揮作用。

董事和員工都暫時坦然接受經營者的領導能力，就連未知的事物也會挑戰。只要各人在各個階段當中對自己的工作反求諸己，說出「強烈的反省論」就會獲得獎勵。

當然，既然公司變大，內部削弱這種風氣的行為也會在不知不覺間愈來愈多，這就是公司邁向大企業之路的宿命。這裏工作的人會不經意地助長上班族式的作風。

三枝認為，假如三住集團想要避免宿命的影響，延長「朝氣的公司」存續的時間，不能只靠管理陣容的「大聲疾呼」和「精神喊話」。要以具體的「機制」在組織和戰略上花費精力。除非公司內部的結構持續革新，就算在那邊工作的人不願意行動，也要**持續搖醒**他們，否則就無法擺脫組織臃腫（肥大化）導致官僚化的宿命。

「**ABC**」和「**PPM**」系統都是這種機制之一。ABC法不只是單純的會計工具，而是與組織的戰略意識和企業家精神息息相關的法寶。

【叩問讀者】改革之前，正確掌握問題的核心

想在「企業改造」之際按部就班著手改革，獲得一次次的成功，就要記得事先正確掌握問題的核心是什麼。三枝匡會堅持繼續用ABC法，是因為成本資訊是左右戰略判斷的**關鍵**。貴公司有沒有可能因為成本會計不正確，或是本身沒有做成本會計，以至於做出錯誤的戰略判斷、營業判斷和生產戰略判斷呢？希望讀者可以整理出有疑慮的具體實例來。對三枝匡來說，這不是紙上談兵，而是他在管理現場要迫切回答的真實課題。

三枝匡的經營筆記　五

全球的「企業革新大趨勢」

三住的「企業改造」或許乍看之下是一連串沒有脈絡的改革課題。然而，其中卻灌注了三種歷史**起源不同**的改革思想。這對我（作者）的思考和行動帶來很大的影響，進而引導三住的企業改造。

第一項潮流：做生意的基本循環

首先，灌注到三住的第一個改革思想是什麼呢？那就是我三十幾歲時從經營者經驗當中取得的框架。

事情要追溯到一九七〇年代後期。當時我擔任美日合資企業的層峰，苦惱該如何逆轉低迷的業績。這件事在序章就已經描述過。

有一天我發現內部在做決策時，部門與部門的**組織涇渭分明**，以至於懸而未決的重要事項**停滯**。因此我就建立「**創**、**造**、**賣**」的框架，命名為「**做生意的基本循環**」。

站在商店的店頭銷售，做著賣多少賺多少的商人，一個人就能快速運轉這個流程。然而，大企業依照功能畫分組織後，這項以顧客為原點的循環就會減弱，對顧客需求麻木的人將會增加。假如企業內部迅速跑完「創、造、賣」的循環，就能在競爭中獲勝，不過無論公司內部有什麼樣的藉口，只要繞得慢吞吞，就會在競爭中落敗。

別說這種事用不著多談。陷入業績低迷的企業幾乎百分之百都會冒出這種症狀，而且幾乎所有員工都沒發現有毛病。

說到「創、造、賣」，聽起來是相當單純的事情。所以，就算聽到這句話，剛開始也會有許多人輕忽。然而，這個框架很深奧。「迅速跑完」就是「縮短時間」，和後面要談的「時間戰略」蘊含相同的意思。而且把焦點放在公司內部「創、造、賣」的**流程**，就和十年後美國學者創造的概念「商業流程」和「供應鏈」帶有同樣的意義。

我當時不懂看板管理的本質，但是重要的經營課題，在公司內「部門之間的**組織分界點滯留**」的症狀，效率差勁的工廠將未完成的產品「積壓在工序之間」的症狀，兩者發生的機制是相同的。後來我替某家企業做再造時見識到看板管理，才明白到這一點（關於「創、造、賣」的詳細說明參閱《經營力的危機》第三章）。

最後我就把這個框架當成經營者的「武器」在用。從企業再造專家的角度來看，這會變成相當有力的武器。每個任職過的日本企業都染上同樣的疾病。

三住總經理交接一事即將宣布之前，我向幹部展示的簡報「三住八大弱點」（第一章）當中，也添加了「創、造、賣」的說明。假如沒有具備這項框架，就無法在這麼短的時間內看出三住的疾病，後面的改革故事也一定會脫離本質。這就是管理素養（管理判讀能力）帶來的威力。

三枝匡的經營筆記　五

第二項潮流：從日本研究中誕生的「時間戰略」

歷史起源不同的第二項改革思想（第二項潮流）並非由我開創。這是一九八〇年代後期發源於美國，連日本都席捲而來的革新浪潮。其後將近三十年到今天，就像大河一般滔滔不絕，為現在的日本企業投下莫大的課題。

革新浪潮是什麼？雖然事到如今有恍如隔世之感，但其實源流就在日本。那就是許多日本人在充滿油臭味的工廠中，流汗努力施行的「豐田生產方式」。然而，日本人沒能將這項革新的日本方法當成「管理概念」升級，反而由美國人先做了。一九八〇年代後期，日本企業的攻勢遭到壓制，全美颳起了裁員的風暴。

美國倣效日本的優點，嘗試在很多工廠引進豐田生產方式。BCG的創辦人布魯斯．韓德森看到這個現象後，就以與生俱來的洞察力，思考日本的改善法為什麼可以強化企業，對這項機制抱持疑問。減少工廠的存貨為什麼能夠讓企業變得強盛？

韓德森下令BCG的兩位顧問喬治．史托克（George Stalk）和湯瑪斯．侯特（Thomas M. Hout），赴日解析豐田生產方式之謎。我自從離開BCG之後已經過了十五年以上的時間，但在職時曾經和二人一起工作過。他們也精通日本的管理方式，花了二年貼近豐田生產方式的本質。

最後他們導出驚人的結論，別說是當時的美國人，就連日本人都料想不到。

「看板管理並非單純減少存貨的方法，日本企業追求的是『時間的價值』。只要追求『時間』

這項新的戰略要素，企業就能夠架構出新的競爭優勢。」

這句話一語道破「時間」會變成企業戰略當中重要的武器。他們在一九九〇年代出版的著作《時基競爭》（暫譯，原名 *Competing Against Time*，按：以時間為基礎的競爭），後來成為美國的暢銷書。

雖然我這個企業經營者從一九七〇年代起，就深深明白「時間」是重要的管理要素，但聽說這二位BCG的顧問在一九八〇年代後期，從豐田生產方式導出「時間戰略」的概念，不禁感嘆他們的智識能力之高。

持續進化的第二項潮流：企業革新大趨勢

接下來要談談一九九三年，由麻省理工學院的麥可・韓默（Michael Hammer）等人所著的《改造企業》（*Reengineering the Corporation*，按：中譯本由牛頓出版，一九九四年），這本書在美國引發狂潮。韓默教授等人從BCG的「時間戰略」更進一步，提倡「開發→生產→營業→顧客」整個流程**急速快轉**（也就是縮短時間）的改革方法。

我嚇了一跳。其中的構想就和自己建立的框架「**做生意的基本循環**」一樣，想不到這項概念竟然以企業再造為名從美國冒出來。

我前往波士頓聆聽韓默教授的研討會。偌大的大廳足以容納二千人左右。高額的演講費超越日本的常識，大批美國企業的改善領導者卻擠滿會場，這股熱情就和以前日本的QCT大會類似。

真是敗給他們了。當時日本對現場改善完全興致缺缺，想不到竟然在美國起死回生，引爆猛烈的激情。

這份狂潮過了將近三十年，持續衰微的美國人總算逃出漫長的坑道，研討會的盛況成為走出低谷的**指標事件**。巧合的是，這段時期就和泡沫經濟崩潰時一樣，慘遭衰敗的日本企業，此後就持續陷入低迷長達二十年以上。美國產業活性上升和日本產業活性下降的趨勢，正好就在這段時期呈現交叉。

這股始於企業再造的革新浪潮，我稱之為「企業革新大趨勢」。其中衍生出三項大革新，正好貼切這個名稱。

第一項革新是「管理者對企業改革的構想和態度」起了大幅的變化。業績惡化無計可施下採取裁員的態度，到頭來還是救不了公司，沒過多久又會陷入裁員的困境。想要避免做出蠢事，就只能以「一氣

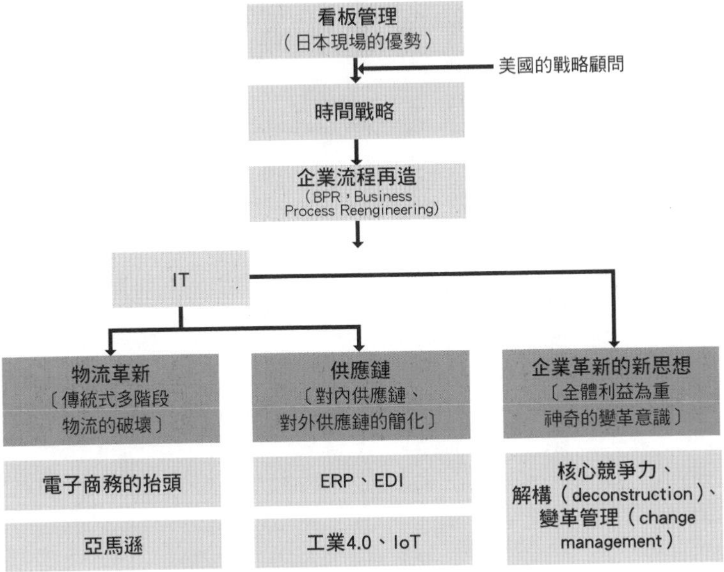

【圖3-3】歷史性的「企業革新大趨勢」

呵成的勝負」挑戰改革，替整家公司帶來**戲劇性的改變**。美國企業改革的俐落度透過企業革新大趨勢變得更加銳利。

第二項革新發生更驚人的轉變。從「時間戰略」和「企業再造」發軔的新思想和「ＩＴ」（資訊科技）達成戲劇性的結合。ＳＡＰ和Oracle這類ＥＲＰ（企業資源規畫軟體）抬頭，掀起供應鏈改革的浪潮。

美國以會計監察為主要業務的會計事務所，也因為這波潮流轉型為巨大的顧問公司，擁有數千名員工，經營業務改革和系統開發。這也就是邁向現在以歐洲為中心的產業橫跨式革新手法「工業四・〇」。

第三項革新是電子商務事業充分活用ＩＴ後的興盛。進入一九九〇年代之後，電子商務創業就如雨後春筍般冒出來。我曾經也協助過想要在日本創辦網路超商的年輕人，包括些微的資金援助。剛開始看起來個個都沒有搞頭，但美國在創業時會在矽谷等地導入風險資金，並在激烈的弱肉強食中一決勝負，同時強化商業模式。

亞馬遜是跨越「死亡之谷」大幅成長的企業之一。這家公司開創出戲劇性的商業模式革新，破壞物流業界過時的供應鏈，傳統企業無論重複多少次**半吊子的內部改革**，都絕對無法對抗。

「企業革新大趨勢」就這樣讓美國企業起死回生了。從一九六〇年代以來漫長的衰微歷史之後過了三十年，美國企業總算找到了出口。

三枝匡的經營筆記　五

日本的情況怎麼樣呢？泡沫經濟崩潰後的低迷就和以前美國不景氣，持續將近**一樣也是三十年**，但日本人至今還沒有找出擺脫困局的革新切入點。

理由很明顯。原本大革新的源流就在日本，卻沒能進一步想出新型的商業武器，反而由美國人先做了。將自己的優點**理論化**和**擴充化**的**知識戰爭**（管理素養的戰爭）當中，日本就只能尾隨在美國的後頭。

事先觀察周圍動向的「察顏觀色心態」，隨後再開始尾隨的「避險思考」，從心態與思考中找不到革新的切入點。日本必須將自身特有的優點理論化，發掘實驗新革新的「管理思想」和「創造型管理領導者的培養」。

第三項潮流：三住的短交期模式

前面談到我開創的「創、造、賣」及發源於美國的「大趨勢」。而歷史起源不同的第三項潮流則流通於三住的內部。三住的創辦人早在二十多年前就發展出「短交期的商業模式」，實在很有先見之明。

短交期就是「時間戰略」。創辦人還進一步建立小型事業組織，稱為「小組制」。這種概念是要**快轉**事業戰略，假如以我的框架來說，就是**組織論中**的「時間戰略」（詳情參閱第八章）。

這三項潮流在我擔任總經理之後，就在三住這一家企業當中合而為一。三住將日文的「時間戰略」，英文的「It's all about TIME」（三住的管理，追求時間就是一切）當成戰略概念提出來。這二句話都當成社訓刊登在年度報告上。

其後三住以「時間戰略」為起點，展開各種改革。剛開始連員工都覺得形形色色的改革議題看起來七零八落。然而經過幾年之後，改革議題就一件件串連。這不只是各個部門進行改革後的優勢，也開始整合為整家公司的「商業模式」優勢。改革引導三住徹底改頭換面，堪稱「企業改造」。

假如三枝卸任，現場施行這項改革的就是之後接班的**下一代**管理幹部。他們努力不讓三住在世界的大趨勢中溺斃或凋萎。

希望讀者在閱讀這本書後半部的同時，能夠留意席捲世界的企業革新大趨勢所擁有的「戰略意義」。

第四章

企業改造四
以國際戰略追求成長、一決勝負

「對國外漠不關心，總公司的國外事業組織為零，也沒有戰略。」這樣的公司竟然在十三年後發展成國外員工七千人，國外銷售額比率將近五〇％的國際事業。「世界戰略」要如何建構和實行？

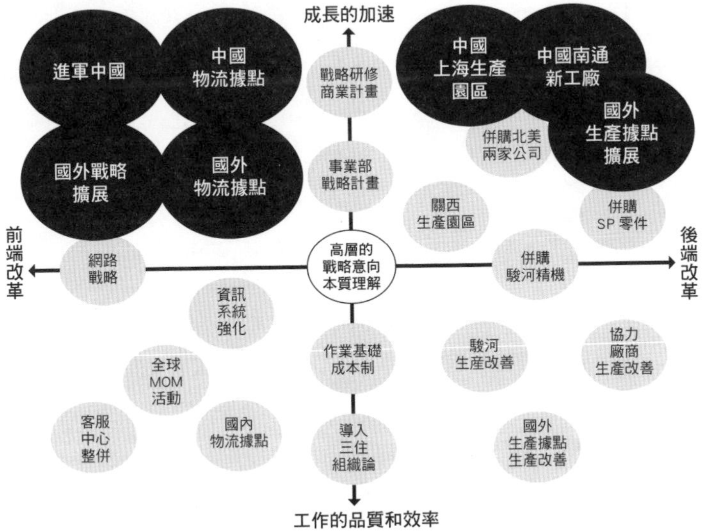

【圖4-1】企業改造四：以國際戰略追求成長、一決勝負

第一節　妨礙國際化的昔日詛咒

海外事業的初始形貌

三枝匡認為，三住的企業改造中，最大的挑戰課題是「國外戰略」。

他想要靠自己的手在人生的最後單單打造一家日本企業，能夠在喪失活力的日本中打進新世界，一決勝負。這是三枝接受總經理一職時的野心，但愈是稱為野心，三住正式進軍國外事業的路途就顯得愈遙遠。

目前為止，三住進軍國外都只是**員工個人**自發的行動。東京總公司從上到下，各個都心向本土，遠赴國外工作的人則會被視為怪胎。

假如有人說出「想去那個國家建立三住事業」，公司就會附和並任由他去，後續的追蹤幾乎是沒有下文。

換句話說，就是沒有公司應有的「國外戰略」。

即使在這種環境當中，這十年來也逐漸出現自告奮勇的人，到臺灣、美國、新加坡、泰國、韓國、香港、英國和上海這八個地方設立當地法人。當地幾乎沒有存貨，所有銷售額都是依賴日本每一次的進口。

三枝擔任總經理時，總公司既沒有統括和支援國外活動的部署，也沒有一個員工能夠勝任總經理的國外戰略。真要說來，處理當地法人訂單的出口負責人，包含派遣員工在內僅有四、五名左右。董事級的國外負責人有執行董事在，但他也負責國內事業，國外則是兼差。

將近十年間，國外事業組織的實際狀況延續到新任總經理出現為止，三住的國外事業都沒有太大擴張。三枝就職總經理時，所有當地法人加起來的國外銷售額不過是四十四億日圓，集團銷售額只有八・六％，以一個東證一部的上市企業的海外事業來說，規模還很小。

預告一下，十三年後「內部成長」（併購造成的擴張除外）造成的國外銷售額為七百四十六億日圓，約為之前的十七倍，國外銷售額比率增加到三六％。事業擴張是透過什麼樣的戰略落實的？

拜訪美國

三枝選擇的第一個國外出差地點在美國。就和擔任總經理前在公司走動發現「三住八大弱點」一樣，是為了要尋找國外戰略的問題和解決的切入點。

他覺得很疑惑，位在芝加哥的美國三住設立後已經過了十三年，前一年的銷售額卻只有十二億日圓。花了十年銷售額就只有這點程度，搞不好是代表三住的商業模式在國外市場**行不通**。於是，他對國外戰略的構想就變得悲觀起來。

三枝抵達當地後不到二天，腦中就響起一連串的警鈴聲。

當地法人的總經理淺川宏是三住的元老級員工，這個人看起來既爽朗又正直。他對三枝說明目前為止的業績。一張投影片放映在螢幕上，圖表顯示目前為止美國分公司的銷售額在逐漸上升。

「這十三年來，這段時期是成長期。而接下來這一段則是爆發性的成長期。」

總經理盯著畫面，他只看到一條大致圓滑的線條倏地延伸，沒有一個地方爆發。而且在線條的最後，上市企業花了十年以上經營事業竟只賺了十二億日圓。一條近乎筆直的線，本身就無法套用生命週期的「成長期」和「成熟期」理論。

淺川自願來到美國，能做的事情都會去做，自認為線條的走向相當理想。三枝看到這種情況，覺得必須否決。想要戒除以往的積習，就必須先在此發揮斬斷力。

「淺川，這張圖表中，成長期**連一次**都沒來過。說難聽一點，你所謂的事業規模大小，就只是停在美國這隻**巨象**背上的一隻蒼蠅罷了。」

總經理這番意想不到的直言，徹底粉碎淺川的自尊心。然而，為了讓對方一口氣重新思考事業規模的感覺和世界觀，就必須這樣說話。

三枝在對淺川說話的過程中，同情心油然而生。以前，三住總公司不允許果斷投資多角化創投，以至於讓新任總經理表示「所有的事業都陷入偏狹症（短視）和分裂症」。同樣的現象也發生在國外事業。儘管淺川奮勇來到美國，總公司的支援卻很有限，經費預算也不夠，無法施行大刀闊斧的戰略，陷入單打獨鬥，唯我獨尊的境地。

總公司輕視國外的態度成了一道「詛咒」，致使當地經營陷入「偏狹症」。然而，前往國外的員工不也更拉低眼光短淺的「志氣」嗎？

描述「第一套」劇本

三枝來到美國是想要整理三住國外戰略的問題和今後的切入點。通常整理問題要花時間，但這次在美國逗留三天，答案就顯而易見了。之所以能縮短時間，又是靠框架的力量。

三枝將擔任總經理前觀察總公司和地方狀況建立的「**三住 QCT 模式**」（第一章）帶來美國。這時經營者應有的判斷力就會產生天壤之別。只要對照一下這個商業模式，就會陸續看出三住美國事業沒有成長的理由。

三住在美國散發給顧客的型錄很薄，商品種類不夠豐富。美國原本就是型錄文化最為先進的國家，要以這種市場型錄打進市場簡直不像話。換句話說，三住的型錄顯然**沒有**扮演好商業模式的「觸媒」角色。

另外，三住在美國沒有自己的倉庫，出貨作業都丟給業者。日本經驗顯示這種方法容易造成出貨失誤。客服中心這個客戶窗口的也是人手少、效率差。當時三住的小型客服中心分布在日本國內的十三個地方，由此可以看出美國抱持的問題比日本還要複雜。

總而言之，「**三住 QCT 模式**」專案在美國完全失敗了。

還有，產品採購幾乎都由日本調貨。接到顧客的訂單寄至日本，每次都是收到航空信。這樣交期當然會拉長。日本實施的標準三天模式從一開始就崩潰了。

為了在美國實現當地生產，因此幾年前協力廠商駿河精機受到三住的邀請，到芝加哥開設工廠，赤字卻依然嚴重。三枝也去看過那座工廠，三住為了在美國實現短交期模式，縮限製造產品的種類，這是一個半吊子的體制。

三枝的結論很明確。美國的前端也好，後端也好，都**只是**在模仿日本的「三住QCT模式」，其實不脫低層次的形式。

後來，三枝拜訪其他當地法人，那些地方也有類似的狀況。他從一開始造訪美國時就注意到，三住的國外市場沒能大幅成長，根本的原因就在於此。三住商業模式的長處沒有正確移植到國外據點，成為過去國外事業龐大的「詛咒」。

抓出並根除造成偏狹症的病因

三枝回到總公司之後，就繪製出「**三住全球發展概念圖**」。這是針對國際事業

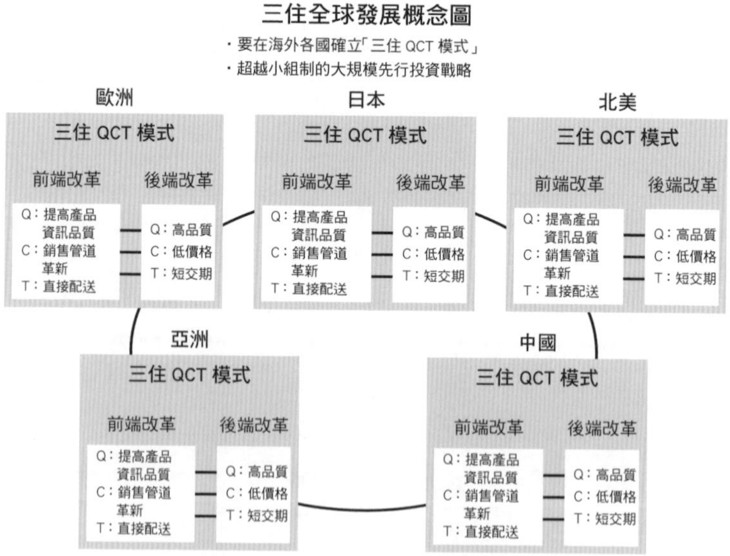

【圖4-2】　三住全球發展概念圖

的「第二套」劇本圖。他向幹部這樣說明道：

「以後的國外戰略必須在進軍的國家，逐一落實『三住 **QCT 模式**』。假如不這樣做，就算去任何國家也打不了**勝仗**。」

這張平凡無奇的概念圖會將總公司幹部的內部常識徹底改變，破解過去的「詛咒」。

再加上三枝為了推動國外戰略，還做出大刀闊斧的發言。

「國外投資對三住來說是『戰略投資』，目的是要讓事業擴大成長。因此，就算當地法人的盈虧暫時惡化，陷入赤字也沒關係。支援國外投資的獲利來源會由日本的國內事業來填補。」

容許赤字的發言真是劃時代之舉。這樣員工就更有機會從過去的「詛咒」中解放了。

三住這家公司以往的內部管理幾乎為零。假如事業計畫一度獲得許可，這一年內無論再怎麼失控，都不會受到任何人的監督。於是會計部部長就以管制為「安全措施」，規定小組盈虧每年以赤字一億日圓為上限，取代這種薄弱的內部管理。這就造成了事業的偏狹症（短視）。

「安全措施」突然撤除，他當然知道其危險性。假如總公司組織的控制依然脆弱，高階經營者吹起「用錢」的**突襲號角**，究竟會發生什麼事呢？或許當地法人的總經理會像是突然擺脫緊箍咒那般，開始任意妄為。

因此三枝明確表示，國外戰略的重點戰略市場要暫時限定在二個國家，那就是中國和美國。

「除此之外的當地法人要按兵不動，直到另一道命令出現為止。」

三枝在三十幾歲的經營者經驗當中有段痛苦的回憶，放在「冷凍保存」的框架中。經過三十年之後，當時痛心疾首的敗戰經驗，在此刻甦醒，警鈴大作發出警告。當時他企圖一次到位，拓展太快，導致戰線拉長戰場擴大，最後為了收拾殘局而嘗到苦果。

進軍中國大陸市場

為什麼要選擇中國做為重點戰略市場？三住當時擁有設立在上海保稅區的當地法人，但其業務型態卻不持有存貨，每次收到訂單就要轉達日方。銷售額為一億日圓。

然而，三枝腦中的一個框架以「歷史觀」的名義發生作用。這將成為往後十年來驅動三住中國戰略的原動力。

三枝的歷史觀是這樣的。日本從第二次世界大戰敗戰的灰燼中站起來，從一九六〇年代到一九八〇年代末的三十年來，陸續超越美國的產業。三枝從一九六〇年代末就切身看到氣勢如虹的日本和衰敗蕭條的美國交鋒的戰況。

日本國內興起的強勢產業**依序**壓迫美國的**那個產業**。起初是纖維，不久後是白色家電、電視、鋼鐵、特殊鋼、汽車，最後則是半導體。

而從那之後，**中國和日本**之間就在進行模式完全相同的競爭。這次進攻的不是日本而是中國，遁逃的不是美國而是日本。中國從纖維製品、蔬菜和餃子開始侵蝕日本，中國隨著產業結構的高度化而轉移到高科技上。

「三住進軍中國已經晚了十年。要是現在不去中國，三住在中國市場就永遠無法扮演具有**存在**

意義的角色了。」

「實力增強的中國企業不只會操控中國市場，總有一天會攻進日本。這麼一來，三住連日本國內的市場都會喪失。為了防止這一點，就只能趁現在一決勝負。」

三枝的進軍中國專案與日本國內的客服中心改革（第七章），並稱為當時三住的「二大風險（risky）專案」。

戰線擴大的風險馬上就出現了。啟動中國專案之後，三枝就必須為那項專案注入動力。下令中國和美國以外的當地法人總經理暫時按兵不動，是從過去的經驗中學到的洞見，這麼做是對的。對於同時在總公司經辦其他改革的三枝來說，戰爭的前線拉得太長，三住和三枝匡都被逼到絕境。

然而，當時沒有一個幹部明白這種危機感，三枝是在單打獨鬥。

組成中國事業小組

從那一年的二月起，三枝正式擔任總經理之前，公司內就有一個年輕人自告奮勇展開行動，要開創中國的事業。

他就是三十歲的加加美健斗。加加美在當時的公司制度下參加願景簡報會競選，結果就獲任為領導者。

加加美求學時期曾經休學一年，遠赴英國留學。他還記得當時因為自己是亞洲民族而受到歧視，擁有強烈的亞洲人意識。等到大學畢業後就在任職的貿易商工作三年半，結果公司破產，在媒體上掀起軒然大波。雖然他再次找到工作，卻不滿足現況，做了大約三個月就離開了。他想要在能夠培養實力的公司工作，於是就來到了三住。

其後二年，他自願前往中國。即使在青年才俊眾多的三住當中，這位年輕協理也是個特例。不久之後，加加美將會體驗到墜入地獄的感覺，但這時他還不可能預測到這一點。

三枝立刻就把加加美叫來。他很訝異對方還這麼年輕。要在新任總經理的全球戰略中打頭陣的，就是這個年輕人嗎？

「去中國的是你嗎？早期組織是什麼樣的體制？」

「是的，除了我之外，還有三個年輕成員。」

三枝啞口無言。帶三個二十幾歲的員工殺去中國市場能做什麼？所有成員都是第一次在外國工作，不會說中文，當地情況一問三不知。他們來到三住的年資也不長，連公司裏的工作資歷都平凡不起眼。

以建立國外事業的參與人數來說，區區四個人也是三住史上最大的規模。從以往公司內部的常識來看，似乎也不希望體制更加龐大。三枝覺得這也是過去的「詛咒」在作祟。

「你用這麼少人，是要去做間諜（刺探情報）嗎？」

這次換加加美啞口無言。總經理這句問話，讓加加美記在心上。

日後國外戰略的首場戰役，最大的戰場是在中國，一定要由三住能找得到的最佳人才來對抗。要將這項命運全都賭在加加美一個人身上，讓三枝感到不安。

於是三枝做了二項人事異動。這是他第一次以總經理身分在三住調度員工。

其中一項人事異動是指名董事荒垣正純擔任中國開業專案的董事。加加美還年輕，就安排他在荒垣底下創建事業。

荒垣對業務很內行，是和創辦人共同扶持三住成長的中心人物之一。讀者還記得三枝邀他去壽司店，拆開插著免洗筷的筷套，將商業模式畫在內側加以說明的情景嗎（第一章）？三枝很喜歡他在業務中打滾出來的人味。

另一項人事異動，則是將加加美挑選的那三個二十幾歲的成員，換成二名經驗更為豐富的員工。這是荒垣的提議。

當時的三住小組制中，獲得任命的協理擁有選擇自己部屬的權利。部屬的人事異動和薪資條件也全都由協理做主。三枝從上任前就覺得這個制度有問題（將會在第八章組織論當中說明），假如在重要的中國事業中否定這項制度，應該就能進行最適當的人事調度。

然而，這項衝擊的決定會讓加加美突然失去自己挑選的部屬。加加美氣到想要辭職不幹，他周圍似乎也有人批評總經理太過強勢，這項人事異動會**破壞制度**。

從目前為止的制度和管理方針來看，自然會出現這種批評。然而，這是因為他們採取的價值觀是「過往的人事制度優先於戰略」。假如換了經營者改變戰略，組織和制度也就必須因應需求而改變。說來老掉牙，組織必須要跟隨戰略，而不是由戰略跟隨組織。

所以三枝堅信這一點，拒絕接受別人對這項人事異動的批評，毫不妥協。他反而覺得這項人事異動應該可以**挽救**加加美。假如未來前往中國闖進未知的泥沼，搞不好會變成修羅場。要是直接讓他選擇的成員赴任，修羅場恐怕就會變成真正的「死亡之谷」。

預告一下，這份擔心很快就變成加加美要面對的現實。

預測現金流量

總經理找了一天再把加加美叫來問話。

「你知道，從現在開始創辦中國事業，大概需要多少資金嗎？」

加加美沒想過這個問題。熟悉資金的「機制」是以經營者為職志者的必修科目。假如有心要學，用不著做過會計部門也行。

「我說啊，要是連花多少錢這點小事都沒想過，可沒辦法勝任事業領導者的工作。帶頭的若只是個負責突襲的**特攻隊長**，那可麻煩了。」

以往三住的財務部門是委外經營，很可惜內部員工沒有人能幫加加美這件事。於是三枝就教加加美預測現金流量的方法。

加加美寫出現階段所能描繪的事業計畫。雖然辛苦卻還是嘗試進行資金預測。他透過這項工作了解現金流量的機制，管理技巧相應提升，問題是其結果呈現出來的數字。

投注到上海三住的資金在第五年升至巔峰，最高金額為二十一億日圓。後來事業化為黑字，計算出來的投注資金結餘就逐漸減少了。

加加美對自己算出的數字很驚訝。以往受制於「每年赤字一億日圓以下」的規定，讓三住的新事業陷入詛咒，結果數字卻超乎想像。剛開始預估要投注二十一億日圓的新事業，如果是以前，負責董事一定會嗤之以鼻迅速駁回。

「自己的事業變得這麼強大了啊。」

加加美戰戰兢兢地將這個數字拿到總經理那邊去。

總經理的決心

三枝坐在總經理室的沙發上，對著這個數字的計算根據凝視良久。加加美陷入令人窒息的沉默，害怕建立中國事業的專案說不定會宣告中止。

然而，加加美還太嫩了。不過，總經理在考慮的事情完全相反。

三枝想：「就這點程度嗎？投注金額是實際的二倍會比較好吧。」

三住在高度成長全盛期的中國市場，逐漸落於人後，必須克服隨之而來的不利條件，掌握**有價值的市占率**。假如這點程度的資金就能了事，那豈不是萬幸嗎？

三枝持續沉思。現金流量的事情就先到這裏為止，然而卻有個更大的問題，那就是眼前這名看到二十一億日圓就卻步的年輕人。他不但受到過去的「詛咒」擺布，沾染上「新事業不能花太多錢」的觀念，原本的管理經驗也不足。

他真的有力量從零開始建立中國事業嗎？他知道這件事的難度和恐怖之處嗎？雖然之前**無所畏**

懼自告奮勇，但若被捲進修羅場進退維谷，會不會馬上就叫苦連天呢？

難不成加加美會陷入安逸的「詛咒」，認為只要打造另一家類似現在美國法人的公司就好了吧？美國花了十三年才讓銷售額達到十二億日圓，貧弱的業績對日後的中國戰略一點參考價值都沒有。

中國的目標銷售額要在一、二百億日圓，甚至不只這些。這裏預告一下，實際上加加美建立的公司，銷售額從幾乎為零起跳，到本書出版時已有大約將近四百億日圓。整個三住集團的中國員工數現在則超過二千人。

國外事業的「偏狹症」讓三住深陷困境，這非得完全粉粹掉不可。眼前的加加美要負責打開三住國外事業嶄新的突破點，挑戰和以前不同的戰略，不同的文化，不同的勝負。

總經理在沉默當中思考這樣的事情，加加美根本就想像不到。

三枝終於開口，淡淡地說：

「算了，加加美，前往中國之前在東京思考的事業構想，做到這種程度就行了。沒到當地就看不見真實的風貌。總之去了再說。」

人生的最後，主動以經營者的身分大戰一場，將重任託付給這名三十歲的年經人，讓他感到惶然和不安。當時三住能夠了解總經理這種孤獨感的幹部，包括加加美**本人在內**，連一個人都沒有。即使如此還是硬要送走對方「去了再說」，**刻意**施行「亂來的人事異動」。

【經營者的解謎二十六】看似亂來的人事異動：培育人才，義無反顧

亂來的人事異動是在遇到擁有足夠潛力和力爭上游的員工（姑且稱為「那個人」）時，給予超越現在能力的挑戰機會。假如符合當事人的伸展極限，要對方做「**適合身高的跳躍**」，成功機率就高，但若誤判伸展極限，要對方突破舒適圈，做「**不合身高的跳躍**」，失敗風險就高。亂來的人事異動，是以最短捷徑培育儲備經營者不可或缺的方法，卻會伴隨公司內部的嫉妒。亂來的人事異動是否會成功，要仰賴任命者多麼頑強地守護「那個人」。

假如新任總經理這個經營者**沒有**提出「培育儲備經營者」的理想，這項人事異動就不會執行。結果不出三枝所料，加加美抵達上海才短短幾個月，就陷入想要拋棄一切，辭職棄戰的局面。

對抗異國的障礙，破解內部的詛咒

股東總會決議由三枝擔任總經理後的翌年七月，幹勁十足的加加美一行人就勇闖上海。獲得指名負責的董事荒垣身體不適，延期到九月下旬才赴任上海。

加加美等人首先從在上海開設辦公室做起。

接著他們就從零開始建立訂貨中心，也開設了倉庫及配送中心。不只是建築物，還要錄用和訓練客服人員。最困難的挑戰是要找出中國當地的廠商，建立滿足三住品質標準和遵守交期的商品調度體制。再來就是架構出處理顧客訂單用的資訊系統。同樣困難的工作還有用中文編纂當地語言、當地幣值和當地交期的型錄。哪裏有印刷公司可供出刊所需，現在還尚未知曉。

接下來他們花了大把時間成立人事、會計和其他間接部門，為了替各個部門錄用當地員工而舉辦活動，進行面試。究竟他們能不能在面試中，自行判斷中國人的能力呢？

這時簡直就像是墜入五里霧中。進入當地的加加美三人小組，等於是在扮演一支慷慨赴義、悲壯成仁的特攻隊。

讓加加美煩惱的問題之一，就在於中國做什麼事，都要花費日本的三、四倍時間。拜訪顧客和待選廠商企業時，每次都必須有口譯隨行。總是逗留在上海的街道當中，不管上哪去都要花時間。為了錄用中國員工，每天要花三分之一的時間面試。值得紀念的第一位錄用者，是在面試了三十二人之後才找到的。

加加美赴任以來約四個月當中，連一天都沒有休息，也從未在半夜十二點以前離開公司。工作時間太長，加加美的判斷力就變得遲鈍。

單就目前為止的狀況，可以舉出幾個加加美嚴重的**誤判**。

首先，要做完這麼驚人的工作量，單憑日本三人小組參與是不可能辦得到的。總經理曾說過「用這麼少人也能刺探情報嗎？」轉眼間極限就出現了。

讀者不會覺得不可思議嗎？難道**總公司的事業部**不會支援中國專案嗎？沒有派人過去幫忙嗎？

他們什麼也沒做。以當時公司的內規來看，就算商品相同，也是獨立營運的不同事業。他們對加加美的事業漠不關心。總公司不支援加加美，加加美也沒有向總公司事業部報告。

三住員工認為這理所當然，是因為他們沾染到以往組織的「詛咒」。當然，這種詛咒對於空降的三枝**無效**。事實上，真正問題在於要讓三枝**逐一**發現這種詛咒根深柢固存在於組織，而且當成課題面對與處理，其實並不容易。

總公司全體董事在行動時將詛咒視為理所當然（這種宿命的確帶有詛咒的味道），沒有人會說這樣很奇怪。

- 比方說，美國子公司花了十三年，銷售額也才達到十二億日圓，總公司董事卻沒有一個人將低迷的業績視為問題。這牽涉到總公司「不要在意國外」的詛咒。三枝到了當地之後才明白這一點。
- 從國外回來的人會變成「浦島太郎」（按：比喻寒盡不知年，人在狀況外），想要辭掉三住的工作。直到這樣的離職者實際出現在眼前為止，三枝也都沒有發現這個**組織的問題**。
- 年輕協理加加美在上海孤軍奮戰、身心俱疲，連總公司事業部都沒有協助，陷入彈盡援絕的狀態，這是**組織的異常現象**。三枝去了上海之後，才發現這個事實。

這種詛咒，牽涉到始於創辦人總經理時代，歷史悠久的三住管理風格，所以才沒有向總經理報告現場的詳細情況。高階經營者不參與小組事業的細節，協理為所欲為，完全知會他人，直到一年後的願景簡報會上才鬆口。所以別和總經理說太多，不說比較好，這種「毫無作為的詛咒」成了潛規則，深植於公司內部。

執行換掉加加美部屬的人事異動，是因為他們待在總公司，能夠及時知道實情。假如知道詛咒成了戰略的障礙，就能毅然破解這道詛咒，但若沒發現這件事，那就一籌莫展了。

實際上，加加美等人在上海陷入困境的狀況，將近大概三個月都沒傳到總經理耳裏。假如他們報告情況，就能更快伸出援手。然而，現實是溝通的代溝很大，產生許多的差錯。

門外漢的障礙

除了組織的詛咒之外，還出現了問題讓加加美苦難倍增。

任命為中國專案負責董事的荒垣向加加美下了指示，十一月要在中國發行型錄。說到十一月，就是加加美等人抵達上海短短四個月之後。當時荒垣還在東京。

這給了加加美等人巨大的壓力。他們三人來到上海，還不了解當地的實情。然而，要是決定推出型錄，就必須在四個月以內建立配送中心。再來是客服中心，還有資訊系統等。

不可能辦得到。型錄發刊的「期限」成了他們的束縛。

另外，加加美在個人生活當中也面臨到倍感辛酸的情況。他的妻子晚了一個月才從日本搬到上海。

這是妻子第一次在國外生活，第一次來到中國。語言不通，就連朋友都交不到。丈夫疲憊不堪，沒超過深夜就不會回家，早上就出去工作。她一個人留在家裏，情緒低落。

即使經過十年以上，三枝想起這件事還是滿懷歉意。熟悉國外工作的公司會先讓丈夫單身赴任，住在飯店開始工作，等了解情況後再接家人來。沒能在加加美的準備階段中指導他這件事，連另一半都受到波及。

勒令加加美的型錄發行期限轉眼間就迫在眉睫。

加加美完全錯估建立事業所需要的工作量。什麼都沒做到，不可能做得到。雖然自己如願駐留在中國，精神和肉體卻都被逼到極限。

然而，這份困境並非出自和競爭企業的戰鬥，或是直接和顧客應對。也許這話說得太過嚴厲，但他早在這之前就誤判自己工作的複雜度和計畫的現實性，以至於形成作繭自縛的「死亡之谷」。後來經詢問得知，他們自己的判斷是要從十一月延期到十二月下旬，然而這不是延期一個月左右就能了事。

加加美回顧當時鑽牛角尖的心境這樣寫道：

「型錄出刊之後，就會在三住和中國化為自己曾經努力的**足跡**。這樣就夠了。等做完型錄後就辭職。」

加加美開始認真地這樣想。這段期間極為短暫，連四個月都不到，他也無暇顧慮一起來到上海的部屬，以及辭職之後公司會混亂。甚至被逼得想要先拋下一切，只求自己圖個輕鬆。

這實在讓人很難受。原本是個雖然年輕卻有足夠判斷力又認真的人，想不到這份認真卻成了反效果。

然而，無計可施就雙手一攤說「無能為力」，這不是領導者該扮演的角色吧？設法脫離困境才是上策。對於經營者的指示**認真地**照單全收，**明知不可為而為之**，最後導致失敗，說到底，罪魁禍首是領導者應有的盤算不夠。

長久以來三住就是家上意下達的公司。部屬必須服從經營者的指示。三住的企業文化接近體育類社團輩分至上的氛圍（按：在日本，體育類社團中資歷較淺的社員必須聽從資深社員的指示）。

加加美身為協理指使部屬原本天經地義，但他沒能意識到自己就任的立場是要「向上管理」。因此，身為當領導者，「引導**經營者**的能力」是很重要的。

從這個意義上來看，加加美是將協理的職位和低階工作相提並論，自己**矮化**立場。上市企業的中國事業負責人立場很重要，儘管他自告奮勇，對這項任務卻沒有經驗。

【經營者的解謎二十七】職位矮化：位置換了，腦袋卻沒有跟著換

破格拔擢和「亂來的人事異動」之後，儘管責任加重了，許多人卻還將基層職位的思考和行動模式帶進來，這就是高階職位的「矮化」，代表這個組織正在劣化；日本企業的上班族化，就是因為這個現象日積月累而導致萎靡不振（詳情參閱〈三枝匡的經營筆記十〉）。

公司內任誰到了這時為止，都沒想到中國事業變得這麼不妙。三住這個組織本身就只知道過去輕鬆就能設立當地法人，只有這點程度的預知能力。過去三住的小組制與公司在內一氣呵成執行的高風險戰略無緣。這無疑也是滲透在三住組織的詛咒。

但是，既然現在加加美失敗了，就不能只當成是他的個人問題。三住的世界戰略很有可能會急轉直下，變成「死亡之谷」，也會威脅到三枝賭上最後人生的勝負。

公司陳腐的體質變身為不成文的詛咒，束縛員工的行動。以往**沒能給**年輕人挑戰的機會，突然讓他背負重任，很有可能會陷入和加加美相同的狀況。這不就是現實嗎？

三枝未來如何應付這種狀況呢？加加美這個儲備經營者未來能夠走上提升力量的道路嗎？

第二節　從門外漢改頭換面

總經理現身第一線

過了三個月之後的十月，三枝抵達上海。繼上個月去美國之後，這是第二次到國外出差。終於進入國外戰略的主戰場了。

來飛機場接三枝的是恢復健康來到上海的董事荒垣及協理加加美。儘管從加加美極為疲憊的臉上就立刻明白事情不妙，但當時還無從得知對方被逼到想要辭職的困境。

訂房是預約上海浦東新區最高級的飯店。辦理入住之後，三枝就被帶領到奢華的商務套房。他看到了對岸舊租界地（外灘）美妙的夜景。然而，這裏離三住的事務所很遠，交通堵塞之下，抵達飯店要花的時間就非比尋常。

以前三住總經理到國外出差是幾年才一次的特別活動。不過，三枝從二十幾歲後期開始就每個月飛到世界各地去，對他來說國外國內都一樣。三枝隔天早上就跟來飯店接他的荒垣說，他不要住在號稱商務套房的地方，完全不必安排夜景和觀光，為了避免交通堵塞，他要在離三住事務所很近的飯店訂**一般客房**過夜。

員工的詛咒又斬斷了一條。

去了辦公室之後，加加美就向三枝報告在上海建立事業的狀況。

荒垣和加加美都是第一次和總經理進行了像樣的會議。總經理飛到國外洽談當地事業專案的詳情，恐怕也是三住史上頭一遭。

接著就發生了一件事。三枝透過加加美的說明，首次知道中國事業建立計畫的詳情。加加美在荒垣指示下規畫的型錄，只有一百四十頁。和日本發行超過一千二百頁的型錄相比之下相形見絀，讓人想要叫它小冊子。

而且，報告當中並沒有要整頓營業體制。離型錄發行明明只有一個月，十三個掌握成功關鍵的準備項目，包括接收訂單體制、出貨體制、選擇商品調度地點、價格交涉、品質檢查體制及資訊系統在內，統統都是「預定」「協議中」和「有問題」。

什麼都沒有做到。但是，理應明白這一點的加加美，卻在會議上堅決地說：「雖然課題堆積如山，但我想在型錄推出之後走一步算一步。」就算加加美認為荒垣的指示多麼荒謬，不可能短短四個月就開始營業，也會覺得努力施行是自己的任務。這就是當時三住理所當然的上意下達精神。

三枝仔細觀察這份報告，覺得內容很可疑。三枝在以往的人生中看過許多新商品和新事業的崛起，和這些相比，現在的專案實在稱不上**堪用**。加加美宣稱「想要實行」的計畫和宣稱「至此準備就緒」的內容當中存在巨大的鴻溝。期限剩下一個月，感覺一切都已經逾時了。

假如對這種報告默不吭聲，置之不理，特地來到上海就沒有意義了。三枝在計較型錄出刊期限緊迫的問題之前，先對型錄的內容抱持強烈的疑問，以認真的表情詢問加加美，用詞很尖銳。

「這是最差勁的型錄吧？靠這個**真的**能在中國一決勝負嗎？」

加加美感到非常疑惑。

在日本，他們會不時推出這種單薄的型錄，用來增補原本厚重的型錄。總經理才剛來三住沒多久，照理說幾乎不懂型錄。而且剛才說明的事業建立計畫，是這四個月拼命做出來的，為什麼總經理這個門外漢會說這個型錄「最差勁」呢？

為什麼是最差勁的型錄？

三枝並不是信口開河。他在思考以下三件事。

第一件事是上個月從美國回來的三枝向全公司揭示的準則「**三住全球發展概念圖**」。這項劃時代的方針是以忠實整理「**三住 QCT 模式**」為目標，供日後進軍海外各國之用。而這種商業模式當中的型錄，地位就形同於最重要的「觸媒」。

他們二人不可能不知道這項準則。然而進入中國四個月，為什麼急著推出這麼粗糙的型錄呢？三枝的腦中浮現上個月在芝加哥看到的美國業績曲線。美國事業在開創之後，這十三年的銷售額勉強達到十二億日圓。即使如此，卻說有著爆發性的成長期，他們的眼光是如此的低。

三住的課題在於**內部的敵人**。需要懷有遠大的「志氣」，以及強而有力地切入市場的「戰略思考」。

三枝對加加美說「最差勁型錄」的另一個理由，則在於中國和日本的狀況不同。

三住在日本已經架構出龐大的市場地位，臨時推出輔助用的單薄型錄也有其意義，但在新的國家推出第一波型錄，同樣的構想能夠適用嗎？

假如剛開始推出的型錄很粗糙，不了解三住的該國民眾看一眼就會覺得「三住沒什麼了不起」，很可能會立刻丟進垃圾桶。**人一旦失去興趣**，除非有什麼特別的契機，否則就不會想要再看型錄了。

何況，就算出現訂貨的顧客，客服中心的體制也未經整頓。即使顧客打電話給三住，中國員工也不熟悉應對。倉庫和配送中心更是沒在運作。採取的體制再怎麼臨陣磨槍，三住奉為社訓的交期也會遭到動搖，配送失誤更會頻頻發生。這個階段冒這種風險的價值在哪裏？

剛開始顧客會覺得「三住真厲害」，幫忙傳播正面評價，還是會覺得「三住沒意思」，讓負面流言傳開呢？「顧客口碑效應」能夠在發售早期階段加分還是扣分呢？三枝在三十幾歲時曾經體驗到走錯岔路的悲慘經驗。

事業草創期的顧客反應會持續影響到將來。就算來了多少訂單都會單純地感到開心，但是第一次體驗到負面經歷的顧客就不會再來，負向顧客會累積在市場上，透過口耳相傳逐漸增加。換句話說，要是顧客回流率持續低迷，持續行動搞不好反而讓自己的市場**萎縮**。

三枝稱之為「燒田」生意。

假如在營業開始時點火燒田（市場），就只有枯草延燒的最前線會燒起來，雖然火光烈焰（銷售額提升）看似燦爛，但燒田時草只能燒一次。等到田地（市場）燒完一輪之後，火就會熄滅，背後只會有焚毀的原野在冒煙，也就是銷售額的成長會停止。這就是創辦事業失敗的「燒田」模式。

假如透過單薄的型錄建立中國事業會變成這樣，一氣呵成締造中國市場地位的機會反而會**更渺茫**吧？

重要的問題還有一個。就算型錄再怎麼粗糙，要是發送出去，就會點燃市場的**競爭反應**，其實這是最致命的危機。

日本當中了解三住優勢的潛在競爭者及模仿者，要是知道三住開始進軍中國，想必會立刻展開對抗行動。

他們的行動既然是**祕密**進行，我方就看不出來。直到他們實際建立事業和推出商品抗衡，出現在市場上才能察覺到。不過，要是我方在這之前仍然維持偏狹的作法，競爭時就會被人看破手腳，轉眼之間，對方可能就會反敗為勝。

【經營者的解謎二十八】延遲競爭反應：伺機而動，等待時機，一決勝負

處於劣勢和落後先機的企業要是靠**半吊子**體制販賣新商品和新技術，很有可能反將創意拱手讓給對手，早早啟動**競爭反應的按鈕**，結果就會遭到超越而敗退。這時我方要記得祕密進行萬全的準備，等待時機，再**一鼓作氣決勝**。假如需要事先做市場測試，就要在不起眼的市場角落，以最小的規模默默地進行。

三枝在荒垣和加加美二人面前，短短幾分鐘內就思考得這麼深入。

「你想搞垮公司嗎！」

這場會議讓三枝的擔憂急速膨脹。現將總經理的戰略邏輯再整理一次：

- 為了不使競爭對手在水面下開始行動，要盡可能地拖延**事前曝光**。
- 一旦開始曝光，就要**一鼓作氣**爭奪速贏。
- 因此要事先**完全**整頓好公司內部所需的戰鬥態勢，等待時機攻擊。藉由**首戰**一出手就掌握有意義的市場位置。

加加美的計畫和這些完全相反。三枝覺得這本型錄根本是「自殺行為」，這就是總經理的結論。

下一個瞬間，總經理就對加加美脫口說出第二句激烈的話。

「你想搞垮公司嗎！」

三枝自知這句話很激烈。然而，要從根本處動搖加加美的行動和思考，發揮斬斷力破解來自過去的詛咒，就必須要這樣做。

再這樣以單純的**突襲精神**繼續暴衝，進軍中國的嘗試就會在短期內失敗，就和其他許多提早打退堂鼓的日本企業個案一樣。如此一來，中國的競爭威脅波及到日本的隱憂，也會以歷史的必然之姿化為現實。事實上，已經出現許多日本企業被逼到極限，經營每況愈下。

加加美瞬間懷疑起自己的耳朵。他從七月以來這四個月拚命奔走，不可能會有錯。「搞垮公司」是什麼鬼話？太過分了吧？

然而，當天會議結束之後，加加美冷靜下來，發現自己的矛盾。雖然說自己沒有做錯，但實際上營業準備完全沒有做好。想要突破難關，搞得自己燃燒殆盡，岌岌可危。剩下的一個月顯然做不了任何事。

總經理這番話雖然是凶猛的一擊，但加加美的觀念終於產生了變化。

後來加加美回憶：

「當總經理說要放棄這種型錄時，我的心情就被擾亂了。不過老實說，那時我實在是鬆了一口氣，之前我內心一直希望『有人來阻止』。」

加加美發現，三住花了幾十年歲月締造出在日本的優勢，但在已經大功告成時進入公司的自己，卻以為在中國也能輕鬆重現。

另外，他也在無意識間受公司內部的常識所束縛，成了思考的詛咒。沒有自己花心思找出建立新事業的切入點，自行開創一片天。

「總之只要推出型錄，就會搭上和日本一樣的勝利模式吧。之後再想辦法就好。」雖然有這種安逸的想法，但就連雇用一名中國人，都不曉得要花多大的精力。

這就是國外事業的現實，站在這個立場上才看到困難之處。不過，加加美還是被公司內部的詛咒所束縛，聽從指示花四個月發行型錄。這終究是個難以完成的計畫。

董事荒垣正純也發現自己做出的指示很愚蠢。現在的情況和總公司事業部在日本發行單薄的型錄時不同。而且，他也忽略了總公司理當存在的基礎設施部門，要在國外從零架構起來是多麼艱鉅的挑戰。雖然以自豪的營業精神下令突襲，後來卻體會到建立國外事業比想像中還要嚴峻。

從制約條件中解放

接下來，總經理就在來到上海的第一次會議當中，陳述這些問題。

三枝用詞激烈的真正意圖是要警告對方：「你們要**深思熟慮**再行動，見好就做的舉動很可能會對公司的戰略帶來傷害。要徹底思考『戰略』」。

從結果來說，這場會議帶來的莫大價值有益於避免失敗。

即使這樣沒有問題，接下來要怎麼擺脫這個局面？總經理向二人提出最單純的解決方法。

「型錄發行要延期。首先要盡全力建立組織，建立業務與商品調度體制。真正的戰鬥要從這裏開始。」

三人決定將發行型錄的時間延期將近一年，到隔年九月再推出。

正因為總經理這個掌握權限的人來到現場，才能夠**當下瞬間**做出決定。這一幕是典型的「制約條件的鬆綁」。

【經營者的解謎二十九】制約條件的鬆綁

將束縛相關人等的內部常識和制約條件果斷撤除後，他們的思考會驟然改變，組織會邁向新的行動。停滯的組織當中，現場不會出現手握大權又能辦到這一點的人。從制約條件中解放的力量太小，就不會出現效果；若過於大膽，代價（成本）就會提高。斟酌時，倘若不熟悉現場的心理狀態就會出錯。如何拿捏制約條件的鬆綁力道，堪稱管理藝術，既是最微妙的判斷之一，也是讓經營者相當受用的管理技巧之一。

加加美打消了從三住辭職的念頭。

假如他當時辭職的話，就只會做出單薄的型錄，絕不會如他所言變成在上海的「足跡」。就算加加美不在了，對中國重振決心的總經理及其部屬，一定也會瞬間踩平這道足跡。

以加加美認真的性格，倘若當初跳船棄戰，內心的痛苦反而會糾結一輩子。

【經營者的解謎三十】來自修羅場的緊急救援

公司也好，個人也好，拯救掉進修羅場眾生的特效藥，是「時間軸的解放」。放寬期限有助於找回餘裕以釐清問題，重新振作找出對策進而行動。

加加美這四個月來，一下子就達到個人成長的巔峰，換成普通人，則要花上好幾年。當然，後來還是會出現遭到總經理斥責的情景。然而，總經理會回想起自己三十幾歲時經常失敗，懂得加加美的孤獨，同時持續鍛鍊永不放棄的韌性。

加加美的妻子後來也習慣上海的生活，打起精神，繼續支持另一半的工作。

加加美的觀念、行動，甚至是表情，都逐漸像個堅強的管理領導者。當他四年後回國之際，就獲得拔擢，年僅三十四歲的他，榮升為當時三住最年輕的總公司副事業部長。

拜訪中國廠商

三枝到上海出差時還拜訪了幾家中國工廠，結果就成了下一個大事件的開端。

當時荒垣和加加美最急迫的事情，是建構商品的當地調度體制。二人想要在中國建立當地廠商的網路，就和三住在日本將協力廠商組織化一樣，但這並非易事。

比方說，為了確保商品種類齊全，理想的做法是架構出複數購買體制，替每種商品找出一家以上的廠商，從中選出二家，然而轉眼間就出現最大的障礙。那就是當時中國廠商的品質很糟糕。

三住在日本以QCT的Q（品質）成功獲得好評。相形之下，當時中國產品的品質則完全沒達到能貼上三住的標籤來銷售的水準。他們二人逐漸發現，每種商品別說是找二家廠商，就連找一家都不容易。

加加美和他的部屬東奔西走，拜訪各地的工廠。他們廣尋對象，連沒有交易過的臺灣和香港廠商都包含在內，列出二十家候選廠商名單。要在短時間內進行密集的調查，這是他們身心俱疲的原因之一。

那天，荒垣在總經理拜訪過的一家廠商當中，說明「這座工廠是中國廠商當中水準較高的」。

三枝問：

「是誰去指導後提升品質的？」

「就跟三住在日本做的一樣，將顧客的不滿告訴這家工廠，促使品質改善。他們的反應剛開始會很遲鈍，但在指導當中就會逐漸提升水準。」

三枝聽了這句話後表情就變了。荒垣沒發現這一點。

「這家廠商跟三住要簽『專賣契約』嗎？」

「沒辦法簽吧。這家公司從以前就會販賣給其他顧客，限制不了的。」

「這麼一來，三住指導出來的品質優勢也能自由運用，販賣給其他顧客。」

「這……可以這麼說」

三枝表情很認真。

「這家廠商會搭上中國經濟的擴大而成長，一旦形成國外市場也能推出的規模之後，他們也會自由販賣給三住的顧客，而且價格還會相當便宜，這麼一來，三住要怎麼對抗？」

「……」

沒能衡量到這麼遠的事情，這是荒垣的反應。

要衡量到這麼遠，才叫管理，這是三枝的態度。

這種恐慌有其歷史上的根據。

從一九五〇年代到一九六〇年代，許多日本企業懇求美國企業提供技術和進行指導，當時美國企業毫無防備地將許多技術交給日本企業，這種心理作用想必就和幫助日本戰後復興的俠義心腸類似。日本人以超越美國人的熱情和創意掌握住這份技術，結果日本企業就急速抬頭，成為美國的競爭威脅。美國的產業陸續遭到日本攻占搶攤，陷入困境，美國經濟持續後退了三十年。

三十年很漫長。相當於從大學畢業的年輕人到五十多歲的期間，美國持續輸給日本。

而這次就像歷史模式重演一樣，日本企業熱心回應中國企業提供技術的懇求。日本在戰爭當中為中國帶來麻煩，戰後以平民百姓身分幫助中國成長的心理也在發揮作用。比方說，單單看了山崎豐子的《大地之子》（按：繁體中文版由麥田出版，二〇一三年），也會曉得新日鐵（現為新日鐵住金）為中國鋼鐵業的發展出了多少力。

三枝在旁人帶領之下，一邊逛中國廠商的工廠、一邊思考。儘管目前在製造方面比日本差，然而三枝可以想像他們將來成長繁榮的樣子。中國正在追逐以往日本走過的道路。壓力襲來的焦躁感和危機感擄獲了他。

【重要關鍵：經營者的解謎與判斷】進軍國際

- 如果三住的中國事業沒有找到適合的中國廠商，就必須仰賴日本的進口，無法以忠實的型態實現「三住 QCT 模式」。
- 就算想要和國外廠商爭取合作體制，也必須考慮將來長遠的利害及風險。假如三住毫無防備提供商業模式和品質標準給國外廠商，**除非簽下專賣契約**，否則就有可能培養出將來的競爭對手。
- 這個問題必須快點下結論。要是維持現狀，就會看到三住商業模式在將來會「落敗」。無論如何，都得要針對這個問題趕快找出答案。

今後在國外發展時，想必會在所到之處各國遇上同樣的問題。三枝在返回日本的飛機上不斷思考解決方案。

驚人的新方針

三枝從上海回到東京後，就立刻實踐二項重要的行動。

一個是設置「國際戰略會議中國部會」，集結總公司的主要幹部發展出嶄新的會議體。

目前為止，三住總公司的幹部遵循過去內部的規矩，對自己以外的事業漠不關心。雖然同樣是公司的董事，看起來卻像是獨立事業主齊聚一堂。就連總經理前往上海，接受的待遇都像是和中國事業無關的局外人。

這個「詛咒」打破了。第一次的會議當中，就對董事和幹部員工下了這樣的指示。從上海出差回來的荒垣和加加美也在現場。

「三住事業小組隨心所欲各自經營事業的『細胞分裂式管理』要當成過去式。從今以後，三住無論在國外或是國內，都要重視公司引領的『戰略管理』。」

「我想在此一口氣改變國外事業陷入困境，總公司幹部卻旁觀的組織。中國事業是三住最大的危險專案，今後希望總公司所有部門能夠支援中國事業。」

這場會議由總經理擔任議長，每個月在東京或上海召開一次。公司內部開始把目光一致朝向國外，這是歷史性的變化。總公司的事業部長及其他眾多幹部頻繁往返東京和上海，展開行動接觸國外戰略的最前線。

另一個新方針歸根結柢，還是十二月初在東京召開的第二次中國部會上提出的。

這項內容讓所有出席者嚇了一跳。回到日本後仍不斷思考的三枝找出了一個解答。

「三住長年來和日本的協力廠商攜手合作。儘管中國小組追求的構想是在中國和中國廠商建立類似的體制，看不到未來，因而中止了這項計畫。」

總經理突如其來的發言讓所有出席的幹部很困惑。假如不和中國廠商建立合作關係，以後要怎麼在中國調度商品呢？這簡直是顛覆以往的決意。

「取而代之，我們要邀請日本的各家協力廠商進軍中國。」

眾人大驚，覺得不可思議。還有這種方法嗎？假如能做到的話，陷入死胡同的商品調度和品質的問題就可以一舉消除。

然而，三枝的話並沒有就此結束。

「我想在上海集合日本的協力廠商，打造『上海三住村』。」

所有人又再度大吃一驚。這就意味著要確實取得上海近郊的工業用地，打造園區讓各家公司在那裏開工廠，由三住設置配送中心和客服中心。如此一來，上海的業務就統統在那裏解決。以往的公司不可能提出這麼驚人的構想。

「日本協力企業當中沒有能力進軍中國的公司，三住會以資金援助。」

竟然要深入到這個地步嗎？真是史上前所未有的構想。

眾人在驚訝的同時半信半疑，三住村真的做得起來嗎？總經理平常就在說「當作**凡事**都可行來思考」，不會限制構想，但要思考到那種地步嗎？

這一天，三枝陸續破壞三住的「常識」和「詛咒」，表明要認真豁出去做國外事業。

從此以後，日本的協力廠商也會磨練出國際觀。只要他們親自去中國，強化成本競爭性，世界居冠的日本製造技術就能更為進步。而在中國打造的三住村，則會成為未來到世界發展的出發點。

其實，三枝還有另一個沒有公開的想法。那個構想就是以上海建好的三住村為範本，日後正式進軍的其他國家也要開設三住村。如此一來，三住和日本協力廠商就能一口氣加速在國外的發展。

這就像是日本汽車廠商在國外開工廠時，日本零件廠商會同時過去一樣。構想本身並不特別新穎，對三住來說卻很新鮮。三枝在心裏將這個命名為「全球發展三住村構想」。

若要說為什麼是在心裏，那是因為這個構想沒有透露給任何人。光是中國的三住村就這樣議論紛紛，假如談到更為遠大的話題，協力廠商恐怕連進軍中國都下不了決心。

這裏要預告一下，說明未來發生的事情。上海三住村朝實現的方向展開行動，馬上就決定要公開亮相了，但之後的「三住村全球發展構想」則成了泡影。

這並不是放棄在世界上發展生產功能。三枝的心中愈來愈深信，全球發展對三住來說反而是不可或缺的東西。下一章將會談到三住不採取「全球發展三住村構想」，而是要走到別的方向。

打造上海三住村

自從總經理在上海停留三天之後，就產生堪稱電光石火的變化。

三枝單憑目前為止的行動，就粉碎了三住為數眾多的「詛咒」。總公司的幹部深入參與國外事業，以總經理為軸心啟動「戰略管理」。

總公司事業部代替當地的中國小組，依照總經理的指示，展開活動探詢日本各家協力廠商進軍中國三住村的意願。

街上流瀉著《聖誕鈴聲》（*Jingle Bells*）的歌曲。

對象全都是中小企業。看樣子他們以往都沒思考過進軍國外和中國市場的重要性，沒有認真了解三枝展現的國外戰略。不過三枝在事業部主導的初步洽談之後就展開行動，親自拜訪一家家協力廠商，邀請各公司的經營者進軍中國。

三枝拜訪埼玉、栃木、岩手、岐阜、三重及其他各地，熱心說服。假如廠商沒有籌備進軍國外的工作人員，三住的工作人員就會幫忙。選定工業園區用地、進軍的同時到中國機關辦手續及其他事務則由三住代辦。各家公司在中國舉辦徵才活動時也會幫忙。假如有必要的話，資金層面和設備層面也備妥了支援對策。

其中也有經營者在三枝面前拒絕他的提議，讓他心有不甘。直到現在，三枝仍然記得這一幕的種種細節。

另一方面，加加美等人則回到上海，實地勘察將近二十處工業用地，選擇上海南邊的一個地方。一月過新曆年之際，就邀請各公司的經營者舉行當地觀摩會。

幸運的是有五家公司同意進軍上海的三住村，其中也包括一家臺灣廠商。翌年，決定重新進軍中國的FA事業相關廠商數增加，總計有九家公司。

建立中國事業的負責人加加美對這項發展很驚訝。看見這個強而有力的構想和推動力之後，就實際感受到事業發展成遠超出**自己能夠掌握**的規模。

【眾生相】三枝總經理的獨白

我明白加加美的心情，卻不同意他那句「超出自己掌握的規模」。他必須跳脫以往構想的規模，來一場正面決勝才行。

無論輪迴幾世，無論走到全球何處，號稱改革者的人，都要自行破解「詛咒」，向前邁進。所以哪怕是三住村的構想，也可以由他想出和提案。

我們必須想想，差不多年齡的中國人創辦了世界知名的阿里巴巴（按：馬雲在三十歲創業，三十五歲時創立阿里巴巴；文中的加加美健斗當時三十歲），年輕的美國人孕育出蘋果（Apple）和戴爾電腦（Dell Computer，現為戴爾〔Dell〕）。

現在的日本之所以狹隘，想必是由於日本人缺乏的「野心」和「志氣」。再這樣下去，日本人就不可能和外國意氣風發的年輕企業家匹敵。我認為日本經濟倒退到這種地步，真正結構性的原因就在於此。

假如能夠發揮能力引起經營者注意的「將才」沒有浮上檯面，我那「培育儲備經營者」的目標就不算達成。

高速設立進軍國外新工廠

進軍中國的五家廠商展開行動，以驚人的氣勢前進。

三住盡可能支援各家公司，下定決心提供過去四十年來史無前例的支援對策。

總公司負責支援各家廠商進軍工作的中心人物，是不久前進入三住的資深女性員工。出身於大型汽車零件廠商的她，擅長在國外建立及管理工廠。

她不斷往返日本和中國，親自去支援各家公司的經營者。那奮鬥的模樣，再加上她天天都愛穿黑色的衣服，因而在總經理的腦海裏留下強烈的印象。

從剛開始制定計畫、尋找土地到工廠開工，通常最少要花二年，長的話還會更久。而且中國的工業區是片廣大的土地，和日本所謂的團地形象不同，每家公司的工廠並未接壤。然而，三住村（正式名稱為「三住工業園區」，顧名思義就是「公園」）卻以驚人的速度成立。

加加美等人在股東總會決議由三枝擔任總經理的翌年七月抵達上海，三枝首次拜訪上海是在十月，宣布三住村構想是在十二月，後來說服各家公司，確定進軍企業名單是在翌年二月。從那算起約八個月後的十月左右，生產逐漸步上軌道。

能以更快的速度設立進軍國外新工廠，實在很不簡單。

不只是工廠，就連配送中心也決定租借同樣在三住村內的出租工廠再改裝使用；原本那是一棟空蕩蕩的清水混凝土建築物。

而在建立物流方面，從設計建築物、建立操作機制、選擇內裝業者和配送業者、錄用及教育當地員工及其他要做的事情也堆積如山。這是三住第一個自費建造的國外物流中心。

客服中心則決定要設置在同一棟建築物內。三枝以「**三住 QCT 模式**」為由，將這個設施命名為「三住 QCT 中心」。後來這就成了到世界各地發展的第一號設施。

另外，資訊系統的建構也難以在中國施行。雖然建立「**創、造、賣**」統括在內的國外資訊系統在中國是頭一遭，然而不單是語言的問題，稅制和法律的不同也是龐大的負擔。最辛苦的是要因應中國特有的稅制「增值稅」。

升起Z旗

眾人以驚人的熱情推動建設的準備。三枝每個月少則一次，多則二次，飛到上海監督準備作業的進展。

前一年十月中止單薄型錄發行時，就將正式型錄的發刊時間目標定在一年後的九月，但當時間到了離九月只剩三個月之際，重要項目還是出現延遲。

三枝寄了封電子郵件給總公司全體幹部，要求「整個三住」要一同建立中國事業。

> 寄件人：三枝匡
> 收件人：三住全體幹部
> 主旨：中國緊急支援專案
>
> 各位好，推動中國事業時要同時並行二項工作，不只要編製型錄，所有基礎設施的組織功能都要從零建立起來。二十五年前，我以美日合資企業的總經理身分在岐阜市建設工廠，現在的狀態就和當初的渾沌情況類似。那時的特徵是：

- 心理就像受到催促一樣，作繭自縛設定嚴格的期限，每個人竭盡全力，以無理蠻幹的做法弄了一年以上，陷入相當疲憊的狀態。
- 工作人員幾乎都是從外部召集的一幫門外漢。每個人的經驗不足，往往看不到陷阱在哪裏，原本風險就很高，領導階層的負擔就更重了。
- 當時三十五、六歲的我擔任總經理，以擔任經營者來說，還有稚拙的一面。大家仗著自己年輕一味狂奔，結果雖然走過了鋼索，勝利之後卻如履薄冰。這種做法就像是要渡過危險的橋，只要出錯一次就會粉身碎骨。

這次上海的狀況出現了與這類似的一面，我不想讓大家重蹈覆轍。於是我就從這個觀點出發，從七月起就比以往還要介入中國專案的進展。我想建立舉全公司之力支援到底的「同舟共濟」體制。

1. 要發動本公司的「中國緊急支援專案」體制。假如接獲要求，即使本公司業務會停滯，也要最優先提供協助。
2. 七月十四日（星期一）要在上海召開「中國部會」。東京總公司相關幹部都要出席。
3. 假如籌備有所疑慮，就會當場延後九月的型錄發行日。最後決定要等到什麼時候為限，這項時機（Point of No Return）也會在這個會議中釐清。

最後所寫的「Point of No Return」是飛機行駛在跑道上開始準備離地之後，能夠中止離地停在地上的極限點。正在加速的飛機一旦過了這個點，管它會出問題還是怎麼樣，都只能飛起來。

七月十四日在上海召開的中國部會上，三枝親自查驗所有部門的準備狀況。

結果很**微妙**。還有沒看透的地方不曉得隱藏了什麼，讓人感到很害怕。尤其是配送中心和資訊系統的籌備更是造成壓力。不過，距離「Point of No Return」確定還剩下一個月，於是就決定等到那時再針對型錄發行做最後的決定。

一個月後的八月十日星期天，終於要發表最後判斷。

三枝前一天從上海回到東京之後，就向所有三住幹部寄了電子郵件。

「接受訂單的時間從當初預定的九月延後一個月，定為中國國慶日連假結束後的十月六日。進展遲緩的準備項目要在最後關頭加緊腳步。」

這封電子郵件的最後，還添了這樣一句壯大聲勢的話語：

「旗艦已升起Ｚ旗。諸君，加油。」

Ｚ旗是日俄戰爭時迎擊波羅的海艦隊的旗艦「三笠」所懸掛的戰鬥旗。想到肩負日本命運的軍人視死如歸就覺得很悲壯，而以字母系統來說，Ｚ表示「沒有後路」的意思。三住建立中國事業並不是戰爭，但一想到大家奮鬥了一年半，就讓三枝覺得想要這樣寫。

雖然沒有連「天氣晴朗浪頭高」的名言都寫進去，總經理的留言卻想要告訴大家「諸君當奮進努力」（按：以上二句引言出自日俄戰爭時期的軍事參謀秋山真之）。

從九月底開始，就以十月六日接受訂單為前提，開始向顧客發送型錄。

開始接受訂單的前一天，當天是星期日，雖然三枝在東京的自宅，情緒卻平靜不下來。儘管神態沒有讓員工看出異樣，內心卻在擔憂「真的賣得出去嗎」。

加加美等人在前一年的七月抵達中國。他們不斷歷經戲劇化的迂迴曲折和多方嘗試，同時以驚人之勢推動籌備，短短一年三個月中國事業就建立起來。這項事業的產業型態從根本上就與每次都要從日本進口販賣的代理商不同。

型錄以當地語言撰寫，以當地貨幣標示，豐富的品項與日本型錄匹敵，而且不只是上海，連廣州都開設了配送中心。這還是第一次突然在國外二個地方自費開設配送中心。然後還要招攬苦難的日本廠商、啟用三住村。

中國事業的成長

中國事業建立起來了。

然而，目前談到的不過是日後中國事業歷史延續的入口。其後在中國建立其他事業，或是在其他國家建立事業時，充滿挑戰的各種連續劇將會重複上演。

就如之前已經提到的一樣，從中國事業成立起約十二年來，三住在中國的銷售額就超過四百億日圓。中國當地法人的員工數將近一千人，再加上生產部門駿河精機的二處工廠，整個三住集團的中國員工數就超過二千人。

這段歷史是由年僅三十歲的加加美等人，赤手空拳由**三人**小組抵達上海之後開啟的新局。

前面提到當時美國事業開創以來過了十三年，銷售額為十二億日圓，相形之下，中國事業成立後十二年則約有四百億日圓。這就代表三住員工經營事業的「志氣」和「戰略意識」，後來掀起了龐大的變化。我們可以說，三住這家公司已經變得幾乎截然不同。

【眾生相】加加美健斗的說法（簡歷如前述。四年後在三十四歲時回到日本，成為當時三住最年輕的副事業部長；其後晉升為事業部長、企業體常務，現任企業體執行長）

待在中國的四年時光無疑成了我人生的轉機。當初自告奮勇志願外派時，還很天真，結果卻在中國陷入絕境，三次考慮要辭職。然而，幸好每次都能面對現實，克服難關。三十出頭，就徘徊在修羅場和成功的交界，這種挑戰是現今的日本企業中難以獲得的機會。

是的。當我四年後回到總公司時就獲得拔擢，真是受寵若驚。沒想到給總經理添了這麼多麻煩的我，竟然會獲得這樣的厚待。

回國隔年年底，事業部借用飯店的會場舉辦忘年會時，發生過這樣的事情。活動當中安排了有獎徵答，我是出題者之一。當時燈光關著，會場備有螢幕，我高聲唸出播映在畫面上的問題。

「這五句是我在上海時被總經理罵過的話。」

早就喝得醉醺醺的眾人，看了畫面就哄堂大笑。

但是，聽說當天不會參加的三枝總經理，竟然在這一瞬間進入會場。似乎是因為聚餐提早結束後，於是就急急忙忙從銀座趕來。

然而，螢幕上卻列出五句很過分的話。其中一句是：「你想搞垮公司嗎！」

怎麼能在總經理面前出這種謎題呢？我頓時慌了手腳，這可是個大危機。

不過，現在說這個為時已晚。每個人頻頻觀察總經理的反應，氣氛炒熱之後，事到如今可不能撤回謎題。

「那麼，問題來了。這五句當中有一句是總經理實際上**沒說過**的話。請大家猜猜看，究竟是哪一句？」

眾人又哄堂大笑。看看總經理，他也跟著拍手大笑。

不明所以的員工當然不可能馬上答對。每次有人舉手時我就回答：「總經理真的這樣說過」，自掀瘡疤的說明又惹來一陣哄笑。真是嚇了我一身冷汗。

儘管這道過分的謎題將斥責加加美時的前因後果統統去掉，單純節錄激烈的一句話，不過總經理也當場跟著笑了。對於一個晚上要去好幾個地方參加員工忘年會的三枝來說，這道謎題是縮短自己跟員工距離最有趣的話題。

三枝看著加加美心想，該不會是拿這道謎題來自我吹噓吧？他是在當著事業部的部屬面前說：

「怎麼樣，我在中國受過這樣的鍛鍊。你們沒有跟總經理一起工作過這麼久吧。」

加加美才三十幾歲就經歷過修羅場，締造成果，獲得拔擢，再邁向下一個成長。三枝看到他的成就，心裏感到很高興。

往後在全球的發展

三枝就任總經理時，國外發行的型錄總共只有二冊，美國和韓國各一冊。

發行以當地語言撰寫，以當地貨幣標示的型錄，並不是簡單的工作。要充實推動該國事業的組織，並在各個國家配置懂得處理型錄技術、營業和基礎設施的人員，否則就無法施行。

於是型錄在四年間增加到二十一冊。這就代表各國建立的新事業數量共有二十一種，以驚人的速度擴張。

另外，紙本印刷的型錄現在已經落伍了。十三年來將資料轉移到網站上的工作也急速展開。這件事本身就需要相當的投資，現在能夠

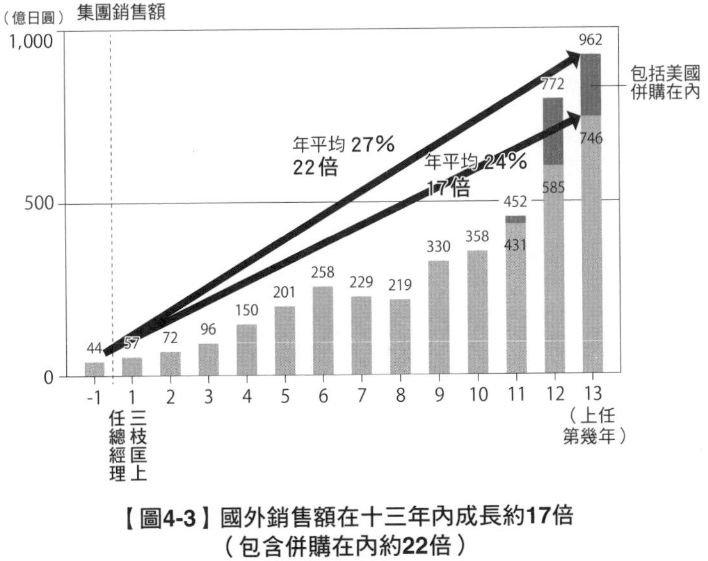

【圖4-3】國外銷售額在十三年內成長約17倍
（包含併購在內約22倍）

從一千六百萬件數量龐大的商品當中，瞬間搜尋每件商品的詳細資訊。

國內的訂單現在有八成是經由網路。雖然身在傳真仍被廣泛使用的業界當中，三住卻以非凡的速度提高電子化的比率。國外網站接受訂單的平均比率也超過五十％，有愈益增加的趨勢。

原本在國外連一座自費營運的倉庫（配送中心）都沒有，自從興建上海QCT中心，十年後就增加到十一所。最近開設的倉庫是在印度尼西亞。營業據點方面，包括中國的地方據點在內已增加到五十三所。

那麼，銷售額透過這樣的擴張戰略起了多少變化呢？

前面也提到，總經理上任時的國外銷售額，總計所有當地法人之後為四十四億日圓，集團銷售額則不滿九％。以東證一部上市企業的國外企業來說堪稱二流，但十三年後國外銷售額就達到

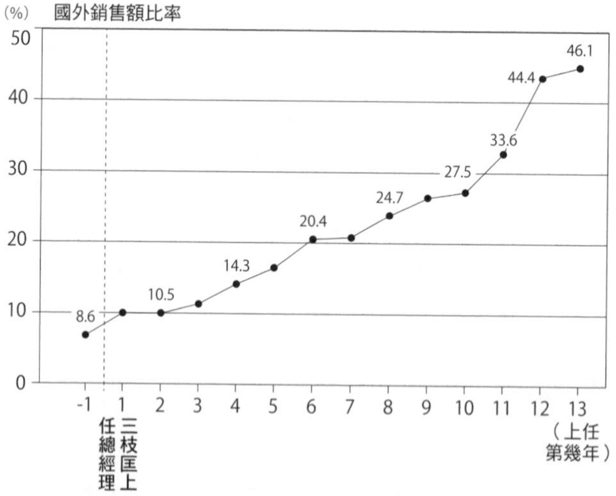

【圖4-4】原本10％以下的國外銷售額比率增加到將近50％

七百四十六億日圓，約為原來的十七倍。

目前為止的結果是將既有的事業透過「內部成長」擴大而成。假如再加上總經理就職第十年購併美國廠商的「外部成長」數字，國外銷售額就有九百六十二億日圓，約為總經理就職時的二十二倍。

國外銷售額比率從總經理就職時的約九%漲到三十六%，超過當初的三〇%目標，包含北美的購併在內則為四六%。三住國內跟國外的銷售額規模幾乎勢均力敵。其後國外銷售額愈益成長，這本書出版時已超過一千億日圓。

擴張最大的國外經營指標是從業人數。包含當地員工在內，如今已超過七千人。管理國外事業的是三住的儲備經營者，他們就和以前的加加美一樣，左右都分不清楚就出擊，沒準會遇到挫折，要在痛苦當中貼近戰略性，提升管理技巧。

【叩問讀者】找出阻礙企業改造的詛咒和成因

進行「企業改造」採取改革之際，無論在什麼場合下，戰鬥都會等著自己，要思考如何摧毀員工在既有常識下拘泥的心理障礙。不管在哪家公司都會有「詛咒」，以潛意識和不成文的方式限制人們的觀念和行動。將詛咒視為累世宿命或無稽之談，將會大幅改變你的思考方式。妨礙貴公司「改造」的詛咒是什麼？這些詛咒興起的「起源」是什麼？要找誰以什麼方式破解，員工才會從詛咒中解脫？對三枝匡來說，這不是紙上談兵，而是他在管理現場要迫切回答的真實課題。

三住的事業計畫系統

事業計畫的意義

我（作者）以三住所有的事業為對象，從公司制度的立場上引進「事業計畫擬定系統」，目標是將組織論和戰略論「結為一體」扎根為制度。這在許多日本企業當中也堪稱是重要的課題，然而許多企業依然將組織論和戰略論當作不同的問題看待。

我在嘗試企業再造專家的工作時，就不斷尋找在再造對象的公司中培育儲備經營者的辦法。後來總算找到答案，那就是「以事業計畫為中心的事業經營」。只要在組織論當中賦予「事業計畫」一席之地，組織論和戰略論就會結合起來。要是沒有這種制度，員工思考戰略的能力就不會提升，事業的切入點也不會出現。

因此，三住的事業計畫並不是紙上談兵的「研習」，而是現場浴血戰的一部分。事業負責人要建立**實用的管理方針**，並且**徹底執行**。這麼一來就可以現學現賣，講座研習的「坐著學」光說不練，終究比不上在管理現場實際活用「做中學」來得有效。

我當時把這個囊括為企業再造的方法之一。

三枝匡的經營筆記　六

四○%審議、七○%審議、一○○%審議

三住的事業計畫由「事業小組」「事業部」和「企業體」（企業體是後來三住導入的組織型態，將會在第八章說明）的各個層級所制定。這裏要介紹的是事業小組的事業計畫。

首先，事業計畫是為誰而寫的呢？以上圖表是在進行事業計畫工作之前，我向幹部員工說明時實際用過的投影片。

計畫為期四年，第一年的數值直接挪用今年度的預算，第二年的數值是本人發誓保證「要實現到這個地步」，第三至四年的數值則是「現在所能描述的最佳計畫」，不曉得能進展到什麼程度。

三住每年十二月至隔年三月的這四個月當中，是擬定事業計畫的季節。尤其是前半段的二個月更要花上相當的時間。

第一步是要建構戰略上「穩固的主軸故事」。在這個階段，部屬想到的事情要和經營者一對一討論。因為「第

1. 為自己而寫
- 供自己「深思熟慮」的工具
- 忘記寫在紙上的東西很重要

→ **管理人才**

2. 激發旁人熱情的工具
- 所有人「都能搭同一條船」（就連會長和總經理也是）
- 激發所需的責任感

→ **戰略凝聚力**

3. 釐清自由裁量的範圍
- 「這個範圍內可以自由行動」

→ **組織末端朝氣蓬勃**

【圖4-5】事業計畫為誰而寫？

一套」劇本（反省論）這個出發點很重要。

這項工作要從一張A3用紙做起，不過戰略可沒這麼簡單就能夠制定，需要投入大量思考和精力。所以，假如工作向前推進之後，經營者才說「這種內容實在不行」，部屬必須**重頭來過**。倘若內容不夠完美，經營者就要在一開始告知部屬「重新想想看」。

假如部屬描述的「穩固的主軸故事」，經營者覺得可行，事業計畫就可以當成完成到四〇%。經營者表示OK的會議就叫做「四〇%審議」。

接下來，通過這道關卡的協理要開始依照「穩固的主軸故事」，運用投影片編纂具體的戰略故事。然後要說明自己事業的「**第一套→第二套→第三套劇本**」（參閱〈經營者的解謎十三：第一套、第二套、第三套劇本〉）。

任何人都要絞盡腦汁，開始努力到半夜。事業計畫是替經營者和部屬激發**熱情的工具**，關鍵在於要確實涵蓋重要的戰略要素。同時故事還要簡單，否則就鼓舞不了人。

覺得已經完成七〇%的階段時，公司就要正式審議。這場

成功的管理行動必須：

・依照「第一套→第二套→第三套一組的劇本」行事

↓

・形成「穩固的主軸故事」

建構穩固的主軸故事之後：

・將會成為領導者的「信念」
・將會成為組織的「準則」
・將會成為跟隨者的「說服力」
・將會成為各個節點回顧的「基本論」

【圖4-6】穩固的主軸故事

由事業部長主宰的會議稱為「七〇％審議」。假如議長許可，其他部門的人也能以「跨部門學習」的名義旁聽，重要的事業總經理也會旁聽。

幾名其他部門的事業部長和工作人員部門的室長會獲任命為審議委員，替協理發表的事業計畫內容打分數。假如內容不夠充實，就會說要駁回重想，審議委員指出的訂正事項則會做成「指導書」交給本人。

「培養執行者」的絕對條件

最後審議稱為「一〇〇％審議」。

事業計畫和在學校念書不同。身為管理領導者要直接在實際世界中動員人力和金錢。別人會再三問他們「既然要思考的話，那要不要思考戰略？」戰略思考就是這樣鍛鍊出來的。

這種構想與交由經營企畫室工作人員擬定事業計畫的公司有著根本上的差異。三住是以「執行者親自擬定戰略」為絕對條件，「編寫贏家故事」會結合組織論和培育人才論。由於統統由管理部門負責，因此要是自己只能想出粗糙的戰略，就算落敗，能怪罪的對象也就只有自己了。

另外，事業計畫的著眼點並不是彙整數字的工作，「戰略故事」才是核心。競爭對手是誰？決定勝負的要素是什麼？相形之下自家公司的優點和缺點是什麼？管理領導者經過這番思索之後，該提出的事業戰略是什麼？

儘管也有人希望事業計畫的工作負擔能夠減輕，最近在衡量如何大幅簡化，但過度簡化卻是一個問題。假如以毫不費事的方式，寫出看似合理的文字當成戰略腳本，戰略就沒有完成感。眼前的工作負擔雖然減輕，身為管理領導者的思考卻依然狹隘而淺薄，以至於出現事業不能有力行動的弊病。

假如事業計畫的水準落在普通公司普通員工會想到的程度，三住這家公司的水準也就只有那樣而已。員工要以經營者和戰略的眼光回到原點，廣泛找出問題，自行修正後再付諸實行。嘗試去做之後有時會順利，有時會碰壁，事業負責人會從中獲得新知。

事業計畫系統的相關內容還會在第八章的組織論介紹。

第五章

企業改造五
安排併購
謀求業態革新

三住告別專業貿易商四十年的歷史，鐵了心要併購製造商。決定實行業態變革的戰略，根除「商業模式弱點」的背後，具備了什麼樣的「歷史觀」和「目標」？

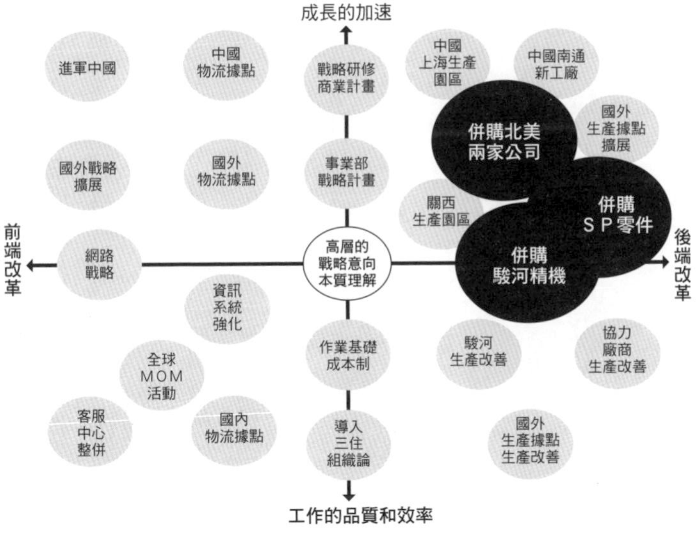

【圖5-1】企業改造五：安排併購謀求業態革新

宣布廠商併購案

十月十三日，從三枝擔任總經理的二年四個月後，三住召開臨時董事會，批准和東京證券二部上市廠商駿河精機（Suruga Seiki）的「管理整合案」。傍晚時舉辦記者會。這項決策為三住創業以來持續四十年的「貿易商專業」歷史宣告終結，大幅改變三住的「業務型態」。

雙方設置三住集團總公司，做為整合二家公司的總公司，將以前的三住和駿河精機並列旗下。上市公司名稱則從「三住」改成「三住集團總公司」（這本書以下延續三住這個稱呼）。負責三住短交期生產的協力廠商將近二十家，幾乎都是中小企業，駿河精機是其中唯一最大規模的上市企業。

管理整合時的年度銷售額方面，三住為八百一十五億日圓，駿河精機為一百三十九億日圓。銷售額對前一年的成長率方面，三住為一七%，駿河精機為七%。三住已經開始出現戲劇性的成長，不過駿河精機的規模和成長趨勢都比三住小。

而且，駿河精機的銷售額有六〇%會用來供應三住零件。就算二家公司合併在一起，但從集團決算來看，整合公司的銷售額只會再增加五十億日圓。換句話說，對三住來說，和駿河精機的管理整合，並不是為了「擴大規模」；三枝匡另有目標。

交涉是在總經理就職後短短**一年五個月**之內祕密展開，經過雙方的協議和事前調查後，約十一個月後就達到對外發表的速度。

有一天，三枝在忙著事業改革和戰略實行當中，發現一件事。

「要是集團當中不具備廠商的功能，三住將來的發展就不可能實現。」

三枝開始一個人思考其可能性，沒有和任何人商量。要從零自行建立生產工廠，再怎麼想都不現實。公司內部沒有生產技術，懂生產的員工連**一個**也沒有。

只好併購了。三枝想，有沒有適合當成併購對象的公司呢？還有，就算三住認為適合，但究竟對方會不會回應呢？

那麼，這項行動在戰略上有怎樣的合理性呢？三枝腦中在運作的管理框架究竟是什麼呢？

進軍中國大陸市場學到的教訓

三枝自就職總經理以來，就從這一年半進軍中國市場的工作中學到許多教訓。

儘管他靈機一動，替日本廠商在上海打造生產園區「三住村」，邀請各家公司，反應卻很遲鈍。於是三枝發現，三住放眼國際戰略時**最大的制約因素**是**生產體制**。雖然「創、造、賣」的組織概念居於三住管理的核心地位，他卻明白其中的「製造」就**三住本身的功能**而言有所欠缺。

宣布總經理就職的二天前，三枝在對管理幹部的簡報會上，提出的「三住八大弱點」當中，並**沒有**包含這個問題。是在著手進軍中國之後，才發現不對勁。

雖然花了時間籌備，最後有九家協力廠商同意進軍中國，但看到後來各家公司的準備工作時，卻覺得不安，讓人感受到了極限。

三住內部就連員工的國際觀都很貧乏，組織有嚴重的弱點。三枝在就職後不久就幹勁十足地提升國際人才的數量，有時一天也會花三分之一的時間面試候選人。

從以前就有交情，付出信賴的人事顧問公司大川勇及許多人力仲介都積極響應行動。結果光是這一年半，就有數量相當多的國際人才進入公司。

然而，協力廠商卻沒有那麼熱心地強化組織，以備國際發展。於是三枝就從中導出一項重要的結論。

「協力廠商進軍國外是以中國為限嗎？能夠期待他們和三住一起超越中國，進軍亞洲、歐洲，甚至是美國嗎？」

當他這樣自問之後，就發現上一章所描述的「全球發展三住村構想」幾近於幻想。這迫使三枝打起大膽的主意，那就是「只能自行將廠商的功能納入旗下」，否則從中國到日後的全球戰略就站不住腳；他是這樣認為的。

近親憎恨：相依為命卻彼此厭惡

三枝考慮採取「併購廠商」這項重大行動的背後，還有一個原因。

三住長久以來建立的協力廠商群屬於中小企業網路。無論哪家公司的經營者都是一國一城的主人，擁有對技術的自信和自尊，不是三住員工可以輕易應付的對手。

目前為止，三住為了建立「**三住 QCT 模式**」，對協力廠商進行各種指導。針對交期延誤、品質不滿、為了擴大銷售而壓低成本及其他事宜，每逢發生問題時就會嚴格要求改善。這樣有助於達到三住的要求，促使因應要求的協力廠商努力經營，改善現場，「**三住 QCT 模式**」會逐漸培養出競爭力，不只是三住在成長，協力廠商的經營規模也在擴大。

三住與協力廠商的關係常常伴隨**緊張感**。如果彼此相親相愛、合作無間，現在「**三住 QCT 模式**」的優勢就絕對不會實現。磨合的過程中，必定會有這種一不小心就擦槍走火的緊張感。

然而，這也是糾結的關係，彼此的不滿和憤怒往往一觸即發，幾乎天天都發生衝突。

許多廠商，都有許多經營者和員工對三住抒發不滿。

「三住那票人坐在乾淨的辦公室，用一支電話說想講的話，不了解我們做的可是弄髒雙手的工作。技術是我們在掌握，是我們在供養三住。」

的確，三枝在就職後不久，就發現大多數三住的員工在「製造」方面，都只具備相當淺薄的經驗和知識。對生產外行的三住員工，竟然能夠打動協力廠商，真是不可思議。

三住相對於廠商的優勢在於掌握顧客接觸點和物流，可以輕易想見員工經常仗著這份優勢對協力廠商「出言不遜」。然而，就因為是一幫門外漢，所以才不會給協力廠商半吊子的同情和妥協，要他們配合顧客和物流的要求。

另一方面，三住員工也宣洩他們對於協力廠商的不滿。

「廠商的人完全沒有努力做好業務推廣和行銷，即使悶不吭聲訂單也會天天來，因而忘了感恩之心。就算交期延誤，出現不良品，對顧客的失望與痛心也很遲鈍。他們不了解我們要接觸客人，為了提高銷售額有多麼辛苦。」

三枝在這種對立的局面中沒有偏袒三住員工。因為他對製造現場的辛苦也有某個程度的了解，所以想要以平等的角度看待雙方。他還形容彼此的關係，就像是彼此憎惡、互相怨恨的近親。

「雖然彼此在人生和生活上完全依賴對方，但在這份親密關係的背後卻往往是利益衝突，產生情感上的摩擦。即使如此，還是離不開對方。」

這種糾結是雙方的宿命。對三住來說，除非是關於生產的問題，才必須和廠商的經營者全盤「交涉」管理新方針。有時還會遭到拒絕。

而且，一旦「改革」之後，所有協力廠商的經營者就必須步調一致。公司數量多，要花時間調整。

三枝認為，以三住要求的速度運作的「生產」功能，哪怕是小規模也要納入旗下。三住員工不擅長技術和「製造」，也可以循這條途徑一口氣提高他們的水準。

全球管理革命新浪潮

衡量是否要併購廠商的背後因素**還有一個**。

假如考慮到〈三枝匡的經營筆記五〉所描述的全球「企業革新大趨勢」就能輕易明白這一點。

假如三住沒有握有裁量權，**自由自在**運用「生產」戰略，將來說不定會在全球戰略上引發致命的問題。三枝對此有所顧慮。

另外，三枝也開始著手改善客服中心、物流和其他**個別功能部門**。他將各種改革主題冠上「**五C**」的名稱，這也具有「單一部分改革並非最佳方案」之意。

【經營者的解謎三十一】五C＝五大鏈（價值鏈、時間鏈、資訊鏈、戰略鏈和心態鏈）

要活化事業就必須從根本改善貫穿「創、造、賣」的「五大鏈」，也就是「價值鏈」、「時間鏈」、「資訊鏈」、「戰略鏈」和「心態鏈」。假如放任**複雜的功能別組織結構維持現狀**，即使繞著這五鏈逐一打轉，也無法順利產生驚人的改善功效（節錄自《V型復甦的經營》重點十三）。

然而三枝知道，單憑改善功能別組織，不足以達成三住的管理革新。總經理就職的第四年又七個月設置「經營整合室」，掌握三住所有業務流程，推動全公司改革。三個月後開創「EC事業部」（電商事業部），意圖防備全球大趨勢威脅擴大。

不過，能在「經營整合室」推動整個公司商業流程改革的人才卻無法輕易獲得，「EC事業部」沒能鎖定及驅動事業的目標。儘管自己所抱持的歷史觀、預見性和感性無法盡如己意付諸實行，但也認為這無可奈何，不會再勉強撐下去。幹部和員工已經努力到精疲力盡，組織早就被延伸到極限。

他們很拚命。激增的銷售額，急速擴大的國外事業最前線，而且也矯正「三住八大弱點」，更施行許多改革專案以錘鍊商業模式。他們沒日沒夜犧牲週末都在努力。

但是要求他們更多是很苛刻的。但是在「**創**、**造**、**賣**」中只有強化「生產」這件事，是不能忍耐或者因為員工太累就乾等著的。為什麼三枝來三住才過了短短一年半就決定併購廠商？這項背景相信各位已經知道了。

- 要是三住的「短交期和單件流」生產持續百分之百依賴協力廠商群，從中國到日後在世界發展時就調整不了體制，浮現出死胡同。
- 三住和協力廠商有著微妙的緊張關係，沒辦法讓三住迅速發展戰略。
- 要是三住的員工沒有更熟悉「生產」，就不會變成熱心推動商業流程改革和生產戰略的企業。
- 從借助整個「**創**、**造**、**賣**」掌握事業的全球「企業革新大趨勢」來看，對「生產」欠缺控制很可能會成為企業當中的一大缺陷。

這意味著改革將帶來戲劇性的變化，大幅轉換三住貿易商專業的四十年歷史。

【重要關鍵：經營者的解謎與判斷】併購

- 就算三住以併購廠商為目標，幾項認知也很重要。首先，這次併購並非不需要現在的協力廠商群。要三住今後自行生產所有的商品，光是用想的就很愚昧。

- 既然如此，為什麼要併購呢？答案在於想要個讓三住今後自行磨練「生產技術」本事的「鍛鍊場」，想要能夠**自由操控**不必顧慮協力廠商的生產現場，以及想要藉此打造強大的「**創**、**造**、**賣**」整體變革模式。
- 因此產生出來的改善方法也要向協力廠商予以明示。他們是戰略聯盟的對象。三住想要成為**先行者**，而不是跟隨者。
- 相信這次併購會在三住內部產生莫大的教育功效。

三枝就這樣朝併購廠商的方向展開行動。

讀者想必還記得三枝在總經理就職記者會上，說過建立培育三住儲備經營者的「實驗地」吧？這就是「組織模式」的議題。與此相同的「生產模式」也要在能夠多方嘗試的現場中掌握住，讓三住走在全球競爭的最尖端。

要是這一點沒有實現，三住就不會變成一流的公司。今後的國際發展也好，商業模式戰略的追求也好，吸引而來的人才品質也好，都必然貧弱無力。

假設三枝這十二年來，當個除此之外什麼都不做的無能經營者，單憑撬開窄門落實和駿河精機的管理整合，這一件工作，也會為往後的三住帶來莫大的變化，這正是發揮空前的「斬斷力」。

提出併購

著手併購的方針只有向經營企畫室長開誠布公，展開討論。時間是在九月左右，也就是三枝匡上任總經理的一年三個月後。

併購候選名單的第一號就列出駿河精機的名字。這家公司和三住實際交易將近四十年，十分了解「**三住QCT模式**」的運作方式。

駿河精機還有另一個龐大的魅力。這家公司企圖進軍國際，彷彿像是預測到三住的國際戰略一樣，是協力廠商當中唯一的例外。他們在越南興建中間零件的工廠，並在中國上海和美國芝加哥擁有最後加工的小型工廠。

無論和那家公司商量併購事宜，要是對方不配合的話，就會前功盡棄。與其空想，還不如先一不作二不休。三枝秉持這樣的想法，選定駿河精機為目標，和該公司的濱川彰男總經理聯絡。

這一年的十一月十一日，三枝在熟悉的高級日式餐廳青山淺田和濱川彰男會晤。那裏是《V型復甦的經營》的主角黑岩莞太，第一次受小松製作所安崎曉總經理招待的地方。這次聚餐是否會留下和當時一樣的記憶，沒有談過是不會知道的。

二位總經理沒有特別的交情，相偕喝酒還是頭一遭。

雙方見面後不久，談話的用字遣詞總覺得很拘謹。濱川總經理一定以為自己受邀飯局的理由，又是單純培養感情。

酒過三巡，氣氛稍微熱絡之後，三枝開口道：

「濱川先生，今天有件事特別要麻煩您。其實，我們希望三住和駿河精機在管理上能夠結為一體，發展全球戰略。您不這樣認為嗎？」

濱川總經理眉毛又粗又濃，心境的變化不形於色，是個難以看透的人。

三枝說明他為什麼想要將廠商納入三住的旗下，毫不隱瞞其動機。他坦承，就算和駿河精機合作不成，也想要拉攏別的廠商，實現這個目標。

過了一會兒後，三枝得到意外的答覆。

「我可以了解您的想法。這樣不是很好嗎？」

三枝很驚訝。這件事將會改變企業和其員工的命運，所以光是尋找同意併購的公司，他也準備要花相當長的時間。然而，從鎖定為最佳對象的首家公司開始，才第一次聚會，就突然出現正面的反應。

濱川總經理提出一個要求。

「我認為應該要避免給員工和世人駿河精機『被收購』的印象。假如能以『管理整合』而非『併購』的形式，這件事就談得成。我希望駿河精機不是三住的子公司，而是類似於二家公司並列的形式。」

對方恐怕是希望設立類似控股公司的組織，讓以前的三住和駿河精機並列。這樣就沒有任何異議。

「駿河精機的董事沒有反對嗎？」

濱川總經理聽到這個問題後，露出笑容回答：

「嗯，或許會變成那樣吧，但最後是由我總結。」

這一天的聚餐到此結束。三枝很滿意超乎預期的進展。

三星期後的十二月二日，二人再度碰面。為了秉持對等精神，這次就由濱川總經理作東。地點是和菓子老店在銀座經營的飯館。

濱川總經理帶了一名駿河精機的董事過來，這號人物就是統領人事總務經理的池上淳二。池上是駿河精機的總管，其他董事是否贊成這件事，他可以左右這些人的意向。

雙方在聚餐當中具體討論二家公司進行管理整合的組織型態。第二次聚餐能夠進行到這種地步，進展極佳。

只不過三枝在這次聚餐當中強烈感受到一件事。同席的池上顯然並不起勁。

池上是個沉穩的人。三枝到駿河精機訪問時，他總是面帶微笑，應對得體。雖然態度不變，察言觀色之後，都感覺得到對方不贊成這件事。今後持續洽談的過程當中，他會同意這件事，還是會變成阻礙，真是教人猜不透。

後來，雙方之間的協議順利展開，三枝卻不抱樂觀。從以前三住和協力廠商心懷對立的局勢就根深柢固，再加上公司併購的微妙發展，導致無法預測何時會爆發問題。

三枝認為，就算自己再怎麼卑躬屈膝，為了三住的將來，這項併購案也一定要實現。了解總經理當真下決心到這種地步的員工，想必無論是當時或現在都沒有。

一切成敗皆掌握在駿河精機的濱川總經理之手。事後發現正如三枝所料，駿河精機的全體董事都反對這件事。

就算受到公司內部強烈的反對，也要積極推動這件事的濱川總經理，他的真意是什麼？三枝感謝那份積極的努力，卻也感到不安。

最後，雙方的管理整合就如願實現了。

隔年十月十三日，二家公司第一次會晤的十一個月後，二家公司分別在內部宣布要管理整合。當天傍晚就召開記者招待會。

三住員工沒有料到公司竟然發出這項衝擊性的宣言。任誰都無法想像，三住持續四十年的貿易商業務型態，將會發生這樣的大轉換。當時了解這項戰略意圖的人，想必少之又少。

更感到衝擊的是駿河精機的幹部和員工。雖然為了顧慮他們而使用「管理整合」這個詞，「併購」的印象卻難以抹滅。「這不就是給人併吞了嗎？」隔天的報紙上報導記者的這個疑問，也加強了這份印象。

十二月，發表宣言的二個月後，雙方公司召開臨時股東總會，正式批准議案。

翌年四月一日，從那算起約三個月後，雙方公司撥雲見日，變成一家公司。上市公司的名字是

「三住集團總公司」，總經理是三枝，副總經理是濱川，布局就是如此。

三枝在就職後滿一年開始構思併購案，實際交涉則是在第一年又五個月時。經過各種準備和臨時股東總會等手續後，就在滿二年十個月之際正式成立。「業態革新」戰略就以驚人的速度，呈現出這樣的形式。

然而，新公司成立後不久，駿河精機推動管理整合準備的池上就申請退休。雖然也是屆齡退休，但他一定是在之前的交涉過程中有感而發。濱川總經理提出這件事時，三枝提議將池上當成集團總公司的兼任董事兼駿河精機的顧問厚待他；儘管池上接受，最後只做了一年就退休了。

管理整合的障礙

三枝就算要進行管理整合，也不打算在大幅改變駿河精機時求快。

長久以來，二家公司的員工有著複雜的情感。駿河精機公司規模小，生意的力道較弱，這種複雜的情感就會比較強。首要之務是花時間緩和關係，實現二家公司的併購。首先要增加雙方員工接觸的頻率，這樣才能有效在公司內部四處建立個人親近的關係。

讀者當中，想必有人聽過在**九十天**內完成「併購後整合」（PMI，Post-Merger Integration）的故事吧。這是美國經常提到的觀念。然而，三枝卻從過去企業再造的經驗當中，否定這種短期整合的手法。既然為期短暫，就必須施行高壓的整合方針。

就連九十天都嫌**太嫩**。這是狐假虎威的人濫用併購而來公司的強權所說的話。然而，就連美國都懷疑這種做法是否聰明。三枝認為最好要花一至二年，填補三住和駿河精機的鴻溝。

四月一日，董事會成立集團總公司，隔週四月四日星期日，首度召開管理會議。三住和駿河精機各派人馬，由集團總公司的董事及執行董事任命的幹部齊聚一堂，召開第一次會議。三住派包含總經理三枝在內的十名董事參加，駿河精機則派包含濱川總經理在內三名董事與會，由三枝擔任議長。

第一項議案就發生異狀。三住的執行董事之一說明議案，進入質詢時，駿河精機的執行董事之一率先舉手。他的提問是對三住董事的挑戰。態度也顯得像是狗眼看人低，一副「三住水準很低」的樣子。

三枝很驚訝。議題當中完全沒有包含二家公司利害衝突的問題，沒有互挑對方的毛病。雖然管理整合後第一場會議的第一項議題上，還不了解彼此的性情，但為什麼會提出這種針鋒相對的問題呢？

說明議案的三住董事雖然露出不悅的表情，但也作出場面上的回答。同席的三住董事默默看著，但的確在想：「這人是怎麼回事？」雙方董事初次見面的會議，演變成劍拔弩張的局面。

各位聰明的讀者，假如你們是總經理，會怎麼應付這種場面？《V型復甦的經營》當中就有這樣的情景。

召開改革方針說明會時，有一位經營者不但遲到，還以高傲怠慢的態度開始批評改革案。假如這時改革領導者黑岩莞太沒有採取毅然決然的態度，他身為改革者「整頓」組織的行動就會失敗，改革說不定會受挫。

三住的會議室也瀰漫緊張的氣氛。這種場面只會給在場經營者**幾十秒**的時間反應。黑岩莞太的實際原型人物是三枝，如今的狀況是在要求他發揮與當時同樣的反射神經。

三枝想，自己必須成為公平的經營者，立於二家公司之上。雖然不會一味包庇三住，但若看起來反倒像是對駿河精機的董事客氣，那就糟透了。

濱川總經理也露出困惑的表情，然而這時不該等他發言。**現在**還可以個人對個人的對話作結。要是演變成總經理對總經理、公司對公司的情勢，就會一發不可收拾。這時要由自己這個大老闆上場。

三枝舉手，阻止駿河精機董事發言。

「等一下。」

董事回頭，和三枝目光交會。

三枝**直視著**他，以低沉粗啞的聲音開口說話。雖然想要發出黑道老大威嚇的聲音，教訓輕舉妄動的小弟，但這是否會形成如此強勁的魄力呢？

「你來這裏找碴嗎？」

董事嚇了一跳，表情轉為疑惑，視線低垂。他似乎終於察覺自己對現場帶來嚴重的影響。三枝以沉穩不容辯解的聲音說：

「在這啟程的時刻要協力合作，從今以後力爭上流，該做些有建設性的事情吧？」

對方終於閉嘴；會議室裏緊繃的氣氛終於緩和，大家鬆了一口氣。

駿河精機和三住往後要花多少時間，才會成為意氣相投的公司？這不只考驗身為經營者的手腕，更會影響將來國際戰略的成敗。

以國際發展為優先

詳情將會在下一章描述，這時三枝除了和駿河精機做管理整合外，也開始著手進行「生產改革」。他在三住總公司設置「企畫室」，整頓支援體制以改善協力廠商的生產。

然而他卻下達指示，現階段這項行動的對象**不包含**駿河精機。他知會相關單位，「至少要等到管理整合之後，直到總經理發布許可之前，暫時**不要靠近**駿河精機」。

這不代表「駿河精機的製造水準很高，從三住的改善工作來看可以延後」。實際狀況正好相反。三枝在管理整合前拜訪過好幾次駿河精機的工廠，其中完全沒有值得稱道的地方。進入生產現場之後，就會發現排氣設備不足，油煙瀰漫到天花板上，機械骯髒，地板沾滿了油，不小心就會差點滑倒。要在這種職場上工作的人還真可憐。

治具和工具也未經整理，工程當中到處都滯留著半成品。顯然他們連「5S」（整理〔seiri〕、整頓〔seiton〕、清掃〔seiso〕、清潔〔seiketsu〕、教養〔shitsuke〕）（按：這五個詞彙的日語讀音和英文字首皆為S開頭，因而命名為5S）和「二S三定」（整理、整頓、定品、定量、定位）這種生產改善的**入門技巧**都沒有引進。假如是進行生產改善的工廠，單單走在通道上就會看見相關告示標明目標和數字，卻一個都沒找到。

工廠這個樣子，簡直就不像是致力於生產技術和生產改善的技術集團。三枝過去累積的經驗足以看穿這一點。

但這並非壞事。這家公司一定也潛藏許多更足以獲利的元素。三枝在管理整合前就看出，這間骯髒工廠的地底下沉睡已久的「金礦」。

話雖如此，但在管理整合沒多久就突然敦促改善生產並不明智。別忘了，和駿河精機做管理整合的第一個目的，是為了加速執行三住的國際戰略，讓工廠在各國獲得發展。駿河精機這家公司以往幾十年來都很適應三住的短交期模式。就算工廠水準再怎麼低落，也該以國外發展為優先。

駿河精機的總經理交接

三枝在管理整合定案後不久，就開始找各種理由，頻頻前往駿河精機總公司的所在地靜岡。剛開始就和整合前訪問時，一樣是「客戶級待遇」。他被領到一間距離遙遠的會客室，連和員工自由接觸都沒辦法。

持續三次之後，他再也忍不住了。將集團總公司總經理像隔離一樣對待的做法必須改正。於是三枝就拜託濱川總經理準備一間和員工同樓層的房間，挪用為會客室，對方爽快地答應了。

下次去的時候，房間就準備好了。

三枝每次都會移步到工廠的生產現場。就算沒事也會穿上作業服，在工廠內和公司內到處走動。讓員工談論「那人是誰？」「他又過來了」是很重要的過程。

其後，駿河精機在國際上的發展就一舉加速，呼應三住的國際戰略，並在各國新設工廠以進行最後加工。管理整合實施的那一年執行了四項專案，包括越南第二間工廠新設案，泰國工廠新設案，中國廣州工廠新設案及美國工廠增設案。再者，他們還計畫要在二年後新設韓國及歐洲工廠。

原本應該竭盡全力同時設立二家工廠的生產設廠小組變得躍躍欲試，逐漸將任務完成。日本協力廠商群認為越過中國謀求世界發展很困難，駿河精機則代替他們戰勝這道障礙，就如預期一樣。

然而，從管理整合起過了大約一年後，卻發生意料之外的事件。那就是駿河精機的濱川總經理提出辭呈。

他也是集團總公司的代表董事長兼副總經理，對這一年來的集團經營和三枝的管理未曾透露半點不滿。至於開設集團總公司後的待遇，也沒有出言抱怨。再怎麼說，他都是不顧所有董事反對，推動駿河精機和三住管理整合的功臣。

雖然三枝努力慰留，卻不明白對方的真意。

「我剩餘的人生，還有其他想做的事情。」

年過六十的濱川，心意已決。

三枝放棄干預他的人生選擇。但是，要由誰接替總經理？派三住的管理陣容擔任總經理還嫌年輕。他們連管理經驗都沒有，更擔心會引發意想不到的混亂和反彈。最麻煩的是沒有熟悉生產製造的人。駿河精機當中也沒有適任者。

這麼看來，就只好由自己兼任駿河精機的總經理了。自從管理整合以來，三枝這一年就頻繁前往靜岡，擔心二家公司是否能順利合併，不過也因此讓駿河員工防備三住的氣氛就逐漸淡化了。

於是就宣布人事異動，濱川先生離職，由三枝兼任總經理。

駿河精機內部意外平靜地接受了這個事實。三枝這一年的行動總算發揮作用了。

不過，三枝要兼任駿河精機的總經理絕非易事。光是三住，管理方面也還有幾個重大的課題。

然而，三枝決定再增加前往靜岡的頻率。每星期至少要去一次，早上離開東京，在駿河精機的總公司度過一天，晚上十點左右再回到東京的自宅，周而復始。

總經理兼任的體制也有優點。成為企業層峰之後，就可以輕鬆指導公司內部做事。透過集團合併決算和資訊系統的協作，三住的部門長可以為駿河精機打氣，促進雙方深入交流的體制會逐漸擴大。

無論是三住的員工還是駿河精機的員工，都不曉得三枝多麼掛念駿河精機的員工，以及二家公司的合併有沒有慎重進行。假如三住的幹部從早期階段就進駐該公司，一定會發生更多起類似池上離職的事件。

三枝認為從這個意義來看，雖然許多事情不為人知，剛開始一年來的導入期，總算是勉強熬過去了。

【叩問讀者】業態革新的形式和戰略

所謂的「企業改造」，必須持續打造伴隨風險的「改革鏈」，將企業競爭力拉抬到與以前完全不同的次元上。尤其是公司的「業態革新」，更需要高階經營者大刀闊斧。另外，這不只有戰略上的風險，還有轉型期「抵抗」和「死亡之谷」的風險。假設現在你的公司以「業態革新」為目標，什麼樣的形式才有可能成功？你會藉此鎖定哪種戰略功效呢？另外，你設想的風險是什麼？對三枝匡來說，這不是紙上談兵，而是他在管理現場要迫切回答的真實課題。

組織的危機感是什麼？

單憑訴諸危機感，不會產生任何效果

公司的「危機」和員工抱持的「危機感」不見得正相關，反而該說是**逆相關**。

換句話說，公司業績差，照理說，員工的危機感**應該要高**才對，實際上內部卻多半鬆懈。反而是業績不像危機四伏的成長企業，員工還比較兢兢業業努力不懈。

這是為什麼呢？因為成長企業對市場敏感，員工對顧客的想法、競爭對手的行動、世界新技術的動向及公司「外部」的其他變動，都能敏銳反應。假如在競爭當中落後於人，員工自己就會覺得「痛苦」。

相形之下，爛公司的員工則是以「內部」的邏輯在行動，對市場的勝負或顧客的聲音大多遲鈍。由於**輸慣了**，因此，即使輸了，只會覺得「又輸了」，員工毫無「不甘心」的感覺。

提升組織危機感的管理技巧，並非由高階經營者呼籲「大家的危機感不夠」。想要改變管理風氣，也並非由高階經營者呼籲「風氣改革」。為了改變員工意識而呼籲「意識改革」的經營者，顯見其管理能力不夠。

我（作者）從三十幾歲經手管理三家公司當中，學到這樣做沒有意義。後來我就不曾在公司裏

三枝匡的經營筆記　七

說出危機感或風氣改革的話來，反正不會產生任何效果。

想要改變公司，經營者就要準備精心計畫的戰略方法及具體行動的切入點，再加上高階經營者自己要有覺悟成為箭靶，打破既定組織和現有價值觀的束縛。

只靠一位強人領導者，就會產生變化

優秀的經營者會單槍匹馬**人為**創造危機感。無論是哪裏的大企業或中小企業，被逼到絕境的公司要藉由根本的改革找回活力時，**單槍匹馬**的強人領導者就會產生這種變化；這種情況很常見。

就連擁有幾十萬名員工的大型企業，單單換掉執行長，也會讓組織文化掀起激烈的變動。像是奇異（GE）的傑克．威爾許，或是進駐日本電信電話（NTT）的真藤恒，以及挽救日產汽車的卡洛斯．高恩（Carlos Ghosn）就是如此。當歷代總經理改革失敗時，他們單槍匹馬進入長年為停滯所苦的企業，成功改變公司。

高階經營者抱持危機感，試圖冷靜地切入問題。就算現場人員畏懼他，也鮮少討人喜歡，這就是高階經營者的宿命。需要企業再造的公司當中，有時會看到高階經營者是受到內部員工歡迎的風雲人物，但是，其他董事和真正做事的執行者卻遭到員工批判，這就是罹病的症狀。

這是因為，除非高階經營者採取**現場主義**（hands-on）的實際管理風格，否則公司就無法改革，也無法提升組織的危機感。身為高階經營者，絕對不能為了成為萬人迷而持續當個**濫好人**。從本書各章描述數度面臨絕境的情節之中，讀者也可以看出管理的病徵都有共通的模式。

還有一點可以確定的是，正因為處在這種困難的狀況當中，肩負事業將來的有為人才方能嶄露頭角。

第六章

企業改造六
藉由生產改革打破僵局

生產改革被現場的反抗逼到「死亡之谷」，要以什麼樣的契機復甦？與高階經營者合作的腦力戰和充滿汗水的現場改善，產生最適合三住業態的「世界水準生產系統」。

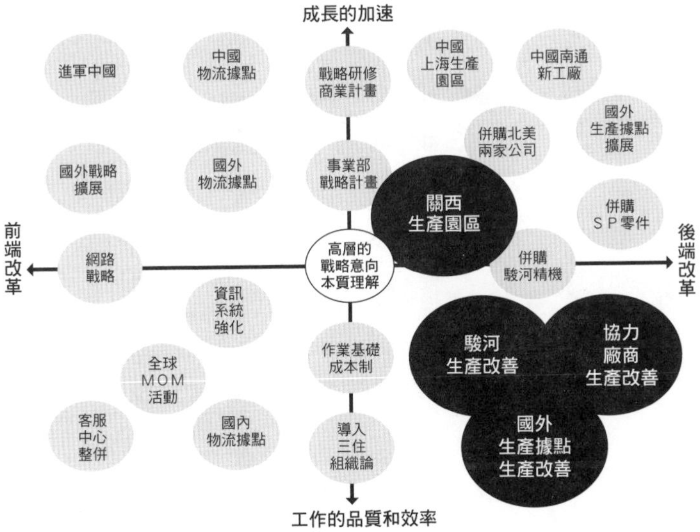

【圖6-1】企業改造六：藉由生產改革打破僵局

第一節　反抗生產革新

事情要追溯到半年前。當三住和駿河精機暗地裏進行管理整合的交涉時，三枝還同時進行另一個構想。

讀者還記得他決定購併廠商的第三個理由嗎？就如「**創**、**造**、**賣**」以及「企業再造」和「供應鏈改革」之類的詞彙一樣，全球的「企業革新大趨勢」是要掌握整個商業流程，以囊括的方式革新程序，三住不能落伍，這就是他的觀點。

著手改善生產

三枝考慮要在三住推動「**創**、**造**、**賣**」的總體革新時，他發現其中最弱的就是「生產」。現在三住沒有締造出前瞻性的技術團隊，連一個人也沒有，甚至連認知其必要性的人都找不到一個。

想要藉由「製造」「生產技術」和「改善生產」，讓三住成為日本一流的公司，進而躍升為世界一流，就必須先在內部建立「生產改善」小組全力進行。

三枝喜歡「製造」。三十幾歲擔任過二家公司的總經理，統統都是製造商，其後十六年來從事企業再造的工作當中，他也喜歡以製造商為對象，累積現場改善的各種知識和經驗。

然而，三枝並非生產改善的專家。他的職責是要創造持續改善和改革的組織和機制。

因此，三住就在公司裏新設了「生產改善室」（部門名稱剛開始是「生產企畫室」，後來有所改變，本書統一稱為「生產改善室」）。三枝在以前的工作中認識一名曾經帶領過生產改善的人，對方正好考慮跳槽，於是就邀請他擔任室長。

同時，三枝也在尋找指導改善生產的教練。

坊間有很多豐田生產方式的指導者，其中也有教練就像軍隊的魔鬼中士一樣，必須注意是否和三住社員合拍。最後三枝遇見一位教練，心想就只有這個人適合了。他就是高木史章，四十歲，講話有條有理，對改善生產無所不知，應該跟三住員工合得來。

三枝和高木老師吃飯，談論三住意識到世界大趨勢後的生產革新之夢及國際化構想。高木說這很有意思，加入了夢想的行列。從此以後，他就不斷指導三住超過十年。

至於三住的協力廠商，光是主要往來的企業就有約二十家，生產線的數量則超過四十條，產品種類多樣。將生產改善的成果推廣到**所有**廠商當中，可以預料得到，這將是一件苦差事。即使如此，三枝也決心要在自己擔任三住社長的期間，要讓此事告一段落。

他邀請各家協力廠商接受高木老師的指導。費用由三住出，不會造成負擔。第一波打算從二十家主要協力廠商當中選出三家，卻遇上難題。發生的現象就和拒絕進軍中國時一樣。

顯然這是各家公司的心聲。他們自己對生產的一切瞭若指掌，不想接受三住送來的老師指導。既不清楚生產改善是什麼，也沒有興趣。

他們連豐田生產方式的改善法都沒學過，宣稱這套方法拙劣，自家公司的才優秀，這就只是單純的視野狹隘。

最後，終於出現三家公司答應接受專案，但有些公司相當起勁，有些公司則是先做做看再說，熱情是有溫差的。其實，要是三住的主要廠商沒有**統統一起**推動改善工作，就算一家公司拿出成果，這份優點也無法傳達給顧客知道。讀者明白這種兩難嗎？

【經營者的解謎三十二】改善交期的優點

改善生產的關鍵目標在於縮短生產製造時間。要縮短著手生產到出貨為止這段過程的時間。整條供應鏈從顧客下訂單起，到送至顧客手上為止，所有過程的時間都要縮短。尤其是顧客所需零件沒有全套湊齊就無法著手工作時，就算部分零件廠商落實縮短交期，哪怕有一家廠商延遲交貨，企業領先落實的改善優點就沒有用武之地。

三住改善生產的難題

三住的生產改善當中存在一般企業遇不到的嚴苛條件，那就是「**三住 QCT 模式**」當中最重視的「T」（時間，Time），短交期和遵守交期。

三住的品項在三枝就職總經理時就有二百萬種，其後事業擴大，因而增加到一千六百萬種。光是商品數就很龐大，假如把商品囊括的以**微米**（按：micron=micro-meter=μm，即為一公尺的百萬分之一）**為單位的不同尺寸**包含在內，商品數就有 80,000,000,000,000,000,000,000 項。

讀者唸得出這個數字嗎？大家知道如何稱呼前述的**位數**？三枝第一次看到時瞠目結舌，唸不出來。查詢之後才知道位數的名稱叫做「垓」，這個數字是八百垓。三住的商品項目數量是**一兆**的八百億倍，實在驚人，名符其實是天文數字。

三住的大問題在於不曉得其中一個商品的訂單什麼時候會來。或許是今天，或許是五年後。或許來自日本，或許來自歐洲。三住就這樣等著不曉得什麼時候會從哪裏來的訂單，而且哪怕是**一個**零件，都會接受訂單及生產，三天後（本書出版時縮短為二天）出貨。

假如將商品放在倉庫保存再從那裏出貨，就能輕鬆落實短交期。消費者取向的產品多半可以這樣做。然而，三住若要存放天文數字的商品數量，就需要好幾間異常巨大的倉庫。而且，只有部分品項會以固定頻率週轉，就算準備巨大倉庫，划算的機率也不高。所以採用「零庫存」方式處理訂單的系統會比較合理。

哪怕是一個零件也好，哪怕是需要微米等級的精密度及下苦功加工也好，各家廠商都會將三住前一晚為止送來的訂單在當天內生產，連夜出貨到三住的配送中心。

這種做法會讓各家廠商**每天的訂單量大幅變動**，所以產能必須要留有餘地。否則生產會在訂單多的日子停擺，導致交期延誤。然而，要是保有太多餘地，人和機械閒置的時間就會增加，成本會相對提高。

面對這種矛盾，就要應用豐田生產方式。三住稱這種營運法為「訂單式生產」（MTO，Make to Order），意思就和戴爾電腦（Dell）的「接單後生產」（BTO，Built to Order）一樣。

三住的精神是「一旦跟客人約好交期，無論如何都要遵守」，從總經理到年輕員工都要徹底實行。因此就算經營得像是走鋼索一般，也要妥善轉圜。這就是三住「遵守交期」的社訓，三住受顧客信賴的基礎。

除了遇到災害之外，三住在日本的交期遵守率都保持在九九・九六％左右。這個數字不只包括生產問題，還包括廠商輸送至配送中心的失誤，以及訂單處理的差錯。

以出錯機率〇・〇四％而言，就算每個月顧客反覆下訂好幾次，但除非遇到不可抗的災害，否則出貨延誤的狀況也是幾年才遇到一次，機率很低。從出錯的件數來看，客服中心也可以逐一預先通知顧客會遲交。

對顧客來說，牽涉到工廠現場的生產是件大問題。要是顧客說沒收到會很為難，就會立刻發送代用品，而若趕不上宅配便的截止時間，員工也會搭電車送達。聽說在宅配便尚未發達的時代，還曾經將區區幾千日圓的商品搭飛機送過去。

為了實現高品質服務，三住和協力廠商從創業以來花了四十年的歲月磨練業務經營技巧。

現在，將隔天送達視為天經地義的消費者取向商品增加，還出現大都市圈訂貨當天送達的服務，其中有的甚至訂貨一小時以內即可送達。然而，這種服務全都沒有伴隨「生產」，就只是將商品保存在倉庫裏，再從那邊出貨。

相形之下，三住則是「生產」和供應微米等級的訂製品，商業模式和產品力壓群雄的齊全度，並非其他企業一朝一夕可以仿效的「絕活」。雖然佔有優勢，三枝在擔任總經理後卻想要進一步推動生產改善。他到底想要改善什麼呢？

- 三住短交期的做法能夠提供很大的方便，但是成本注定會比大批生產一件商品還要高。三枝精益求精採用「單件流」的生產方法，將成本壓得更低，縮短與量產品之間的成本差異。
- 就連駿河精機都尚未引進生產改善的「基礎」，當中還有許多改善的空間。假如以正確的方式縮短生產製造時間，成本也會同時改善。這也適用於各家協力廠商。
- 考慮到今後中國和亞洲廠商將會逐漸興起，必須提高成本競爭力。
- 三住第三天出貨的標準短交期模式，已經將近二十年沒變。公司內部傾心於新創企業多角化的時期，擱置這項商業模式不再進步。假如現在以總體觀點重新審視「**創、造、賣**」，就會發現其中隱藏相當多的革新餘地。

縮短生產製造時間和刪減成本

目前為止的說明當中的決定性的要件在於「要在縮短生產製造時間的同時壓低成本」。讀者當中想必也有人難以置信吧，彼此之間究竟有什麼關係呢？

後來，駿河精機出現衝突的場面，年輕員工徹底擺出在野黨的態度，說什麼「假如實施什麼鬼單件流，生產一定會下降！」**幾乎所有**的反抗派都會迸出這句話，顯示出他們無法認同豐田生產方式。他們的反應一致到讓人吃驚的程度，更糟的是，他們的想法百分之百是錯誤的。

這種事「做了就知道」，換個說法反過來說，就是「不做不知道」。透過豐田生產方式改善時必然會碰上這道障礙。

雖然許多專業書籍會說明「如何活用看板方式改善」的**方法**，這個世上卻沒有理論體系和方程式表現出「假如實施這個方法得當會刪減多少成本」。

個別的現場牽涉到太多分歧的要素，效能機制（改變某個要素時達到的功效排名）是動態的。許多交互作用複雜交織及變動，就算實際上出於好意而變更一個地方，也會出現意料之外的負面要素，發現這會造成反效果，要恢復原狀，或是不斷做其他嘗試。

三枝這樣說：

「照理說，身為經營者應該重視**邏輯理論**，不過，相較於紙上談兵的邏輯理論，豐田生產方式顯然是個例外。也就是說，相較於光說不練『坐著學』的理論，豐田生產方式必須『做中學』，一定要先做再說，因此，公司內部必然會出現反對者，所以說，領導力差的公司，無法落實豐田生產方式。」

一般人認為只要努力用功，就會精通各種實務技巧（know-how），只要腳踏實地以「正確的方法」改善即可，沒有比「坐著學」的理論更完美的邏輯了。但是，只要在第一線歷經屢敗屢戰之後，從「做中學」領悟「豐田生產方式實在很厲害」。這麼一來，當初那些反對派之中，也會有人主張**坐著學不如做中學**，最後傾向贊成派，就不用白費唇舌和這些人講這麼多道理。

雖說原本的反對派變成贊成派，但是能以邏輯道理說明「豐田生產方式實在很厲害」的原因卻不會增加那麼多。從毫無根據就說「豐田生產方式不行」，到不需要理由說「豐田生產方式就是好」，只能說「做就對了」的領悟在發揮優勢。

因此，三枝擔任總經理的這十三年來，就專心一意不斷疾呼「縮短生產製造時間」，以**代替**「刪減成本」。

指導協力廠商

總之，三枝認為，願意接受第一波生產改善的協力廠商只有三家也很好，於是就讓高木老師開始幫忙指導了。三住生產改善室的員工會和老師同行，擔任現場指導的輔助人員。

不過，這三家公司的改善工作卻沒能順利進行。

為什麼呢？世上許多人以為生產改善是「由下而上」（bottom-up）的工作，這觀念大錯特錯。改善生產是「上意下達」（top-down，從上到下）的方法，與 QC 工作重視由下而上的提案正好相反。

【經營者的解謎三十三】改善生產要從上到下，才能上意下達

假如一間公司的經營者認為「改善生產是由下而上的日式方法」縱觀全局，改善生產就不會獲得多大的成效。遠渡到美國的改善法之所以讓各種業界實驗，以凌駕於日式方法的優勢推廣普及，是因為「從上到下」適合美國管理組織上意下達的體質。

企業層峰假如有意的話就會推動生產改善，但是經營者原本就沒幹勁，照理說會在早期出現的效果都變得不上不下。這麼一來，不只是總經理本人，就連員工冷淡的態度都會加劇。一旦進入這種惡性循環，就只能任由時間流逝。問題無疑在於企業層峰的態度，三枝已經好幾次看過這樣的例子。

高木老師精通此道，深知公司內部的這種反抗。假如協力廠商的企業層峰認為實在沒必要做這種改善，那人的真心就會立刻表現在態度上。照理說遇到這種廠商老師不會願意指導，但是三枝說過，三住模式革新和國外發展的夢想，老師看在擁有同樣理念的份上，才會一直隱忍。

就算如此，但若光是三家協力廠商就要花這麼多時間和工夫，之後要花多少時間，才能將改善工作統統普及到二十家主要廠商上？會不會花了十年還結束不了？這條路實在相當漫長。

三枝開始覺得，除非下點什麼新工夫，否則這項改善工作恐怕會變成「沒完沒了的泥沼」。

後來有一天，三枝在夜裏獨酌之際，點子如同天啟降臨。這項奇怪的計畫可以一口氣縮短三住和協力廠商的距離。

【重要關鍵：經營者的解謎與判斷】生產改革

- 一旦放棄改革，三住就會趕不上全球的「企業革新大趨勢」。必須要避免三住的商業模式加拉巴哥化（Galapagosization，按：指企業在封閉的環境下發展出適合當地需求，卻不能適應國外市場的產品，就像加拉巴哥群島〔Galapagos Islands〕上的生物一樣），這對協力廠商來說也意味著死亡。

- 總經理就職四年期間，三住的銷售額成長到二倍，超過一千億日圓，所以生產能力達到上限的各家協力廠商，才可以提出增設工廠的事情。因此，假如在國內規畫工業園區，就和上海打造的「三住村」一樣，增設各家公司的工廠會怎麼樣呢？現在協力廠商的工廠分布在東日本各地，如果規畫園區預定地，高木老師就可以**集中**指導。
- 各家公司會將其成果分別帶回自家工廠。這麼一來，改善成效就會一口氣影響到所有協力廠商。

點子奇怪歸奇怪，三枝卻是一本正經。這次和中國三住村不同，連土地和建築都由三住準備。協力廠商只需投資生產機械設備，連新工廠都可以蓋好。這可是魅力十足的招攬戰略。

這個點子剛開始是要在關東和關西這二個地方開設三住村。然而，各家公司既有的工廠集中在東日本，關東三住村的優勢就不多了。

既然如此，單單設在關西也可以。假如各家公司的能力因此增強，不只是改善生產，更會厚實以往西日本缺乏的短交期體制。這會成為一石二鳥的對策。

衡量具體構想之後，就試算出三住花在土地和建築上的必要投資額約要四十億日圓。假如加上各家招攬公司的生產設備投資額，投資額就變得更大。想必是否定創辦總經理的「非持有經營」，由三住自行投資生產功能之後，就締造出有史以來的投資額。這件事與購併駿河精機同時進行，冒出鉅額的資金。

三枝被迫要做出決定。他不曉得股東對業態革新會有什麼反應。機構投資人會透過這種投資讓三住逐漸變成資產「雄厚」的公司，一定會擔心獲利下滑。

然而三枝的看法相反。持續避免投資做「輕度經營」，對現在的三住來說是「每況愈下」的道路。就在總經理就職的同時，將以往的外包轉型為「持有經營」，購併廠商功能，進一步投資到生產革新上，為了趕上進軍國外及商業流程改革的全球「企業革新大趨勢」，這也是絕對避不了的戰略。

衡量到三住十年、二十年之計，這項判斷將會成為巨大的分水嶺。三枝立場堅決，與其**附和奉承**投資人的意見，寧可選擇依照自己企業家精神的生存之道行事。他下定決心，若有必要就和股東對抗。

這項方針也會讓投資人迅速賺得相應的利潤吧。幸好現在三住擁有豐富的現金，拿得出四十億日圓。

關西生產園區

三枝將興建於關西的三住村命名為「關西生產園區」。樓板面積約五千坪的工廠，就在原關西配送中心附近的工業團地竣工。這是總經理就職後五年又三個月的事情。

在各個廠商的前置作業結束，開始準備生產時，三住發起了每個月舉辦高木老師主持的生產改善研究會。

剛開始進駐的廠商就連互相把工廠內部給對方看都有抗拒感，但在每個月召開研究會，發表各家公司的改善成果之後，三住村的居民就逐漸和睦起來。關於改善的進展方面，隨著各家公司之間的協助，競爭心也悄悄出現。三枝有時也會出席研究會，展現三住總帥應有的態度。

只不過，參與廠商在關西生產園區當中學到的東西，沒能在短期內分別帶回自家工廠，還需要幾番迂迴曲折，這樣的行動才會變得踴躍。顯然各家公司的經營者對此並不熱衷。

駿河精機的生產改善

反觀做完管理整合的駿河精機，則沒有著手改善生產。因為三枝對三住總公司的生產改善室下了指示，「暫時不要靠近駿河精機」。

濱川總經理離職，三枝兼任駿河精機總經理之後，就開始逐漸「動起來」。

三枝將二名三住總公司的改善工作人員從東京調到靜岡的駿河精機。以往擔心駿河精機的員工不要讓三住的風氣影響到，這是他們第一次在交流時感受到總公司的意思。

【眾生相】朝井章雄的說法（駿河精機金屬模具零件生產經營者，當時三十六歲，其後擔任某金屬模具製造公司總經理）

和三住進行管理整合後過了一年，現場改善的浪潮襲向駿河精機，「蜂擁」這個形容詞是我當時純粹的感受。二名員工從三住來靜岡常駐開始進行準備。

種人會故意採取「破壞狂」的行動（詳情參閱《V型復甦的經營》〈三枝匡的經營筆記二：改革推動派與反抗派之類型〉）。

在野黨最大的靠山，就和政界的在野黨一樣，「就算放話批判也不會有人追究**責任**」。他們仗著自己無後顧之憂，在公司內部、夜間酒館或其他高階經營者看不見的地方散播辛辣評論。

然而，這種呼聲和態度馬上就會傳到改革領導者耳中。這只會讓企圖拚命橫渡「死亡之谷」的改革領導者更加痛苦，批評者依然緊咬不放。實際上，駿河精機的員工還對經營者說「做得到就自己做做看」，將過分的話說出口。這可不是背地裏罵人，而是以下犯上對經營者說。

仔細想想，原本應該講出這種話的人**反過來**了。換句話說，這應該是經營者對光說不練的部屬說的臺詞，然而，駿河精機卻是相反。

這種改善生產的辦法發源於豐田汽車，早已行之有年，現在在世界上累積許多有效的案例。但是部屬既沒有這種認識和世界觀，也沒鑽研多少，更沒有明確的理由反對，卻沒有起而行。明明自己鐵了心要偷懶，卻叫上位者行動。這種上下顛倒的情況，就像漫畫一樣。

改革領導者遭到不懂身為執政黨辛酸的菜鳥批評，簡直是羞辱。這會讓人憤怒至極，內心充盈著「不甘心」「自己的信念萎縮」和「孤獨感」。過去三枝以黑岩莞太的立場體驗到這種情況，對其心境簡直是再了解也不過了。

典型的反抗改革心態

三枝**兼任**駿河精機總經理的體制持續了大約一年。

三住總經理就職歷經滿四年之後，三枝就在三住建立新組織，命名為「企業體」（組織論將會在第八章觸及），駿河精機也位居其中之一。這項體制是要任命「生產統括董事」統括整間公司的生產相關事宜，由這名董事兼任駿河精機的總經理。

管理整合實現後的二年二個月，生產統括董事最大的任務，就是在駿河精機正式展開豐田生產方式的生產改善工作。他從一年前在駿河精機推動的「二S三定」告一段落之後，這次要從外界引進顧問團隊。要做這項工作的不是派去指導協力廠商的高木史章老師，而是別家顧問公司。

三枝聽到這項消息時，覺得以改革方法來說很奇怪。然而，既然任命為生產統括董事兼駿河精機總經理的部屬想要這樣做，三枝覺得這樣也不錯。

當時，生產統括董事還採取另一個行動，那就是從外界雇用**新的負責人**推動生產改善。精通此道的專家會宣傳自己曾經出現在媒體上。當然，誇口說上過媒體的人不一定真的優秀。

和來自三住總公司的領導者職位合併之後，就形成了雙領導者體制。即使到了這個階段，駿河精機的員工對改善工作的抗拒感依然揮之不去。

【眾生相】太田伸也的說法（簡歷如前述）

三住的生產統括董事是從外界聘請顧問團隊進來，但我對這件事很感冒。顧問沒有責任輕鬆得很，反正做到一半就不見蹤影了。

這項安排下來過了二年九個月，原本我應該會變成改革推動派，結果別說是變成追隨者，反而還成了反抗派。

「外人不懂駿河精機的製造方式！」「多種少量生產免不了會在工序當中發生停滯。」「說什麼單件流，這一定會讓產能下降！」

當時我的態度就是這樣。

【眾生相】朝井章雄的說法（簡歷如前述）

三住的生產統括董事引進外部顧問的工作持續了大約一年。明明是現場改善，編製文件的時間卻多得要命。改善報告會要舉辦二次，所有資料加起來卻超過四百頁（笑）。

三住集團總公司的三枝總經理蒞臨了第二場報告會。當天從早上到傍晚陸續發表現場的成效，總經理一整天都靜靜地聽著。傍晚顧問退席，只剩下員工在開會後，總經理就起身談起感想來了。

他的發言讓我很吃驚。

「今天我聽了一整天，將改善工作的實態看得清清楚楚。我完全無法接受這個結果。」

儘管董事和改善領導者就坐在面前，他卻無動於衷。

「加上過去一年來做過的類似工作，你們花了二年又九個月，到底在幹嘛？我實在搞不懂。」

加上之前的「二S三定」，我們的確花了將近三年的時間整理及整頓，但當時連生產製造時間的數值都還沒掌握到。

後來做法有所改變，改善生產大幅進步。現在回想起來，那時總經理當然會斥責。這段發言讓我第一次注意到行動脫離原本的宗旨。

依三枝看來，生產統括董事和從外部雇用的生產改善領導者，二人都沒有發揮出領導能力。領袖是因為能夠領導眾人，才能被稱為「領袖」。坊間許多人空有頭銜，獲得「領導者」的職位，薪水也高得恰如其分，實際上卻沒有在領導。

【經營者的解謎三十五】如何應付改革反抗派

高呼改革時需要設想及面對「理所當然會出現反抗和偷懶的症狀」。改革領導者須以此為前提，和員工充分對話，以正論迎擊，與在野黨意識面對面。身居上位卻採取在野黨態度的冒牌管理者，必須改變思考模式，要是做不到就得退到一旁。

看樣子駿河精機的改革別說是停滯，根本是逐漸在逼近「死亡之谷」。當領導者的能力拙劣時，改革就會陷入「停滯、挫折和失敗」的症狀。**只有**在擁有力量的新領導者現身時，方能帶來突破點。

別說天經地義的道理用不著寫出來。無論哪家公司要改革，都要在平衡各方局面之下，任命「應該能勝任」的領導者。不過，現實當中卻有很大的機率自曝其短。而且直到認定失敗為止，經過的時間都是**以年為單位**。

到頭來，駿河精機員工的行為過了二年又九個月也沒改變，淨發些「受害者」的牢騷企圖取暖討拍。假如就此放棄，改革將會停頓。這麼一來，反對的員工就會認為自己的抗議是對的，眼界繼續短視下去，心情大為暢快。

結果會變得怎麼樣呢？壯大公司的改革機會將會幾乎半永久地喪失。走上這條不歸路的日本企業何其之多。這在經營領導能力弱化的日本企業當中，是改革失敗的結構之一。

結果，從公司外部招攬來的空降領導者沒能看穿該從哪裏著手，留下「這樣的改革做不成」這種臺詞，將部屬置之不理就辭職跳船。聽到別人這樣說自己，員工黯淡的心情可想而知。

就這樣出現了第一次挫敗。

如何解決危機

停滯和受挫的不只是生產改革。其他諸如物流改革、資訊系統改革、創辦國外事業之類的高風險案件當中，至少會來一次這樣的危機。

這時第一個最該判斷的是，讓現在的領導者繼續做下去，未來是否能解決危機。假如覺得還可以的話，就和總經理一起謀求解決之道。假如判斷行不通，就由其他高強的人取代那位領導者，不要猶豫。這是高階經營者一定要面對的必要之惡。

就算改革陷入迷途，三枝的態度也一貫不變。這場企業再造不是短期決戰。要避免操之過急，就算花時間也要強化人才，不斷摸索找出突破點。

「你們很疲憊了，要暫時休息一下。」「要走進極小化體制，思考下一個飛躍。」有時這樣說會延長空窗期和赤字產生期。所以既可能會虛度光陰無所作為，也有可能會真正開創下一個飛躍。

高階經營者首先要認清自己的目標，還要記得在著眼的理想和嚴酷的現實之間妥協。**人心**的舵手、推動和抽手的時機、信賞必罰的**斟酌**、自己的憤怒與容忍的**控制**，還有人事的微妙。雖這十三年來，經歷了不為人知的辛勞，其中也有管人理事的趣味以及人生的挑戰。

三枝深信，既然目標在於三住商業模式的「整體革新」，就少不了「生產革新」。**哪怕要花費多年**，也要持續追求理想。

那麼，三枝接下來要如何解決危機呢？

第二節　決心＋智慧＋汗水的結晶

生產改革

三枝在三住付諸實行的改革課題並非一時興起亂槍打鳥，裏頭可是具備了穩固的故事結構。附帶一提，想要開拓三住的新時代，就要將目標放在「**創**、**造**、**賣**」的**整體革新**上。

這種改革哪怕缺少一個環節，都會變成難關（bottleneck）妨礙全局。所以他認為「無論要花**多少年**，**每個**環節都絕對必須做到**完善**」。追求涉及多方面的改革鏈，簡直就堪稱「企業改造」。

前面的經營筆記中提到，「除非出現強而有力的領導者，否則就無法找到突破點（break-through）」。這場生產改革當中，下一個出場的**壓軸**改革領導者是誰呢？

【經營者的解謎三十六】組織建立要從上到下

要開創生機盎然的事業，就要奉行「從上到下建立組織」的原則。假如為了眼前的方便，指定組織基層的經營者 時，必須配合部屬的程度。然而，建立組織時不能這樣做，而是要讓先前選出來的優秀領導者，自行指名投緣的部屬，這個順序很重要。

讀者還記得西堀陽平嗎？三枝就職總經理後不久，三住決定讓內部創投事業撤退時，西堀就以三十七歲的年紀，擔任三住最年輕的執行董事（第一章第二節）。三枝曾經對他說：「人生苦短，要是渾渾噩噩度日，轉眼間就死了。」

決定要讓七大多角化事業撤退時，西堀的事業則是獲得暫時**存續**的待遇。其後二年半，雖然三枝多方支援，基本上他可以自由發揮，這項事業卻被逼到更艱困的絕境，無法巧妙對抗國際競爭對手的出現和急速網路化的市場趨勢。

三枝看到這個現象後，決心要將西堀從這項事業的負責人異動到機械工業零件領域上。他看出西堀在經營者人才稀少的三住當中，是寶貴的人才。

他自行草擬多角化事業的戰略，嘗到創辦的艱辛，遭遇到超乎意料的競爭和時代的變化，從求生存當中體驗到連敗的塗炭之苦。西堀和那批在公司內遠遠旁觀的人不同。不過，三枝開始覺得，要是他一直在低迷的事業中打滾，輸太久恐怕會忘記**成功的滋味**，整個人失去光芒萎靡不振。

正好機械工業零件領域開始出現爆炸性的成長，急需將西堀的力量活用在這個領域。

然而，要是強硬調動人事，西堀就要將一起為多角化事業操勞的部屬留下來，他恐怕會不肯單獨調到其他賺錢的部門，提出辭呈。於是三枝就謹慎地說服對方。

西堀明白自己的立場。假如現在身為經營者的自己有價值，是因為三住這間公司花費了時間與金錢給我機會的結果。所以西堀強烈認為，自己的使命是要透過「下一個機會」**彌補**新創事業產生的損失，向培育自己的公司報恩。

為了做更好的自己而跳槽不只發生在美國，儘管覺得換工作理所當然的日本人增加了，西堀卻深深在乎「對公司的道義」。

三枝認為，要讓西堀擺脫留戀過去的心態，就只有這個方法。接下來再到某個地方取得龐大的「成功」。境界更上一層或二層之後，就能從那個階段回首過去的連敗經驗，以淡定回顧的心情面對以往的失敗，覺得「痛苦的經驗改變了稚嫩的自己」；這也是三枝自己一路走來的人生模式。

西堀聽了三枝的話之後，雖然覺得留下部屬離開事業部讓他不捨，卻聽從了命令。

其後四年，西堀回到機械工業零件事業，歷任電子事業部長、物流部門掌管董事及ＥＣ事業掌管董事之後，就獲得拔擢為董事。

亂來的人事異動

三枝將西堀叫到總經理室。四十三歲的他年紀輕輕卻很多白髮，看起來比實際年長，開始展現威嚴。

「從那之後過了四年，想要麻煩你挑戰下一件工作。希望你能自己先考慮要做什麼。」

三枝接著說：「我建議你去做『生產』。」

「明明說要我先考慮，卻已經自行決定了嘛！」西堀雖然這樣想，卻沒講出口，而是說了別的話。

「咦，『生產』嗎？我對這個領域沒有經驗，個性上也不適合。」

「現在還不知道結果會怎樣，但這會成為你人生當中寶貴的經歷。考慮一下吧。」

三住不會以公司命令不可違抗為由進行人事異動。既可以因為家庭狀況和其他受限條件而拒絕，也能夠單純以「提不起勁」的理由說「不」，拒絕的事實也不會影響將來發展。這條美妙的不成文人事規定從創辦總經理時代就遵守到今天。

要負責不熟悉又看不見未來的工作，讓西堀感到不安。過去以果敢的態度迎向新挑戰的自己，現在竟然變得這麼保守了嗎？

結果，西堀就接受了這個職位。

三枝將西堀從董事兼執行董事晉升為常務董事，還任命他為生產統括董事（兼駿河精機總經理）。

西堀很驚訝。四十三歲晉升為東證一部上市企業的常務，這種人事異動任誰都料想不到。

另一個「亂來的人事異動」就這樣施行了。提供「環境」給將才發揮能不能開花結果，就要看本人的表現了。

問題浮現

擔任生產統括董事的西堀雖然下定決心，但從上任第一天就切身感受到自己的無能。他在三住待了二十年，工作經歷幾乎都在流通事業上，製造業簡直是另一個世界。說起來他連工廠對話中出現的詞彙都不曉得，這樣的開場還真難。

然而，站在三枝的立場來看，這一點也不難。

三枝三十幾歲時以經營者的身分經營的三家公司業務型態都不同，其後就以企業再造專家的名義進去幾家經營不善的公司，無論哪家在剛開始加入時對其營運範圍都完全外行。但他起步時從黑暗中摸索，過了三個月之後，就可以向員工下達指示了。

這本書的第一章也是如此，從空降至三住到在員工面前談論「三住八大弱點」的過程也是如此。要學會這種速度感，就必須在公司被逼到絕境中迅速接近問題的本質，反覆做吃緊的工作累積經驗。儘管不斷抱怨「好臭」，卻會逐漸培養出身為企業層峰應有的嗅覺。

三枝認為要讓西堀擁有同樣的經驗才行。

【經營者的解謎三十七】管理技巧化為到處適用的通則

一位經營者每次獲得機會從事未曾體驗過的領域後，就會讓自己的管理技巧更為**多樣化**。透過這一點，就會提高**管理技巧的通用性**。同樣的道理，職業運動選手無論換到**哪一隊**，所擁有的技巧也能夠從第一天就發揮出來。

西堀對新事物的領悟力高，領導力也強，很快就習慣這個新環境了。以往高木老師負責指導協力廠商，西堀也拜託對方進入駿河精機，於是老師馬上就開始每個月一次的指導了。

三枝對三住的生產改善瀕臨「死亡之谷」的狀況抱持強烈的危機感。儘管將西堀這個生產門外漢送進駿河精機，這時卻需要有人負責輔助善加支援。離開駿河精機的現場一段時間就會搞不清實際狀態，因此要親自深入改善現場，透過自己觀察的眼力掌握狀況。

三枝秉持「**現場主義**」的態度，拜訪駿河精機及協力廠商共三家公司的工廠，從實際考察得來的觀察和意見歸納成「見解」送到西堀手上。那是密密麻麻多達九頁的文件。

東證一部上市企業的執行長，竟然為了部屬寫報告。部屬在擬定事業計畫時，總經理扮演的角色就和閱卷老師相似；這就是他的管理風格。

這份文件的內容與其說是「見解」，更應該稱為「指導書」，要基於現場的觀察具體實踐。

- 走一趟現場就可以發現，目前生產改善室向董事報告的關鍵績效指標（KPI，Key Performance Indicators）**並未**反映出實際狀態，這項指標完全沒有用。企業層峰竟然被給予「錯誤的安心感」，讓人憤慨。整體的工作管理應該要完全重新檢視。
- 生產改善室的工作過度分散給許多協力廠商，沒有一家拿出成果。只有在高木老師的指導日才會奉陪，類似這樣的做法會顯得改革工作沒有意義。
- 另外，生產改善室的工作人員在指導日當中過於搶先。向高木先生報告工作結果和挨老師罵的都是生產改善室，關鍵的工廠負責人和旗下的生產線並未展現出自主性和自律性。
- 為了改善駿河精機引進的電腦管理系統反而妨礙改善工作。他們沒有記取教訓，認清在複雜的業務改革當中，動不動就想要馬上系統化的人是危險人物。引進之前要先**動手**查證（參閱第七章）。妨礙改善工作的軟體應該要堅決排除，就算要拋棄以往的投資也是不得不然。

- 最重要的關鍵在於沒有將我們的生產改善追求的「完成形貌」展現給任何人看，所以連邁向目標之道都看不見，淪為「沒有目標的改善工作」（這就和第二章「FA事業改革」當中，長尾事業部長說出來的話一樣）。「沒有目標的改革」是不長久的。
- 對這種狀況置之不理的生產改善室真是無腦，沒有發揮思考或企畫擬定的功效。

面對這項嚴重的狀況，三枝認為怎麼樣的解決之道才有效呢？

【重要關鍵：經營者的解謎與判斷】貫徹改革

- 一路失控到出乎意料的程度。總經理後悔自己與現場的距離過遠（hands off），再這樣下去，改革就會陣亡。
- 要訣在於展現出改革的「完成形貌」。首先應該要在一家工廠建立「完成模式」，這樣就能和大家分享。
- 痛下決心選擇一、二家工廠當成種子，將分散到各地的工作人員集中到該處。這麼一來，所有人會名符其實地**住進**這間工廠裏，全天候追求「完成之後的樣貌」。

總經理的「見解」連解決方案都包含在內，只交給西堀和幾個幹部。這將會扮演「**第一套**」劇本（強烈的反省論）的角色，以便逃出「死亡之谷」。

西堀和他的部屬看了文件之後，就覺得自己眼前的迷霧消散，獲得無比的勇氣。其中包含許多「制約條件的解放」（經營者的解謎二十九）。於是過往的內情不再束縛他們，能夠自由活動的舞台設定浮現出來。

開始真正的改革

就在這時，二名新領導者陸續加入，代替離開的二名領導者推動日後的生產改革。其中一人是星川修，他在汽車零件廠商做過改善工作。另一人則是來自電子儀器廠商的夏井洋司。

這二人在兼任生產改善室室長的西堀底下同時獲任命為副室長，於是日後工作分頭推動的體制於焉完成。

【眾生相】星川修的說法（生產改善室副室長，當時四十歲。後為生產平臺代表執行董事）

到駿河精機赴任時，現場的狀態很糟糕，讓我覺得自己來到了一無是處的公司。

還有，我前一個公司和駿河精機的製造方法有很大的不同。之前上班的地點是「大量生產」的工廠，三住卻是「少量多樣」，而且生產量每天都在變。「縮短製造生產製造時間」和「提高產能」（降低成本）彼此之間的要素存在著極大的矛盾。

所以，我的上一任就手足無措地跳船了。我的心情像被扔進流速很快的大河裏，聽著別人叫我「改變流速」，一個人在水裏掙扎，載浮載沉。

正好在這個時候，總經理的「見解」出爐了。雖然剛上任的我不在分析的對象內，但聽到別人說自己的部門「真是無腦」還是受到了打擊。

然而，當我知道企業層峰對現場的狀況掌握得那麼正確後，就變得相當振奮。感覺像是在水中不斷掙扎後被拉上來一樣。

二個獲選為實驗地的其中之一是三住的子公司 SP Parts，那裏安插了生產開發室的員工。

「啊，這樣做不就好了！我們的假設似乎是正確的。」

「即使是少量多樣而非量產型，這個觀念也是通用的。」

那間工廠馬上就拿出生產模式開發的成果，讓人有了自信。變化開始如意圖般產生了。

然而，另一個實驗地駿河精機依然陷入苦戰，何況反抗還在持續當中。為了打破改革的停滯，於是就由西堀陽平擔任駿河精機總經理了。

就算派遣強人領導者過去，但若底下的員工持續反抗，就只能從剩下的二條路當中選一條。其中一條路是透過某些方法和契機，看看這些員工是否能產生變化，發現不該找藉口，而是要認真自發地行動。

另一條路則是，假如擺出在野黨作風的員工沒有改變態度，言行當中不斷拚命企圖在累積出成果時從旁拆臺，就要以毅然的態度「切除」惡性腫瘤。

三枝從過去企業再造的經驗明白到，當改革長期停滯時，在野黨並非造成停滯的**配角**。在野黨近似於主犯，該背負的責任就和無能的領導者一樣。

駿河精機接下來會怎麼樣呢？

【眾生相】山澤功一的說法（生產改善室領導者，當時四十一歲）

當時我還不能認真接受高木老師的指導，等到老師要來的日子逼近才匆匆忙忙準備，就算挨老師罵也不怎麼在乎。

然而變化發生了。高木老師的第三次指導會結束後，當天就召開了反省會。席間西堀總經理露出心意已決的表情對大家說：

「你們要彼此開誠布公地說想說的話。假如沒有說出真心話，沒有自己行動，這場改革就沒有將來，也不會產生任何成果。」

「你們有立場決定這件事。知道這會發揮什麼作用吧？」

西堀總經理認真的表情和被逼到絕境的說話方式，打動了在場所有的領導者。他們終於明白自己可以左右這場改革的方向。

雖然領悟來得太遲，但我也發現自己改變了以往的態度。

這起事件讓大家做事的態度起了大幅的改變。

當然，這段故事並非變革成功的插曲，只不過是在描寫如何平息改革的**失敗**。想必讀者會覺得奇怪，既然西堀一番話能讓員工的意識改變這麼多，那之前領導者究竟在幹什麼？假如西堀從一開始就出面，就省得**這三年來**停滯不前了吧？

讀者還記得太田伸也這名員工嗎？他就是本章第一節當中說過「沒必要搞什麼短交期。」「駿河精機的做法才優秀。」「被外來的人指指點點讓人很不愉快。」的現場領導者。他的態度依然故我。西堀單單一次的發言，並無法讓他消除抗拒感，還需要另一個事件催化。

【眾生相】太田伸也的說法（簡歷如前述。當時三十歲，從本章第一節的故事算起經過三年半之後，擔任改善領導者）

這是高木老師在關西工廠的指導會結束之後的事。當時高木老師、西堀總經理和星川副室長三個人要去吃飯，叫我一起加入。以前從來沒有這樣過。

他們在席間叫我講話時要開誠布公，所以我就說「這種改善方法很奇怪」、「靠駿河精機以往的生產方法就夠了」。

雖然上次西堀總經理的話讓我變得積極，但是根本的觀念卻沒有改變。於是西堀總經理就單刀直入地說：

「過了快三年你都沒有自己認真試過新方法。既然如此，這方法就既不好也不壞吧？你這樣說的根據在哪裏？假如試著做到最後發現沒有效果，就可以說是壞方法。你能夠做到那時候嗎？」

正是如此。

「這項方法或許可以大幅改善你所處的職場。除非你徹底拿出認真做事的態度，否則連在公司實驗都不行。因為就是**你**在阻止這一切。」

這真是當頭棒喝，我發現自己的問題了。

問題結構浮現出來，「自己沒有改變」就等於「自己就是改革的障礙」。

以往我成了自我滿足和批判周遭的冥頑之徒，現在才終於發現自己才是該受批判的人。

託付給改革領導者的斷斷力

假設當時讓另一個幹部參加這次聚餐，那個人就會是集團總公司執行長三枝。這個問題已經在公司當中變成如此嚴重的弊端，斷斷力很晚才發動。直到高階經營者的威壓逼近身邊足以感受到為止，太田的態度都沒有改變，時間更是過了三年。別家上市企業會這麼關照一個年輕員工嗎？

一旦壓力真的逼近**自己**，當事人才說「有發現」「反省過了」。這只能說是改革領導者怠忽職守，沒有打動員工的心，施予必要的壓力。

要是西堀說了這番話事態也沒改變，繼續惡化下去，日後會發生什麼事呢？

首先，高木老師或許會下定決心撤離改革，覺得和三枝總經理共享的生產改革之夢已經無所謂了。在野黨員工偷懶怠惰，該做的功課也沒完成，不斷輕視改革。這種散漫的管理有什麼意義呢？

西堀也被迫要做決斷。這是要做出最終決斷前的一頓晚餐，從剩下的二條路當中選一條，也就是「除掉講再多都不斷拆臺的癌症」。

假如拿這個狀況去問美國人，他們一定會十分驚訝，把這當成日本縱容式管理的實例。如果在美國，三年前就會開除反抗改革的員工。然後會像沒事一般堅決改革，現在問題早就結束了。這種魄力十足的管理當然是雷厲風行。

然而，日本企業的組織的基層員工卻縱容自己，組織上級也放任下屬，所有人讓整家公司拖延不決，拿不出管理的魄力。

三枝以前承接企業再造案時，絕不容許這種延誤。卡洛斯·高恩（Carlos Ghosn）花了二年改變日產汽車，《V型復甦的經營》的黑岩莞太也花了二年，讓小松製作所（KOMATSU）產機事業改頭換面，京瓷（KYOCERA）稻盛和夫花了二年再造日本航空（JAL，Japan Airlines）。公司花二年就可以大幅改變。反過來說，要是沒有決心在二年內做到，就算過了十年也不會變。

就如前面所言，三枝來到三住之後，就有意將企業再造中，人人視為理所當然的短期決戰管理風格，切換為長期穩健的做法。就算直接面對駿河精機這種急迫的狀況，也希望能盡量避免親身涉入。下一章介紹的「客服中心改革」在陷入僵局時，他也決定指名下一個挑戰者再等待結果，而不是自己踏進去。

高階經營者站在培育人才的立場，既不能直接參與一切，也不該這樣做。懷著期待召集而來的儲備經營者，面對一道道困難的改革試煉如何處理，如何克服，會不會學到及提升真正經營者應有的實力？無法耐心等待，人也不會成長。

三枝將這種情況託付給西堀陽平。

西堀從容不迫，做事不離基本原則，妥善面對人群，嚴詞講出正論。他以怒目而視的魄力、認真、決心和熱情緊迫盯人，用他獨特的風格發揮斬斷力。員工應該會感受到強烈的魄力。西堀的前幾任沒有做到這一點，以改革領導者來說很無能，就只是個上班族。

西堀自稱是「生產門外漢」，但只花了三個月就啟動這場改革。改革開始產生大幅的變化。

大幅改頭換面及隨之而來的改革躍進

就這樣，三住的生產改革總算開始走上原本的軌道。

組織補強的進度也更為超前。指定的二個實驗地點當中，塑造「應有風貌」的模式開發工作開始急速進行。

【眾生相】芝山太智的說法（生產改善室經理，當時三十七歲。後為生產改善室長）

我在年初自告奮勇決定赴任為北美事業的協理。芝加哥的住處和小孩的學校安頓完畢之後，西堀常務就在晚上九點打電話過來。

後來聽說，當時三枝總經理、西堀常務和星川副室長三個人，晚上在飯館等客人離開後就談公事，「要打破生產改善的停滯，就一定要派他過去」，決定取消我的北美之行。

無視任免命令，說什麼「不是那裏，不，去這裏」，以戰略為優先做出這種亂來的人事異動，是三住的有趣之處。有段時間公司裏就流行一句標語：「三住的人事異動在夜晚決定」。

雖然錯失前往北美的機會很可惜，不過既然包括三枝總經理在內的企業層峰指名我，就沒有辦法不接受。於是我就去了子公司SP Parts，離東京約二小時車程，是獲選為生產模式開發的二個現場之一。當時我借住在附近的租賃公寓，每天早上要**比所有人**更早到工廠上班。

西堀和芝山等人說：「不能只有改善小組搶先，要將工廠的現場負責人推到前面。」這話是根據在駿河精機所看到的課題。他們開始聆聽現場員工的意見，狀況卻比想像中還嚴重。

「改善之後就會減少加班，薪水會變少對吧？這種改善我才不幹。」

他們要從這種想法起步。

然而工廠裏也有比較簡單的生產線。將準備就緒的改善方法按部就班地進行之後，這次就會以極快的速度順利發揮作用。

【眾生相】芝山太智（續）

前往現場之後過了二個多月，三枝總經理、西堀常務和星川副室長這三名高階經營者大駕光臨，進行第一次的現場評估。

這不是單純的視察。三住的事業是少量多樣的環境，每天訂貨量會激烈變化。即使如此，但能遵守交期到什麼地步呢？於是就和追求新概念的高階經營者一起進行具體的討論。

透過三住的戰略研修學到的隱喻「**椅子師傅的悲劇**」也值得參考。要緊的是讓員工在來到公司後感受到「人生的意義」。

【經營者的解謎三十八】分工的迷思：椅子師傅的悲劇

椅子師傅都是親手製作和組裝每一張椅子，完成之後自己拿去賣，對於「顧客滿意度」相當敏感，因此持續努力精進技術和設計。然而，自從引進將工序分開的「分工」，工廠的生產線出現每日專門生產椅腳的工人之後，規格化或品質標準就變得日益重要，以便保證能夠零件可以彼此密合。工人要依循這一點，像機器一般操作。如此一來，個人就漸漸地不再感受到動手做的樂趣，對顧客的不滿也遲鈍起來。愈來愈多人只在意拿不拿得到工資，而不關心完成後的椅子是否賣得出去。日本企業大量上班族化的現象，不就跟這個一樣嗎？（詳閱《V型復甦的經營》第三章，原始出處為魯賓斯坦（Moshe Rubinstein）的《大腦型組織》〔暫譯，原書名 *The Minding Organization*〕）

SP零件（SP Parts）的改善會議，是在有著挑高天花板的大型食堂一角舉行，不過，三枝總經理說：「改善會議還是開在更狹小的房間，與會者擠得滿滿的，這樣才好；因為比較能激發熱情。」試辦之後，以往反應冷淡的現場人士就熱烈地暢談改善方法，甚至還開始吵起架來。似乎是「**場地論**」（field theory）發揮作用。

其他工序的人願意來看實驗生產線的情況，公司內的正向傳播開始了。

生產改善室的成員化為媒介，更締造出意料之外的效果，讓SP零件和駿河精機的實驗生產線開始具備競爭意識。

可喜的是太田的思考方式和行動完全切換過來了。為了在**實驗中**查明工序改善的效果，他主動擔任「水蜘蛛」（water spider）的角色，開始在工廠裏奔走，將零件從工序運送到另一個工序。

實際改變機械的布局要花時間和費用。首先要用自己的雙腳在現場走動以維繫工序，查明生產製造時間和產能可以拿出多大的效果。

太田將計步器掛在腰間，每天急奔二十公里，跑到傍晚，腰酸背痛腳疼到站不直，人也變苗條了。當初心存疑慮的現場員工看到這個態度也出手幫忙，公司裏的良性循環開始轉動。

「現場改善的速度起了戲劇性的變化。單憑自己改變就能讓組織改變這麼大嗎？這三年來我都不知道自己存在的重要性。」

集中在二個實驗現場的生產模式開發呈現出顯著的進展，約九個月後就看得出生產製造時間驚人地縮短，降低成本也有了成效。

該做的事還剩下很多，三年來長期停滯的三住生產改革，總算可以將「完成形貌」納入眼底，速度非凡。**住在**工廠的改善小組和現場員工結為一體，以無比的熱情推動理想。

「俗話說『欲速則不達』。改革工作要暫時撤退，集中在二個地方進行。」他們完全落實了總經理的指教。

打造朝向水平擴展的羅盤

九個月前總經理說生產改善室「真是無腦」之後，副室長星川和夏井二人就分頭行事，將生產改善室變成能夠發揮頭腦功能、企畫功能和整合功能的組織，製作「改善基本概念」和「改善步驟書」等相關文件。

這會成為日後將改善工作朝水平擴展到各家協力廠商的實踐手冊，內容當中創造及定義了「變種變量」這個詞。

只不過，進展到這個階段，也只不過是活動再開的**準備**好了而已。

下一步是要將生產模式移植到駿河精機其他的生產現場和戰略聯盟企業的各家協力廠商，也要開始準備在將來把這個模式移植到駿河精機的國外工廠。這項工作是以外國人為對象。

生產改善室的員工透過自行塑造「完成形貌」，得以完全學會「生產改善要做什麼」的目標、步驟和具體改善技巧等項目。

往後要致力改善各家協力廠商的工廠。儘管各自擁有獨特的工序和做法，改善的原理卻是共通的。之後只要解決個別現場的「應用題」就夠了。

當三住的小組集中改善二個地方的現場時，高木老師不單指導這二個地方，每個月還持續前往關西生產園區指導協力廠商。

其後生產改善室的成員再次分散到全日本各地，在各家工廠接受高木老師指導的同時支援各公司改善。實施改革的時機已經到來。

召開協力廠商經營者會議

就如「經營者的解謎三十二：改善交期的優點」所言，執行縮短交期專案時，除非所有主要廠商**同時**進行改善工作，否則優點就無法傳達給顧客。不過，協力廠商當中，還有些人到現在都在懷疑生產改善和高木老師指導的成效。假如沒有消除疑慮，這項專案未來一定會再次停滯，或是遭遇受挫的危機。

因此，三枝決定在戰略聯盟企業的經營者齊聚一堂的地方，讓他們聽聽三住的成果和今後的計畫。集會暫時以每個月一次的頻率召開，趁著所有的經營者集合在一處之際，要發表各家公司改善的進度狀況，包含三住自己的工廠改善在內。

同時，為了分享各家廠商改善的進度狀況和解決對策，也要開始努力編製及發送迷你小報。

這種安排的意圖看在任何人眼底都很明顯。要讓進度遲緩的企業經營者認知到這一點，謀求促進。一家公司延誤很可能讓所有改善的功效失去意義，大家要一起面對這個現實。

各家公司的經營者獨立心強，或許會覺得這場經營者會議**不怎麼有趣**。站在三住的立場，以往也是避免將廠商召集到一個地方，和各家公司的總經理一起處理問題。不過時代變了，戰略聯盟的意義需要更為凸顯。

儘管關西生產園區由高木老師指導，改善進度卻僅限於園區內的工廠，擴及到各家企業總公司工廠的氣勢就很微弱。這種狀況必須一口氣解決。

第一場經營者會議在那一年的六月一日舉行，從三枝就職總經理以來歷經滿八年的歲月。距離三住總公司成立「生產企畫室」，啟動改善工作算起過了六年，距離和駿河精機做管理整合算起過了五年二個月，距離西堀擔任生產管理董事（兼駿河精機總經理）算起過了一年八個月。

會議當中，原本應該是機密事項的三住生產改善技術揭露給協力廠商。資料當中以圖表、概念圖和具體的數據，說明這二個地方改善生產模式的方法和成果。

對於在座的各家公司總經理來說，以往沒見過的明確成果以數值呈現，還附上有條有理的說明，本身就沒有反駁的餘地。

然而就算這樣，也不見得所有人都贊同生產改善。一定也有總經理仍然以懷疑的心態聽報告。會場鴉雀無聲，像是在反映這份疑慮。沒有反應熱烈的氣氛，對於**推動**生產改善興趣缺缺。

過了一會兒，當天的議事全都結束後，三枝起身發言，內容不在預定的議程之內。他要和在座的經營者對話。這段熱情暢談的一幕，後來成了三住內部傳誦多年的話題。

三枝的談話超過三十分鐘，完全不管會議預定結束的時間。他判斷要是談話半途而廢，反而有害。

- 亞洲的競爭企業大幅抬頭，日本企業輸在價格和成本上。協力廠商的各位總經理**沒有**直接接觸過業務嚴峻的一面，希望大家能夠明白其艱辛。
- 日本製造技術流到國外，日本企業的相對優勢在逐漸喪失。
- 長久以來三住和協力廠商的關係就像是近親憎惡。然而我就職總經理以來，就打算努力融合雙方。
- 三住啟動「關西生產園區」的真正目標是什麼？現在老實告訴各位，那不是單純要增強西日本各家公司的生產能力。我真正的目標是將園區內的生產改善方法，普及到各家協力廠商當中，因此三住投資了四十億日圓在生產園區上。
- 全球的「企業革新大趨勢」要在「**創**、**造**、**賣**」的整個循環中決勝負。為了對抗潮流，三住一向追求「**時間戰略**」。希望各位想起三住的英文宣傳標語「It's all about TIME」。
- 基於這樣的背景之下，今天才向各位提出三住施行於二個地方的改善模式技巧。
- 最後我要告訴各位，日後對這項專案延誤因應的企業，往後將會跟不上全球戰爭的步調，希望各位深思。

會議室籠罩著沉默。在座的經營者沒有一個人發言，低頭不語，還有人臉色一沉。他們把三枝的話視為激勵，還是當成威脅？三枝打定主意，答案是哪個都無所謂，這也是聽眾的自由。總之他希望能向前行動。

三住的幹部和員工也低頭不語。許多人的心裏恍然大悟，其中也有人憑直覺感受。總經理的發言是就職以來奮鬥了漫長歲月的結果，表示三住與協力廠商的**角力關係**總算產生歷史性的變化。

動態戰略的自立性

三枝擔任總經理時，三住會將「生產」統統仰賴協力廠商。除非和一家家公司個別洽談，否則什麼事也做不了。協力廠商則認為自己最懂生產，不想被三住指指點點。實際上，三住的董事和員工都不懂製造。

假如就只在**日本這個狹窄庭院中**描繪三住將來的戰略，三住的商業模式終究會失去競爭力。失去成長性的公司將會開始凋零。假如沒有追求「生產」的突飛猛進，三住就不可能描繪動態的戰略，更趕不上發源美國宛如大河般的歷史潮流。

這時絕不能忘記協力廠商現在和將來都是三住重要的戰略夥伴。這層關係必須要珍惜，這項方針要明確表明。然而，從進軍中國感受到極限後過了將近八年，三住才總算透過「**創**、**造**、**賣**」的整個循環提升程度，擁有屬於三住的「自立性」和「自主性」（賦權）。

三住的員工也終於從一幫對生產不敏銳的門外漢，逐漸變成常把生產放在第一位的人。

【眾生相】星川修的說法（簡歷如前述。升任為生產改善室長，四十二歲。後為生產平臺代表執行董事）

二個生產改善地的先行模式開發有所進展，如願縮短生產製造時間。同時產能也出現成果，降低成本的效用甚至達到清晰可見的地步。

整段過程讓我這個改革領導者獲益良多。接下來列舉的要點無論是什麼樣的改革都通用。

- 高階經營者在必要時要直接介入，透過「**現場主義**」不斷在現場熱情傳播「改革的概念」。
- 設計出來的組織要能明確看出責任歸屬（員工能夠聰明行動，組織變成個人可以處理的大小）。
- 為了消除障礙讓員工的觀念和行動免遭束縛，要在生產製造時間當中進行「制約條件的解放」。
- 讓展現成果的機制發揮作用（進度KPI的定量化、對努力的獎酬、速贏的機制等）。

【眾生相】西堀陽平的說法（簡歷如前述。常務董事生產統括董事，四十五歲，後為專務董事。其後獲指名為三住集團總公司的總經理，翌年以三枝接班人的身分擔任執行長）

承接生產擔當董事兼任駿河精機總經理的職位還只有二年，這項改革就產生大幅的變化。我們沒有直接採用世間普遍的豐田生產方式，而是配合三住「變種變量」的事業特性摸索出改善方法。這讓人一下子就有了自信。

能夠實際感受到成果之後，大家的幹勁和成就感就自己上升了。

這次我在完全沒做過的生產職位上擔任高階經營者，讓生產改善專案脫離漫長的停滯，成功在二年之間對三住和駿河精機的戰略產生龐大的衝擊。現在則在國外的工廠提振改善工作。

透過這次經驗，讓我想起以前在三住多角化事業當中，感受到的充實感和成就感；這是十年來不曾有過的感覺。

同時，我這個經營者也對廠商的管理有了自信。即使和十年前相比，或是與二年前擔任現在的職位時相比，都覺得自己的管理技巧明顯提升。

達成隔日出貨的標準：發動嶄新的時間戰略

其後，西堀就將生產改善方法依序移植到駿河精機的國外工廠。接著就運用其成果，陸續在全國發動三住商業模式革新應有的「嶄新時間戰略」。

就這樣，三住「**創**、**造**、**賣**」當中的「生產」功能，從三枝擔任總經理時幾近於零，提升為現在支撐三住全球網路的重要憑藉。

顧客交期方面，前面提到以往日本國內的商業模式為「標準第三天出貨」，然而將近十年來改善生產的努力有了成果，這本書出版時國內就改為實施「標準隔日出貨」。縮短一天要累積多少創意和辛勞？再重申一次，微米等級高精度零件的品項數量是一兆的八百億倍，哪怕只訂其中一件也要生產，並在隔日出貨。

後來三住改善及改革的本領愈益提升。超越過去的生產改善水準，努力針對「製造」進行根本的改革，讓生產更為自動化，重新檢討工法本身。這項成果會透過世界各國的據點提供給世界上的顧客。

三枝總算可以綜觀生產戰略展現的成果，回顧至今走來的道路。這時嘗到的成就感和過去以黑岩莞太的身分做企業再造，透過二至四年進行**短期決戰**不同。這份成就感伴隨著平靜的雀躍，就在來到三住耗費十年一肩挑起「企業改造」的過程中，公司正在逐漸脫胎換骨，邁向某個新階段。只有以十年為單位面對「持久戰」的經營者，方能品味到這種經營管理的醍醐味吧？

【叩問讀者】改革反抗類型的特徵與因應方式

這一章在描述「企業改造」採納的改革課題當中，免不了會出現反抗和偷懶的症狀。你從這一章解讀到的「改革反抗類型」中，有什麼樣的特徵？與本章相異的反抗類型是什麼樣子的？假如你是經營者該怎麼應變？對三枝匡來說，這不是紙上談兵，而是他在管理現場要迫切回答的真實課題。

三枝匡的經營筆記 八

三枝匡的經營筆記 八

熱情企業集團的結構

共通的框架

這本書各章當中的「解謎」幾乎忠實重現了實際發生過的狀況，包括當時的事件、時間軸，以及擷取問題的順序等。過去我（作者）以企業再造專家身分開創一個框架叫做**熱情企業集團的結構**，這下子就發揮了作用。描寫小松製作所（Komastu）再造低迷企業的《V型復甦的經營》當中也使用過這個技巧。

一邊是《V型復甦的經營》當中的傳統型日本企業小松製作所，另一邊是本書當中員工年輕而欣欣向榮的成長企業。不過，這個普遍性的框架同樣適用於以上三家公司。事業陷入困境的原因當中出現了共通到驚人的症狀。

《V型復甦的經營》的主角黑岩莞太召集優秀的菜鳥員工組成任務小組，一聲不吭地描繪**第一套**劇本（強烈的反省論）。相形之下，這本書的我則是在實際展開改革工作之前單獨行動，推出屬於自己的**第一套劇本**。無論哪種情況都要進行簡報，就連動搖幹部和員工既有價值觀這一點也很類似。

熱情企業集團的結構看起來只是單純的圖表。現在三住**所有的**管理幹部都共同分享這個框架，旨在說明改革成功讓事業組織恢復活力時的「六大原動力」。

這裏擷取了其中四個動因。首先要介紹的是基本的三大原動力。

熱情企業集團的三大原動力

活力奔放的企業組織當中，管理領導者會構思簡單的「戰略」，再出示給員工看。同時，公司內部會架構出強健的「商業流程」。這二種原動力的妙處在於要分別依照【圖6-2】的箭頭，將其內容落實到員工的「心態和行動」當中，高度維持企業組織的活性。

1.何謂戰略

我曾經嘗試在各地的公司，運用**連貫**的方法「落實」戰略故事。我在過去的人生中，在不同的公司對於連結：將戰略故事從經營管理

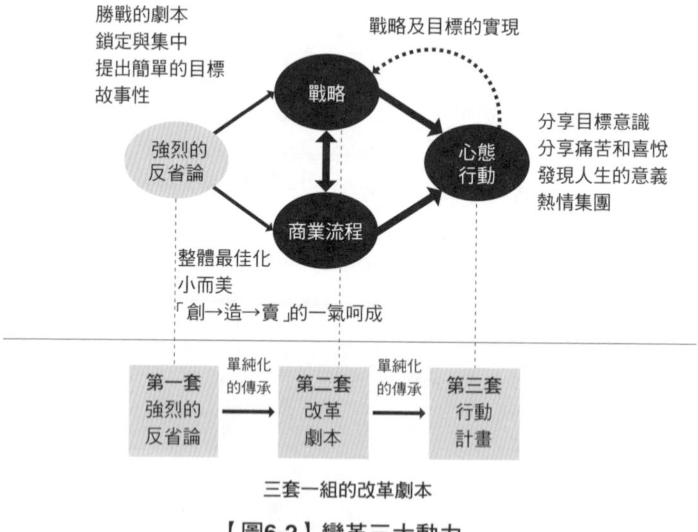

【圖6-2】變革三大動力

階層落實到現場的資淺員工們，做過許多不同的嘗試。

優秀戰略的竅門在於「鎖定與集中」、「提出簡單的目標」和「故事性」。要以這項戰略激發員工熱情，活絡員工的「心態和行動」，從圖表的「戰略」往右下方的箭頭處就必須要有發揮作用的要素。那就是「領導者熱情暢談戰略」及「領導者**現場主義**的態度」。藉此簡單的戰略故事就會驅動**現在身在其中的人**的心態和行動，讓大家的熱情湧現出來。

2.何謂商業流程

公司內部的流程連接每個商品**創**、**造**、**賣**（做生意的基本循環）的功能，透過這個就能將商品和服務送到顧客手上。再來會以顧客為起點，將顧客的要求送回各部門。假如這項要求反映在下一個商品開發和服務改善上，將公司立場的答案傳達給顧客，顧客就會很開心。然而，顧客還會提出下一個要求。

這種循環建立在公司內部將工作從一個部門移交到另一個部門。換句話說，商業流程就是「工作步驟」，包括業務流程、內部合作和內部管理體制等。

擁有健全商業流程的企業會高效移交，弱小企業的這項循環則會在內部各處停滯或斷絕，低速運轉。健全的企業組織會：

- 實現以顧客和競爭為起點的**整體**最佳化（而不是個別最佳化）。

- 解散臃腫的「功能別組織」，有效設計出「擁有全套**創**、**造**、**賣**功能的組織」，以便加速循環提升企業戰鬥力。

這種組織與坊間的企業組織單位相比顯然**較小**，我稱之為**小而美**（small is beautiful）。假如經過適當的設計，改革後的組織將會：

- 讓在那邊工作的人覺得顧客比以前更貼近。
- 每個員工很容易就把整個事業當成自己的事業愛惜，就和中小企業一樣。
- 這麼一來就會提高對「外部競爭」的急迫感，對於自己的事業「是否賺錢」非常敏感。

追求組織改革時必須深思熟慮組織設計，這樣的變化才會出現。

3. 何謂心態和行動

描述明快的「戰略」，迅速設計「商業流程」，將這二項落實到**現在身在其中的人**，集團就會開始展現大幅的變化。

- 所有人會開始分享「目的意識」。

三枝匡的經營筆記　八

- 所有人合而為一，分享「痛苦和喜悅」。
- 所有人團結起來成為命運共同體，一起貫徹這項戰略，開始從中感受到「人生的意義」。
- 這種效果會讓他們逐漸變成「熱情的集團」。

改革順利進行之後將會出現劇烈的變化，就和《V型復甦的經營》描述的一樣，**「現在身在其中的人」**的活力會提高，組織的「戰鬥力」將會出現顯著的不同。

單純化的薪火相傳

「熱情企業集團的結構」框架的第四個動力，在於「強烈的反省論」。「強烈的反省論」和「強烈的反省」不同，還加了「論」這個字。這不是大聲咆哮逼人反省的行動，而是冷靜的邏輯。以本書來說，就是我在第一章進行的「解謎」工作，要不斷尋找「強烈的反省論」，需要邏輯讓員工明白「原來如此」。

而若描繪出這種單純的邏輯，也就是「強烈的反省論」的「**第一套**」劇本，就會傳承到「**第二套**」和「**第三套**」劇本上，和〈三枝匡的經營筆記二：經營者以「解謎」決勝〉詳細描述的一樣。組織會藉此加速行動解決問題。做不到這點的公司花時間改善及改革時會拖拖拉拉，有時行動還漫無章法甚至無疾而終。

打從三枝親自描繪「**熱情企業集團的結構**」以來，他幾乎每天都會想起這個框架。隨時放在心上，無論提出什麼樣的方針時，腦中都要核對這個結構，捫心自問是否沒有矛盾，再做出行動。

然而，就算經營者再怎麼老練，也不曉得意料之外的「死亡之谷」在哪裏，以什麼樣的姿態現身。將來總經理會在什麼事情上嘗到苦頭呢？

第七章

企業改造七
與時間賽跑，
挑戰營運改革

改變體制之後，以前由六百人處理的工作，現在僅需一百四十五人就能完成。要在客服中心進行汗水、淚水和忍耐交織的「業務改革」是什麼？與時間賽跑的營運是什麼？

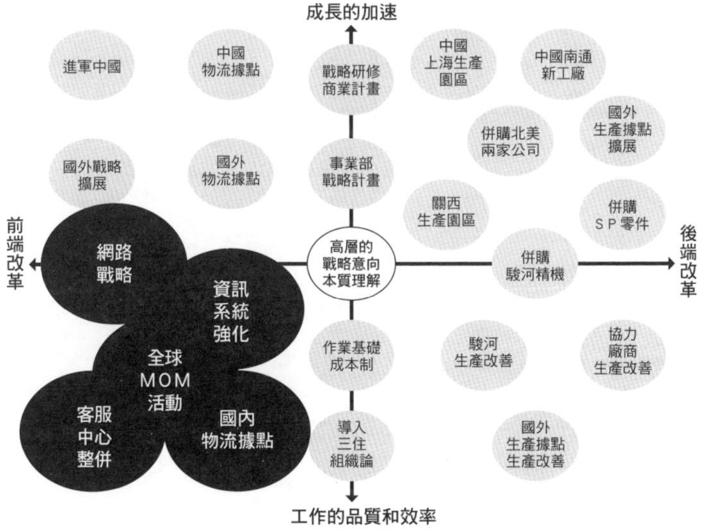

【圖7-1】企業改造七：與時間賽跑，挑戰營運改革

第一節　選錯改革的概念

營運鏈生病了

總經理交接不久後發表的「三住八大弱點」當中，第一個列舉的就是營業組織和客服中心的缺陷。三枝將客服中心改革放在高度優先的順位。這項工作與進軍中國專案（詳閱第四章）二者併稱為當時三住的「**二大**風險（危險）專案」。

客服中心的改革苦難不斷。歷經二次挫折，堅持到第三次終於成功（按：日文漢字寫為「三度目の正直」，意指即使失敗，依然堅持永不放棄，直到成功為止），改革才終於大功告成。本章是在描寫忍辱負重和挫折不斷的經過，以及透過改革培養出什麼樣的儲備經營者。

許多企業的營運鏈（顧客→接受訂單→內部處理→出貨→配送→回收貨款）出了問題。換句話說，就是始於顧客最後再回到顧客手上的某個環節有毛病。

三住販賣的是不起眼的B2B商品，工業機械零件業界當中通常是透過販賣代理店、中盤商和其他傳統通路做生意。然而，三住從以前就轉型為劃時代的商業模式，沒有依賴既有通路，甚至**沒有**透過公司業務員。這項商業模式是從**個別顧客手上直接**將所有訂單送進三住的客服中心，總經理就職時銷售額為五百億日圓，這本書出版時（按：日文版在二〇一六年九月出版）則超過二千億日圓。三住號稱是這個業界的「物流革命家」，原因就在於此。

那裏有許多客服人員在待命。當時這些訂單有八成透過傳真送過來，現在網路訂購已達到八成以上，電子化比率在這個業界無可匹敵。一旦出現電腦不能自動處理的問題，客服人員就會用電話或傳真與顧客取得聯繫。客服中心是三住最大的顧客交接點，是營業的最前線。

三枝就任總經理之前，曾經拜訪過二個客服中心，上任之後拜訪了四個，他在那邊看到單是坐在總公司察覺不出的症狀。

【經營者的解謎三十九】公司內部的矛盾營業浮上檯面

遇到競爭或顧客就措手不及時，即便總公司反應麻木，服務顧客的接觸點也會**浮現許多矛盾**。高階經營者跳過內部組織去最前線時，要記得透過顧客接觸點，洞察潛藏在自家組織背後的商業模式失調，而不是露臉作秀。

就如「三住八大弱點」指出的一樣，當時三住的客服中心設置在全日本十三個地方。除了東京和大阪以外的中心皆為小規模經營，在委外的方針下，由業務委任公司的派遣員工擔任客服人員的工作，與顧客洽商；也就是正式體制中，三住的員工只有一人或二人。

【眾生相】入谷優花子的說法（客服中心B經營者，當時三十五歲）

是的，三枝總經理還是獨立董事時就來過這裏了。他提出的問題感覺上對現場非常熟悉，讓我很驚訝。這個人的眼光還真敏銳（笑）。

「既然委託派遣員工幫忙，離職率應該很高吧？」

「是的，現在在任的客服人員當中有一半進公司未滿一年，其中一半是四個月以內。」

「咦？那麼就算**人數**再多，恐怕也沒有即戰力吧。」

「是的。新人要花一年才稱得上獨當一面。雖然老手會教，教完沒多久就辭職的新人也很多，以往的辛苦就統統白費了。我們一整年都在舉辦錄用面試。」

三枝總經理還和業務委託公司監督人談過。等他回來之後就這樣說道：

「那位監督人說：『客服人員的訓練是透過在職訓練（ＯＪＴ，on-the-job training）進行的』。」

我們經常在公司內使用這個詞，剛開始還不明白這有什麼問題。

「日本企業在談到勞工教育時，意思多半就和『什麼都沒做』一樣。」

他一下子就看穿核心問題了。

【眾生相】山田雛子的說法（客服中心C經營者，當時三十四歲）

三枝總經理就職後就蒞臨本中心了。

三住也出了七本超過一千頁的型錄（當時）。商品數量有二百萬件（這本書出版時增加到一千六百萬件），誰也記不住。

「假如依照事業類別畫分職責，每個人分到一冊或二冊，這樣就輕鬆多了吧？」

「不。這個中心人數很少，一旦辭職少了誰之後，就沒有任何人懂這個領域，所以專業化是行不通的。」

「這就代表客服人員要逐一處理三住**全部的**商品，和總公司事業小組**全部的**人打交道。反過來說，總公司**全部的**事業小組是和全日本十三個地方的每個客服人員打交道對吧？」

「正是如此。」

「這樣的組織**沒辦法發展**『小組合作』吧。彼此工作**交接的界限**上，經常會出現推託責任的情況吧？」

實在一針見血。一下子就能看得那麼透徹，真是不可思議。實際上，我們和總公司事業部的負責人講話後，經常會變得感情用事。

假如總公司的人覺得這件事在自己的工作上很重要，就會迅速行動。除此之外，則多半回答得像事不關己。不過，挨客人罵的卻是我們。

「但是，妳這份工作也做了七年，沒有辭職嘛（笑）。」

是的，只要說一聲「我要辭職」就可以結束了（笑）。其實講了這麼多，我還是相當喜歡三住。工作環境有變化，不會感到厭倦。雖然挨客人罵會心情消沉，但只要努力工作，還是會得到很多感謝。許多客人都是三住的擁護者。

雙重損失結構：成本昂貴的外包

三枝拜訪的三個地方讓他感受到三住組織的**停滯與疲態**。同樣的疾病，的確已經擴散到全日本的客服中心。

這個症狀就和《V型復甦的經營》的黑岩莞太體驗到的一樣。換句話說，「創↓造↓賣」的基本循環本該是競爭力的泉源，卻斷絕在總公司事業小組和客服中心之間。

三枝發現，儘管三住的委外，就世間看來像是「走在時代的尖端」，其實卻引發了嚴重的管理問題。**沒有**一位三住的員工站在業務第一線，這是最能接觸顧客痛苦和希望的場所，但是這項工作卻統統丟給非正職的外包業者和派遣員工。

【經營者的解謎四十】過度委外

過於重視委外，將公司內部功能削弱到**對革新感到**麻木後，這家公司就會一併失去「自動切換戰略的能力」。如此一來，戰略就容易陷入嚴重的腐化。

委外的目的肯定是要降低成本，三住卻反而有拉高成本之嫌，這可是個大發現。

假如由大偵探白羅解謎，任誰都覺得渺小的疑問，其實往往是重大的關鍵。明白這一點事情就簡單多了；三枝的邏輯也同樣單純。

三住商品的技術難易度高。許多派遣員工以為這和消費型產品商品一樣，進公司之後就受不了工作的複雜而辭職。這就是解謎最初的關鍵。假如為了彌補這一點而隨便增加人手，一定會逐漸不敷成本。

問題發生的機制是這樣的。新人不熟悉工作，拿不出**符合薪水**的實戰力。而資深員工要撥出時間指導新人和面試，削弱原有的戰力，也照樣拿不出**符合薪水**的實戰力。當這個症狀變成**常態**之後，切換為委外，反而提高成本。

看出這個惡性循環的三枝，將這個機制稱為「雙重損失結構」。靠簡單的命名凸顯概念，是他的絕招；三枝回到公司後就立即詢問幹部：

「從總公司來看，地方中心的業務改善推動到什麼程度？」

「改善工作交由當地自行發揮。」

三枝懷疑，自行發揮說得倒好聽，但其實是問題過於複雜而束手無策吧？換句話說，就是公司疏於改革。這項矛盾波及到地方中心，將現場的三住員工當成問題的**垃圾場**。

以**個人的拚勁**極力化解這項矛盾的是地方中心的女性員工，但是，總公司將她們視為下人，造成她們的自卑感；三枝有這樣的直覺。總公司事業部的員工高高在上，人在地方的她們就像任勞任怨的小媳婦，在惡婆婆使喚下做著苦差事；這就是三枝看到的情況。

即使如此，她們還是說自己喜歡三住，這令人相當欽佩。雖然三枝沒說，卻在心裏向她們致歉，暗自承諾必須改善這件事情。

這不只是在心情上體諒她們，他認為這是三住商業模式的疲態，假如放著不管，這項嚴重的問題就會導致事業陷入僵局。

【重要關鍵：經營者的解謎與判斷】人力配置

- 總公司和營業最前線脫鉤。總公司幹部的認知依然淡薄，三住有可能會逐漸在競爭中招致落敗。
- 客服中心分散在十三個地方是很反常的事情。這是長途電話費高昂的時代遺物。
- 藉由「整併客服中心」消除問題伴隨著相當的艱辛，最大的風險在於「勞務風險」。解除各地派遣契約的意思一傳出去，原本做得上手的員工就會開始辭職，訂貨業務搞不好會開始崩盤。假如處理不當，訂貨窗口就會停擺，極有可能會破產。
- 然而結論很明確，這種情況不能置之不理。無論如何都要摸索出方法，整併十三個地方中心。

將來三住的企業規模擴大之後，這個問題就會愈來愈難以解決。如此一來，三住就會半永久地被無效率結構所束縛。所以，三枝認為這個問題無論如何都該**在自己任內**解決。

然而，進行改革之後就陸續出現意想不到的風險。這場五年八個月的奮鬥包含二次挫折在內，就像在爛泥中打滾一樣。

第一次受挫

三枝履新總經理一職沒多久，就聽說總公司的負責部門長組成小組，開始研討客服中心的改革。儘管要他們報告其內容，三枝卻覺得不安。脆弱的小組有能力領導改革嗎？

於是三枝就出手相助，決定採取最簡便的手段。他考慮引進外部顧問。其實三枝管理三住這十三年來，還是第一次也是最後一次雇用外部顧問。

【眾生相】山崎健太郎的說法（A營業所長，當時四十六歲。克服二次挫折後，擔任全公司營運總負責人）

總公司來了聯絡，說要召開研討改革的會議，要我去東京一趟。

三枝總經理就職不到一個月，就在七月十日進行集訓。以往總經理不會在這種場合出現，真令人驚訝。連顧問公司都來參加集訓。

不久之後，上頭要我加入改革小組，決定將我調到東京總公司。

二個月後來到總公司一看，情況和集訓時完全不同。整合部門長領導能力薄弱，感覺主導權完全掌握在顧問公司手上。總覺得他們看不起三住。

而且，他們所有問題都靠「資訊系統」解決。這和我剛開始感受到的**現場氛圍**的印象不同。

十月，從集訓起短短三個月後，三枝就接受改革小組交來的「改革計畫」提案。這是約有四十頁投影片的計畫書。

內容說來唐突，是要投資約二十億日圓的系統。為什麼才短短三個月，就拿出這樣的提案呢？

「動不動就在複雜的業務改革中，提案進行系統化的人是**危險人物**。應該要更深入現場，掌握實際情況。看起來可行的方法留在紙上就好，要盡可能驗證是否有效。系統化是之後的事。」

【眾生相】山崎健太郎的說法（簡歷如前述）

投資提案被總經理拒絕了。總經理看似什麼都沒注意，其實什麼都看在眼裡，不會輕易答應這種事。

而且，要是老實坦白，我們就會引發層次更低的問題。改革小組對總經理「將十三個中心整併到一處」的想法怕得要命。

我們擔心這種構想傳開之後，會引發反抗和辭職的行動，只好將這件事保密。所以就沒有和公司任何人商量，陷入作繭自縛的膠著狀態。

一段時間之後，總經理察覺了這件事。

「你們在『章魚壺』裏面做什麼？」

雖然以我的立場說這種話很放肆，但總經理問得還真妙（笑）。

因為我們就和章魚的習性一樣，每逢半夜就會出來稍微商量一下。

三枝知道三住的組織能力低落，就和過去看到的**中小企業程度**一樣。他才看了一下情況，就下達「停火」「撤退」的指示。這是總經理就職後第九個月的事情。與白白付給顧問的金錢相比，失去的時間更讓人可惜。

當然，三枝斥責過小組成員，但自己也有應盡的責任，所以就沒有究責。然而，被章魚壺榨乾的領導者放了長假，後來就申請辭職。

「我那麼仰仗你，結果改革的子彈連一發都沒打出去，就跳船棄戰？」

雖然三枝想這樣說，但還是默送他。不戰而退的人只能由他去。對三枝來說，培養儲備經營者時，要以攀登高處為目標，對象只能是努力且有骨氣的人。

五C改革：重新出發

三枝沒有放棄，他再次組成改革小組。這個小組命名為「五C小組」。五C指的是「經營者的解謎三十一：五C＝五大鏈」。

假如要說上次受挫的原因是什麼，答案也會是領導能力。三枝明白，這項改革內容複雜，一般的領導能力處理不來。而且，遇到挫折的總公司小組光說不練，淨是一幫現場經驗淺薄的人，必須要增加更多熟知**現場細節**的人。

於是，三枝就從十三所中心的經營者當中，提拔熟悉現場，看起來有志氣和智慧的人，任命為改革小組領導者。另外再從現場追加一名全職成員和三名兼職成員。

這個計畫不可能繼續在公司內祕密進行，沒離開章魚壺就生不出好計畫。三枝打定主意要正面突破。

「暗地裏偷偷做是不行的。別說是十三個客服中心的經營者，就連以各地營運監督人身分工作的所有員工，都要向他們坦承這個計畫。要針對各地工作做到具備分析和**歸納的標準化**，就需要他們的協助。」

成員緊張起來，提出反對意見。

「要跟每個人說嗎？那可是有六十個人以上。一旦謠言傳開，就會開始出現辭職的人。」

「不對，這不會變成謠言。要不分內外對所有人老實說。以後改革小組和這六十個人當中沒有祕密，臆測和謠言都會消失。」

改革成員很不安。事情真的會像總經理說的那樣嗎？

坦承計畫

三枝召集了在全日本十三個地方的客服中心工作的三住全體員工。他們忙著應對顧客，能夠全體集合的日子就只有週末。於是就在五月最後的週末分別舉行二次會議，星期六在東京，星期天則在大阪。

所有改革和戰略都要從提出明快的「**第一套**」劇本（強烈的反省論）開始。這重要的一步會決定整個改革的成敗。

大阪召開的會議集合了包括福岡和廣島等地的西日本員工，約有三十名。對他們來說，總經理會來這裏是非常狀況。

三枝在會議開始後起身。他露出笑容，四目交接，彼此的表情都能看透。分批成少數人的最大理由就在於此。

「星期天來開會真是辛苦各位了。今天我過來是想以總經理身分和各位直接談談。大家每天會在各地的中心直接面對許多問題。我調查了一下之後，就找到了二百八十四件問題。」

螢幕上播映的二百八十四件問題，畫分為「關於中心內部工作流程的問題」、「與總公司事業部合作時引發的問題」、「資訊系統的問題」和「員工本身在中心工作的相關問題」。

總經理將四個項目的文章當成摘要高聲唸出來。

- 從顧客的角度看來，三住是「延誤、偏離重點、不周到」。
- 從管理的角度看來，就是「戰略的停滯、資源的浪費、機會的損失」。
- 而對現場員工來說，則是「倦怠感、不信任感、封閉感」。

● 要是置之不理，就會招致「顧客離開、競爭落敗、事業衰退」的命運。

參加者很驚訝。他們自己以往只要一有機會，就會屢次到處申訴問題。這些申訴幾乎都被總公司忽略。然而現在眼前的總經理卻正面受理這些問題。

為什麼以往的改革沒有成功？三枝將以下四項結論高聲唸出來。

1. 沒有形成全公司觀點下的「最佳組織」。
2. 「改革概念」和「系統戰略」不明確。
3. 十三個地方零星分布，改革能量沒有集中。
4. 追求根本改革的領導能力薄弱。

三枝唸到第四項時提高聲調，代表這次高階經營者要親自出馬了。

然後他就開始解說做生意的基本循環「**創**、**造**、**賣**」的框架。

「總公司跟十三個客服中心之間產生斷絕。總公司事業部要求自己的『個別最佳化』，妳們地方中心也以自己的『個別最佳化』行動。」

客服中心的員工目前最大的責任就是抱怨總公司。然而總經理說員工自己的行動也有問題，挑出自己視野狹小的毛病。

三枝顯示出三住管理上尚未揭露的驚人事實。雖然事到如今已經是以前的笑話，但還是忍住羞恥向讀者揭露。

「我看了自己擔任總經理之前這三年的資料後，發現全日本十三個地方的客服人員人數總共從一百九十人增加到二百三十九人，多了四十九人。」

乍看之下是普通的數字。

「然而這三年來辭職的人有**二百零六**人，為了補充人力錄用的人有**二百五十五**人，增加的數字其實是相抵後的結果。」

在場所有人都嚇得天旋地轉。這根本就是猛烈的消耗戰。

頻繁替換人力會對顧客造成多大的麻煩？當場所有人都盯著畫面看。煩惱中心營運的人並不只自己一個。總計全日本十三個地方之後，就會發現自己做的事情這麼沒用了嗎？公司為什麼置之不理？

話題終於要進入核心了。三枝出示決定性的一張投影片，那是整併的預告。

眾人倒抽了一口氣。自己賴以為生的職場，就要消失了嗎？

漫長的歲月當中，她們在各地奮鬥疲憊不堪。離開的夥伴也很多，任誰都覺得受夠了。如果同樣的狀態持續，她們再也撐不下去了。換句話說，他們**渴望改變**。既然總經理說擺脫困境最好的方法，是整併到新設於東京的「集中營運中心」，那就一定是正確的。許多人都是這樣想的。

堅強的她們多半認為站在三住員工的立場，這樣就不會給顧客添麻煩，這樣就足夠了。開完會之後，幾個出席者就露出這樣的反應。

與此同時，她們的心中遭強烈的現實所逼。自己要失業了嗎？

而在那裏的五C改革成員也面色僵硬。總經理還是說出來了。這下許多員工就會開始考慮辭職了。準備整併之前人力會開始減少，各大中心將會陷入毀滅吧？公司會出現混亂，很可能會倒閉吧？

當然，總經理十分清楚大家現在在想什麼。

「相信各位聽到這句話後，在擔心自己會怎麼樣吧。」

三枝到現在都還記得明亮的光線從建築物的窗戶射進會場當中。他遙望眾人，喘口氣之後就說：

「我要在此明確地說，我會完全保障妳們的職位。」

「聽好了，三住的總經理答應妳們，就算客服中心沒了，也有很多營業所，讓大家能以三住員工的身分做想要的工作。所以希望各位完全不要考慮辭職的事。」

連改革小組都沒想到總經理會這樣講，內心大呼意外。

會場眾人盯著總經理的臉，什麼話也沒有說。然而她們的臉上沒有懷疑的表情，三枝反而感受到她們信賴的目光。

三枝先發制人，回答她們切身相關的深切憂慮，事情就這樣解決了。然而問題還沒有完。三枝看得出來，她們一定還有下一個疑問。這個疑問也必須現在當場回答。不能再打迷糊仗讓她們就這樣回到各地的職場。

「我只想拜託妳們一件事。今天的這些話，只有這間房間的我們知道。」

會場眾人將信賴的目光聚焦到新任總經理身上，總經理無論如何都需要再拜託她們一次。假如不明白這點，可以想見將來全日本各地會引發大麻煩。

「這個方針現階段還不能向業務委託公司坦承。因為具體的計畫完全沒有成形，還不曉得將來要做什麼，怎麼做。現在在這裏向妳們坦承的理由，是因為制定這個計畫需要**妳們加入**。」

「妳們和改革小組要一起解析現場的工作，歸納出整併的方法和順序。現在還完全看不出頭緒，但可不能糊塗到說錯話，動搖我們和派遣員工和委託方的關係。對方也好，三住也好，妳們也好，對三方來說這都只會引發危害。」

「聽好了，這也是我……以總經理身分說的話。三住不打算**陷害**委託方及其派遣員工，而是訂下預告期，等計畫穩固後再明確告知。和委託方簽訂的契約會遵守到最後。對每家公司要拿出誠意，讓彼此能夠互相幫忙到最後。」

在場所有人都明白總經理說這話的意思。她們的目光始終都很坦率。

其後各地就沒有發生謠言和臆測流傳，或是資訊外流導致職場人心惶惶的事件了。一切都受到控制，管理線漂亮地發揮功能。

【眾生相】山崎健太郎的說法（簡歷如前述）

為了同時在全日本進行改革而鋪路真是對極了。我覺得自己在第一次受挫時消沉的心情再度振奮起來。

停滯多年的整個組織竟然一天就產生心理變化。明明這場會議才短短不到二小時。

真難想像竟然能夠這樣猛烈改變員工的觀念，不禁讓我懷疑悶在章魚壺的自己都做了些什麼。

所謂的管理的領導能力就是這樣嗎？真是讓人獲益良多。

總經理最大的「失策與不幸」

向員工坦承計畫後，五Ｃ改革小組就開始行動。接著在二個月後的七月到湘南的葉山進行集訓，審視專案的進展和方向性。

這次集訓總經理也緊密跟隨。其實總經理的**想法**是要讓小組成員徹底明白，新中心的工作流程要如何**設計**。

【眾生相】滋賀明子的說法（從現場營運經理調職到總公司，以「五Ｃ改革小組」的全職成員身分參加改革，當時三十七歲）

總經理在集訓上和我們說，關鍵在於以顧客為起點縮短「**TAT**」。

我第一次聽到這個詞。TAT是「往返時間」（turn-around time）的簡稱。往返（turn-around）的意思是像迴力鏢一樣「轉個圈再回到原位」。換句話說，TAT就是顧

> 客向三住訂貨或洽詢，接著三住將答案回覆給顧客**所經過的時間**。
>
> 「只要我們尋求縮短『TAT』的方法，工作的效率也會變好，成本更會自動下降。這就是豐田生產方式的精髓。」
>
> 「顧客的訂單、洽詢及其他中心內的所有業務，基本上我希望以『單件流』的方式處理。」
>
> 「聽好了，我們要否定『功能別組織』和『批次處理』的想法。照理說只要以嶄新的觀念設計工作流程，就會締造出卓越的新中心。」
>
> 總經理對我們這樣說。後來我們逐漸發現這個問題會成為決定專案成敗的重大關鍵，但當時還不懂得這一點。

這時問題發生了。當時沒人注意到，這場改革會導致**第二次**受挫。

三枝深信小組成員確實明白這場集訓當中指示的原則。尤其是擬訂計畫的企畫團隊，更是親身學習到「單件流」的精神，活用在五C改革的實施案上。

然而，後來三枝發現他們沒有融會貫通。他們不明白當時總經理說的是「正式對決」的道地做法，只當成單純的研習，反正是坐著學，左耳進右耳出吧。

其實，上次受挫的小組當中有成員融入新的五C改革小組，他們以為當時錯誤的概念是**正確的遺產**，帶進新的小組當中。他們稱這種方法為「工作分類」，這和三枝提到的豐田生產方式精髓是完全**相反的概念**。

假如三枝曉得這件事就會立刻捨棄，但他疏忽了。三枝參加的集訓當中也將這個拿出來討論。三枝最大的**失策**是在將近二小時的討論當中忽略這件事，沒能否決。直到他過了十三年後的今天，仍然記得當時會議室的情況。那間會議室面對研修所的中庭，有點陰暗和狹窄。

三枝知道「工作分類」這個詞代表的概念和自己的指示相反。不過，他沒有中心內的業務知識，跟不上現場細微的工作討論，只能默默聽著，於是就出了錯。

所有成員了解總經理的想法，但他們認為新中心的某些地方無法適用這套邏輯，於是就在討論如何用工作分類的概念應付問題。沒想到在總經理提出想法後不久，就有人主張設計概念要和整個中心相反。

所以，那一天三枝的腦中沒有響起「快要出錯」的警鈴聲。當時直到最後，三枝都沒有遇到討論工作分類的情況；這場集訓是決定性的關鍵。

其後，他們也基於這個錯誤的想法，決定編列將近十億日圓預算設計資訊系統。

再者，三枝為了從根本強化改革的領導力，從外面雇用新的部門長。那個人過去曾以負責人身分在國外設立客服中心。當深諳此道的專家進入公司後，三枝與改革的直接關係就大幅減少了。

第二次受挫

新中心要用的新資訊系統，需要將近一年的期間設計和開發。

五C改革小組花了時間進行準備工作，隔年十一月，從展開活動起一年又七個月後（從剛開始建立改革專案算起，包含上次受挫期間在內，則是在二年六個月後），就在東京總公司內開設新的整併中心。三枝將其名稱取名為「QCT中心」，QCT是從「**三住QCT模式**」擷取的詞彙。

再者，三枝下令這個樓層的內部裝潢要砸錢，做得比其他樓層更高級。他想要顛覆總公司對地方高高在上的歷史，也就是將QCT中心定位為總公司內最氣派的重要部門，讓那些在QCT中心工作的員工擁有**自尊**。

因此，三枝決定先將過去在附近大樓內的東京中心搬到新中心去，進行實驗以備整併地方中心。

然而，引進組織和系統都和名為「工作分類」的構想一樣。

三枝愚昧的是，到了這個時候他還沒發現，整個中心的做法和集訓時自己指示的「單件流」概念完全相反。

「雖然不習慣新系統會出問題，但不要緊，會順利解決的。」

從外面雇用的資深部門長這樣報告道。

不過，事實上發生了嚴重的問題。後來詢問之下發現，早在**實驗階段**就已經出現會導致第二次受挫的**所有**徵兆。工作分類的組織結構**必然**具備的典型症狀開始浮現出來。

工序之間增加了移交工作的次數，導致工作徒勞無功和停滯。結果新中心的產能比不久前在做相同工作的東京中心還要差。這並非「習慣」的問題。換言之，就是特地在工廠違逆情勢，變更為比豐田生產方式更舊的生產方式，於是就發生了理應發生的症狀。

不過，他們沒有學習豐田生產方式的基本概念，將客服人員的工作當成單純的作業，所以勞工教育也馬虎了事，設想新人一個月就能獨當一面，還預估地方中心花六個月以上的教育期間可以用一個月解決。

終於要面對現實了。新人的工作效率沒有提升，走投無路之下，甚至要**繼續加人**做完新人做不完的日常工作。下定決心要繼續加人，是發現邏輯破綻的絕妙機會。

實驗之所以為實驗的理由，就在於看出破綻之後要認定為失敗。然而，他們沒能活用這個機會。

發揮斬斷力

半年來的實驗之後，終於要正式開始整併地方中心。一度遷移之後，當地中心就會關閉**沒有人在**。十三個中心要各自持續一決勝負。

總經理依然聽到部門長表示準備工作在順利進行。單單用眼睛看，會覺得實驗中心的樓層平淡無奇。單單在那裏走動，檢查不出客服人員應對顧客時的異常狀況。總經理同意開始整合。

於是，五C改革小組展開活動起的二年三個月後（包含上次受挫在內總計為三年二個月後），終於開始整併了。從總經理就職起過了滿三年的時間。

他們事前和地方的委託業者不斷慎重討論，拜託派遣員工值勤到搬遷的最後一天，還準備感謝的獎金。

開心的是，幾乎所有人都幫忙到最後一天。這可以說是各地中心經營者和三住員工平常煞費苦心管理的實績。日本人就是這樣心連心對公司和工作用心到最後一刻，三枝很感謝他們。

【眾生相】滋賀明子的說法（簡歷如前述。擔任 QCT 中心總監，負責整合一半的組織）

首先要在七月將岡山、福島和金澤這三個據點，整併到東京的 QCT 中心。

這三個據點在十三個中心當中規模也很小。雖然勉強得以搬遷，但不久之後我就開始覺得有問題。

翌月，仙台中心的業務移交之後，承受能力就來到了極限。顧客投訴營業不善，連同產能一起日趨惡化。顧客的電話不斷響起。雖然大家從早上就拚命處理業務，卻不能準時結束，一直每天熬夜加班。

三住這家公司將遵守約定的交期定為社訓及宣傳。因此，大家拚命在當天內處理當天接受的訂單，想要守住約好的交期，卻差點就趕不上。假如留到隔天再做，沒有處理的訂單就會再累積到隔天，像滾雪球一樣愈來愈大。

儘管拚命度過難關，事情卻不光只有這樣。新人錄用面試和教育訓練就花掉大量的時間。可以想見，再這樣推動地方中心整併，QCT 中心的業務就會爆滿，很有可能在營業上引發大混亂。

三住的管理出現破綻的危險性迫在眉睫。三枝察覺異常是因為事情已經發展到這個地步。從外面雇用的部門長依然沒有報告這件事。

「QCT中心似乎變得很慘。」

三枝偶然聽到這項謠言，急忙飛奔過去。

幹部的表情和以前判若二人，一臉疲憊和焦躁。眾人臉色陰沉，盡量不跟總經理目光相會。部門長也露出崩潰的表情。他們只說「很慘」，看樣子沒有掌握原因和對策，不曉得該做什麼。

三枝對於他們將問題忽視到這種地步抱持強烈的不信任感。而他在部門當中走動之後，就立刻發現到一件事。

推動這項專案的「企畫團隊」，和監督客服人員調派業務的「現場團隊」之間，形成嚴重的情感對立。現場團隊懷有被害者意識，覺得對方強迫他們施行辦不到的計畫，企畫團隊則指責現場團隊做得不好，害他們被逼到困境，於是雙方就發生情感衝突。

「組織出了毛病，整合全局的人已經不在了。」

換句話說，就是指揮線不起作用，領導能力崩盤。這麼一來，就只能緊急出動消防車救火。這不是閱卷老師處理得了的情況，總經理得要當消防車才行。總經理必須親自穿上長靴，披荊斬棘進入黏稠的泥濘當中。

三枝的判斷標準很明確。首先，對顧客帶來的麻煩和混亂不能再擴大下去。按原定整合計畫，下個月要把福岡客服中心搬到東京。發訊告知顧客是**幾天後**的事。假如就這樣將福岡的業務追加到新中心，就會變成**致命一擊**。選擇就只有一個，那就是立刻中止地方中心的整併。

假如整併就此中止，新中心系統開發費十億日圓的投資，客服人員已經雇用下去的經費，地方中心維續以往業務的經費，以及其他**新舊經費重複**花掉的狀況就會拖延下去。

這段期間會變得怎麼樣呢？這會導致公司決算惡化到多少程度？今天這個時候，大家還推測不出這些數字。

以總經理的立場而言，看不穿背後的風險卻要做重大的決定時，心情實在會平靜不下來，但現在沒時間延期做這樣的計算。而且這個決定只能由自己來下。即使之後會碰上多大的麻煩，也絕對要優先排除造成顧客麻煩的機率。

三枝召集幹部。

「馬上中止整併工作，重新建立新的中心。之後再考慮要不要重新整併。」

斬斷力發動了。所有人低下頭，懊悔的表情展現在疲憊的臉龐上。

「福岡整併中止」「以後的整併工作也統統延期」的指示飛快傳到各地，毫無耽擱。這項通知發出之後，所有小組成員就變得**失魂落魄**。他們引發失敗帶給公司莫大的損害，在覺得自己這下就有救的同時，悔悟的念頭也襲上心頭。

「死亡之谷」的痛苦，想逃也逃不掉

這一年的八月，從五Ｃ改革小組創辦起二年四個月後（距離上次受挫為三年三個月後），從三枝就職總經理起過了三年二個月後，第二次受挫就這樣發生了。

空降的部門長在這場騷動中，直接託病辭職，離職後形同人間蒸發。

「明明把他當成儲備經營者任用，給予挑戰的機會，他卻把部屬留在這個泥沼裏，自己棄戰嗎？」

雖然三枝想這麼說，但還是默送對方離開。然後他就想起「死亡之谷」的痛苦，即使想逃也逃不掉。過去他有多少次覺得，這時講得出「辭職」的人，真令人羨慕；就連他自己都認為，如果情況允許還真想這樣做。對三枝來說，這個失敗的情況也是「**似曾相識**」。

公司內部持續奮戰，這種時候總經理可不能示弱。支持這份意念的是三住幹部和員工努力不懈的身影。他們一定都有想逃的念頭，卻沒有一個人講出來。

於是就出現了離奇的狀況，地方中心剩下九所，和空蕩蕩的新中心並存。當時還發現這會導致經費雙重虛耗，一年會浪費三億六千萬日圓。

究竟這種雙重虛耗的狀態要花幾個月才能結束？還是說會持續一年或二年？混沌當中完全看不出下一個對策，誰也不曉得答案。

不久他們就面臨下一個挑戰，又稱為「第三次終於成功」。他們造就出適合三住業務型態的新概念，漂亮地度過「死亡之谷」。這種合理的績效逐漸開創出營運佳績，讓人想要自詡為世界一流。

然後，他們就獲得管理人才應有的寶貴知識及成就感，唯有越過死亡之谷的人方能掌握。這會成為他們的人生當中難以取代的經驗。

第二節 第三次終於成功

擔任救火隊

正值獲利的三住和瀕臨破產的企業不同，再造時時間軸設得很長，適合採取穩健改革的作風。但即使如此，這場改革也花掉太多時間。

武田義昭（當時三十六歲）進入三住還只過了三個月，就被叫到總經理室。

武田在日本屈指可數的大型貿易商上過班，還經由公司派遣取得ＭＢＡ學位。儘管他對工作不滿，決定跳槽到三住，公司卻指派他新工作，導致進入三住一事不得不延期。當時三枝透過人事顧問公司的大川勇轉告他：

「要三住等多久都行。麻煩你撥出需要的時間在現在的公司妥善完成工作，做完後請一定要來三住。」

武田實際加入是在那件事的半年後。他來到三住之後，就擔任經營企畫室的副室長兼總經理助理。武田進入公司的這三個月來，三枝對他的工作表現頗有好評。

「武田，客服中心『失火了』，你可以去『救火』嗎？」

總經理突然這麼說，讓武田感到困惑。

「啊？我對這份工作，一點知識和經驗都沒有。」

「我相信你辦得到。這和派遣總經理層級的人員支援現場不同，你要擔任三百人組織的高階經營者。這個問題沒有全力參與就解決不了。要不要試試看？」

武田不只對這方面沒有經驗，要立於三百人的組織之上也是人生頭一遭。

「假如你將來想要從事更高的職位，這次經驗一定會派上用場。」

為了將駿河精機從改革受挫當中拯救出來，三枝說服西堀時也講了同樣的話。這可是發自真心，挑戰未知的道路是邁向優秀經營者的門道。

武田馬上就赴任了。那裏的確是火場。

而且，武田的立場並不平凡。他三十六歲，最近剛從外面跳槽進來，是三住最年輕的部門長。這樣的他要隻身潛入麻煩的部門，現場幹部統統和他年齡相仿或高出一輩。

內部對立的局勢讓三枝嗅到異狀，武田也很快發現。武田立即思考方法，化解企畫團隊和現場團隊的情感對立。

他從雙方當中選出主力成員，開始分析二個團隊究竟為什麼會受挫。武田負責**仲裁**，大家誠實提出現存的問題及課題，將便利貼黏在牆壁上，進行討論。

武田展現出行動力和洞察力，和辭職的部門長有天壤之別。

以往只會吵架的一群人接觸到武田的領導力之後，就急速敞開了心扉。

武田上任一個月之後就彙整出題目為「五C改革重啟專案」的文件，向包括總經理在內的管理陣容做簡報。

三枝佩服不已。想不到武田完全從零開始，一個月就把情況掌握到這個地步。

- **計畫出錯的現實**：整併中止時東京新中心的人員為一百三十六名。從以前地方中心的體制來算，工作量需由八十八個人處理，新中心的人事費慘到增加五成。
- **錯估熟練的速度**：「工作分類是單純的作業，新人**一個月**就可以熟練。」這種天真的假設讓計畫加速失敗。事實上，新人的工作能力最少要花三個月才會穩定。之後就算過了幾個月，也達不到地方資深員工的熟練度，人力當然會不足。
- **事前準備敷衍了事**：總經理多次指出要事先將地方中心的業務程序「標準化」，部屬卻**敷衍了事**。他們的做法是將零散的工作轉移到東京去，新中心的「例外工作」增加，導致混亂加速。
- **輕視KPI**：從半年來的實驗階段，可以看出實際上顧客的投訴率正在惡化。假如能夠藉由KPI（Key Performamce Indec，關鍵績效指標）正視這一點，就可以預測得出整併會失敗。
- **系統設計不周**：原以為新中心引進的業務系統可以填補九〇%的業務，實際上卻冒出**許多手工作業**。與原本就以手工作業處理的地方中心相比，**業務反而重複**。系統化要件的定義不周，這也是企畫缺乏現場考量所致。

三枝很失望，員工也太嫩了。組織的**管理能力**不夠，所有問題的共通點都在於「輕視現場」，欠缺**實地實物**（現地現物〔Genchi Genbutsu〕）的精神。

雖然總經理當機立斷中止中心整併，藉此迴避目前的危機，但業務的泥沼今天仍在持續，員工的腦子還亂成一團。以後到底該怎麼做？

武田也讓小組幹部看了他給董事做的簡報，讓他們認知到正確的現狀。

「原來是這樣啊！」

人人都共享相同的「第一套」劇本，這會成為邁向五C改革新行動的出發點。

改善新中心以求再次整併

問題在於「**第二套**」劇本（對策、戰略、腳本）。

武田在說明時提到，現在新中心和以往的中心並存，所產生的追加經費一個月預估有三千萬日圓，一年則為三億六千萬日圓。

「那就表示**每天**有一百萬日圓丟進水溝了。」

總經理的發言讓小組幹部心如刀割。

武田擬訂的再次整併計畫是要從現在起改善新中心，為期約四個月，最長也只有五個月，以便在擺脫現狀之後重新整併。

三枝聽了這話後心想：「這點時間能夠改善到什麼程度？真是讓人**懷疑**。」這個疑問將會成為下一起事件的伏筆。

武田到現場展開尋找解決方案的工作，還積極前往地方中心，但他進行的工作還是和三枝期待的不同。

武田不斷分析新中心個別業務流程的實際資料和動態，探討發生了什麼事，從中找出問題做成列表，稱為「課題管理表」。

就如「上帝藏在細節裏」的觀念一樣，這時要記得「落實個別的分析」和「基於事實的討論」。原因彙整後的相關圖當中總計顯示出十八項個別課題。

原本打算組成任務小組分別探討改善的方針，然而目前為止的整頓工作就已經耗費了二個月。這段期間整併也仍然中止，新舊重疊的營運不斷帶給現場沉重的負擔。答覆顧客詢問的時間「TAT」依舊持續惡化。

業務的產能降低為整併前的五〇％，顧客投訴的數量惡化到二．五倍，感覺得出顧客的忍耐和組織的疲弊都正在逼近極限。

三枝這時正為了中國事業（第四章）和駿河精機併購案（第五章）到處奔走，武田沒來參加五C改革報告讓他很擔心。好不容易武田終於過來，將做好的相關圖和十八項課題表拿給三枝看。

「日後要怎麼分別因應這些課題，需要大家在集訓中討論。不知總經理是否也能參加呢？」

武田認為他花了二個月做出這張表，問題明確浮現，總算再次抵達起跑點了。

然而，總經理回覆的言詞讓人意外。

「武田，從剛才聽你報告時我就覺得奇怪，這份文件的構想是要整理過去的失敗**逐一**改善，不過，這會變成真正的改革嗎？」

武田很疑惑，他認為這是自己渾身解數的成果。

「你現在需要的不是這個。這麼**漂亮的歷史分析**當中，根本沒有解決方案。要是下次再拿這麼厚的分析資料過來，我就當場撕破！」

三枝以往從未撕破部屬拚命編製的文件。這句話是刻意刺激武田的關鍵**一擊**，要一次矯正武田的思考盲點；事實上，這也是一種「斬斷力」。

這份文件修飾得太完美，不曉得是武田獨特的個人美學，抑或是從大型貿易商的職場政治鬥爭中學到的智慧，還是攻讀ＭＢＡ時學到的習慣，總之這樣做就是不對；我們這些經營者「用手寫」或「列印白板內容」，即使看起來不完美也可以。重點在於能夠成為關鍵的「核心概念」，文件當中，卻沒有一個地方看得到這項要素。

武田回到自己的座位上，試圖思考之前到底發生了什麼事。

這二個月的確仔細分析過眼前出現的現象，試圖打動部屬以便逐一導正，然而這樣就會接近新改革戰略的「核心」嗎？不對，總經理的確說過這只是治標，沒有真正解決日後的問題。這話說得沒錯。

他發現自己不再是上班族，要是在陳腐的方法上跌一跤，三住的事業就會垮掉。自己也是管理陣容的一員，要做好改革。這項認知終於湧現在武田的心裏。

世上許多上班族就算窮盡一生也穿越不了的超長隧道，武田三個月就走出去了。

由三住框架所引導出的深刻反省

武田相信三住的框架，也就是「**小而美**」和「**創、造、賣**」這三項概念。他直覺認為這是改革新中心時重要的提示。

轉而將這個當成切入點審視新中心後，就會看到有趣的事情。那就是總經理在葉山集訓時說的「**TAT**」（迴力鏢回來前經過的時間，本書引申為「訂單回來前經過的時間」）。

只要調查「TAT」，審視顧客送出一件訂單，三住將訂單處理完畢，再回頭向顧客查核的過程，就會發現經過的時間有七七％在「等待」。換句話說，三住內部的訂單案件「枯等」下一道手續的時間，遠遠長過其他步驟。

武田發現，只要減少工作停滯時間、避免員工沒事做，「**TAT**」就會史無前例地縮短，進而改善顧客服務。

【經營者的解謎四十一】TAT縮短的功效

豐田生產方式的教訓，就在於通暢作業流程之後會縮短「**TAT**」（訂單回來前經過的時間）。這時減少的不只是「經過時間」，其實還會減少投入工作總共的「作業時間」。換句話說，縮短TAT會提高產能，藉此實際降低成本。

工作分類的觀念是將工作分解成單純的作業，由一個團隊從早到晚進行一件單純的步驟。儘管不斷分別進行相同的作業，工作效率卻會變好。

然而令人驚訝的事實逐漸浮現。武田感受到**知識的刺激**。

老手在地方中心時，由於人數稀少，因此做事時不會將工作分工（專業化），而是親手依序做完每一道步驟。但只要注意包含在內的**每一道單純作業**，就會發現**效率依然很高**。

然而，老手前來支援東京的新中心時，就得在工作分類的組織下從早到晚每天進行一項單純的作業（分工）；結果這項單純作業的效率就比在地方中心時還要低。

武田覺得這是個大發現，得出的數據將會成為改革概念的突破點。

現在要為讀者指出寶貴的事實，希望各位能夠用心理解。

說得誇大一點，就是要在這裏提出以下事實：「這否定了亞當・斯密（Adam Smith）提出分工論以來，不斷左右資本主義的『分工成效』。」

無論是「椅子師傅的悲劇」的故事，許多日本上班族在工作中失去生活意義的理由，或是透過

細胞式生產提高效率，這些層出不窮的現象都有所關聯。

武田還從中發現員工的「精神」和「組織朝氣」的問題。這是很重要的**概念推演**。

從早到晚進行單純的作業後，各個團隊就幾乎看不見**前後工序**的情況。最為嚴重的問題在於，就算一個顧客要求解決問題，也看不見整個案件的全貌，所以負責單純作業前後工序的人沒有心思互助合作解決問題。換句話說，工作會化為「單純的作業」，把依循作業標準視為重心。

就在做這種事的過程當中，工作的趣味和判斷能力會逐漸喪失，連整個工作和顧客都不在乎了。

三住的新中心在號稱工作分類的魔爪下，竟然失去了「討顧客歡心很高興」、「整個中心提升工作品質很開心」的情感。同時，她們企圖提高自身技能的進步意願也開始減退。

這個現象很驚人，武田帶來的這項發現讓三住的反省論強烈起來。

總公司的企畫人員在總經理的戰略研修上學過「**椅子師傅的悲劇**」的故事，他們一定是在聽完後隔天就忘光光了。

仔細想想，這是一個簡單到令人不免笑出來的構圖。原本十三所地方中心的**規模並不足以引進工作分類**。**幸運的是**，她們一開始就自己設法避免「**椅子師傅的悲劇**」，很久以前就採用**多工化**的戰略，由一個人完成所有工序與處理大小事。

武田嚇了一跳。自己這二個月來重啟改善工作的行動，依然停留在工作分類的思想上，所以總經理才會要求暫停。武田的思考方式急速出現新發展，憑著自己的力量再度接近「原理」和「本質」

的思考。

建構新的模式概念

武田原本就是現場主義導向。即使發現需要在那裏探索「框架」這另一項要素，但還是全力發揮他的優勢。武田想起他擔任部門長後不久，曾經拜訪過一個地方中心，對此留下了印象。

【眾生相】半田公子的說法（客服中心E經營者，當時三十二歲）

武田部門長來視察過。他的目光銳利，這一點和總經理很像（笑）。

「總覺得這個中心跟其他地方不同。」

「是的，這裏原本的做法就是『由人走過去』做中心的工作。」

「什麼啊，那是什麼意思？」

「這裏有二人小組，每個小組當中的客服人員會隨著時間改變職務。座位由工作職務決定，沒有個人座。職務一變，當事人就要移到那個座位上。」

「這真像在玩大風吹。」

「這裏的客服人員能力很高，是因為所有人都做過一條龍式的業務。大家都知道自己目前正在處理的工作『前後步驟』是什麼。」

「真是有趣。」

武田想起當時的對話。這和總經理教過的豐田生產方式完全相通。

隔天深夜，武田看見總公司大樓總經理室的燈光還亮著，就去見他了。為了學習豐田生產方式，他想向總經理借書。

當時，位於東陽町三住總公司的董事樓層有個像是圖書室的小房間，滿牆的書櫃當中陳列著三枝的藏書。總經理聽了武田的來意後，就從書櫃中抽出幾本書擺在桌上。

「理論書籍以新鄉重夫教授的這本最好。雖然已經絕版了。這本書很厚，只讀前面的三章也可以。這本像是漫畫的書也不錯，我在醫院改革時就把這送給護士。」

迷你補習班突然在半夜開起課來，武田試圖重讀經典回歸理論「原典」的態度，讓三枝激賞。

隔天，武田就埋頭讀起借來的書籍。工廠生產和三住 QCT 中心的業務完全不同，原理和方法卻可以完全重疊，讓他連連茅塞頓開。

關鍵在於「追求時間價值」「動字加上人字旁的自働化」、「平準化」、「同期化」、「多工化」及「單件流」等要素。無論是涉及到「**創**、**造**、**賣**」，總經理經常掛在嘴邊的**麻將術語**「一條龍」也好，「**椅子師傅的悲劇**」的故事也好，都和這個原理有關。

邁向新型營運的實驗

自從總經理罵武田「只會做表面上看似完美的文件」以來，已經過了二個月半。二月初過年之際（武田就任五個月後，整個改革專案包含二次受挫在內，總計三年九個月後），他就將 QCT 中心的新業務設計完畢。

武田拿著這個設計構想去見總經理。

「武田，這個概念不是很好嗎？馬上進入『實驗』階段實際證明吧。」

武田很焦急，後悔剛開始繞遠路繞了二個月。真希望這場實驗能夠儘快結束。

【重要的關鍵：經營者的解謎與判斷】時間急迫

- 雙重投資、沒效率、組織疲弊不斷持續。武田提出的重啟整併案行程緊迫，急進的情緒浮現在武田的臉上。
- 然而這場改革找不出魔爪藏在哪裏，驗證不足之下重啟整併會很危險。假如武田再度失敗，公司就無計可施，已經沒有回頭路可走。這是背水一戰。
- 與其關注一天損失一百萬日圓的雙重經費，更重要的是透過這項實驗徹底減少風險，因此需要將眼前的指揮官武田從「期限」的壓迫中解放。這件事只有總經理自己辦得到。

三枝說的話讓武田很意外。

「武田，你先別急，實驗就花時間仔細做，不需要在意期限，晚一點重新整併，也沒關係。欲速則不達，**Do it right!** 就對了。」

武田凝視著總經理的臉。

「**Do it right!**，要貫徹原則才行。」

讀者明白三枝這番話的重要性嗎？武田現在最大的重擔是「時間」，要將他從這項「制約條件」中解放。普通人聽到這件事會開心，鬆一口氣，武田卻不同。

他身為「部門高階經營者」，應該要自己判斷是否去除制約條件，搶在總經理前面說出口，結果自己卻落後一步，真令人不甘心。這種態度和上班族不同，代表經營者應有的骨氣。武田這個儲備經營者又學到了一件事。

就算風險擺在眼前，老闆也要痛下決心鬆綁制約條件，以免束縛人心。這麼一來，人們被勾起的挑戰意願將會多麼強烈呢？

武田立即開始進入「實驗階段」。

開始展現成果

剛開始實驗還是沒能順利進行。產能沒有如預期般提升，業務也經常出差錯，要不斷多方嘗試。由於要在處理業務的同時決定新的工作規範，因而對工作人員造成新的負擔。

某個員工受不了負荷，說：「這種可笑的做法只會造成員工的負擔。」於是幾個贊同的派遣員工就聯合罷工。

武田覺得自己的解讀很天真。他滿腦子都在想，為了讓公司脫離困境，要讓全體人員明白實驗的目的，包括派遣員工在內。

總經理聽到武田報告這起事件後，就想起自己三十幾歲前期遇到的經驗。當時他在外資合資企業遭到部屬的背叛，這也是「**似曾相識**」。然後他就對武田說：

「身為經營者對事業的心思說得再多，部屬行動的動機，也不見得每個人都和自己相同。經營者要是過於**依賴員工的努力**，就會在意想不到的地方遭到反撲。」

三枝認為這起事件只以這點程度作結，反而值得慶幸。假如武田實驗做得不夠，一下子就直接換成新構想，就會出現更大規模的反彈，搞不好會引發第三次受挫。

上次的挫折在公司的**訂單功能出毛病**後，就立刻下了中止的決定。雖然效率惡化，冒出雙重經費，不過這可以說解決就解決。

然而，要是這次強制執行，訂單處理功能不全就有可能達到極大的規模。這麼一來所有業務都會停擺，包括工廠在內。三住說不定會像金融機關更換系統失敗，遭到媒體攻擊一樣，瀕臨重大的經營危機。

就這樣，雖然發生派遣員工拒絕上班的事件，後來的實驗還是確實在進行。

參加實驗的三住員工拚命努力工作。核心員工是從地方中心調到新中心支援的現場領導者，她們非常出色。

雖說要把自己在地方中心接洽客戶的方式改到東京來做，卻不希望客訴增加。該做什麼實驗才能討顧客歡心？她們強烈的責任感鼓舞了其他員工。

三枝對於她們隨著業務轉移調任到東京，抱持深切的感謝之意。於是實驗中心內部工作停滯的現象就開始減少。這是一個預兆。

【眾生相】武田義昭的說法（上任當時三十六歲，簡歷會在詳見前文「擔任救火隊」敘述。其後就升職為三住的管理陣容）

雖然總算開始浮現明朗的徵兆，大家卻很疲憊。泥沼會延續多久？自己真的會成功嗎？當時的情況讓人沒有把握。

我認為他們必須要有自信，現在嶄露出來的成果很棒。換句話說，這時要讓**速贏**（early win）發揮作用。

因此，我認為在QCT中心全體員工面前發表實驗小組現階段的成果會很有效。當我和總經理商量這件事時，他的反應讓人意外。原以為總經理很可能會說「太早了」，事實卻正好相反。

「不錯嘛！但是，要不要做得更盛大一點？像是召集總公司全體員工之類的。」

總經理叫我在內部**敲鑼打鼓**。是嗎，還有這種呈現方式嗎？

我一個部門長不能召集總公司全體員工，但只要總經理下令，所有管理幹部就會來。三住就是這樣劍及履及的公司。當時，我們借了東陽町總公司隔壁大樓的小劇場，從傍晚開始，舉行二小時的集會。

我宣讀完開場的致詞以後，就在會場的一隅注視發表會的情況。參與實驗的成員不習慣在別人面前做簡報，相當緊張，從地方來的女性資深人員看起來很害羞，但大家的眼睛都閃閃發亮。

她們努力展現階段的成果，開朗說話的態度，可以窺見她們艱辛到這種地步，設法找到邁向成功之路的自信。我覺得自己看到並肩作戰「戰友」，眼淚不知不覺落下。

在場的總社社員第一次認識到，艱苦的奮鬥現在正在QCT中心進行著，無不感到激動。

我深信這下子就能讓五C改革的奮鬥設法越過通向成功的關頭。總經理曾經叫我「別急」，他的風險觀是正確的。另外，「單件流」的理論也很管用。

【經營者的解謎四十二】速贏：儘快取得首勝，哪怕只是小小的成功也好

「速贏」源於英文 early win，又稱為 early success。如果大戰懸而未決，持續看不到成果，員工就會喘不過氣、喪失自信、士氣低落。一旦組織露出疲態，就會助長夥伴之間彼此批判，增強反抗派的力量。要防止這種情況，只需要儘快取得打贏第一場勝仗，哪怕只是小小的成功也好。領導者切記一點，適時速贏，讓員工能夠認清「我們正在邁向成功的路上」。（詳情參閱《經營力的危機》第四章）

這場發表會進行得很順利，然而結束後不久就出了事。自從組織疲弊之後，內部反抗派力量增強的現象就浮上檯面。

從以前就和組織格格不入的一位員工，到處在公司宣稱「實驗沒有順利進行，發表結果是騙人的。」竟然說總經理和總公司全體員工聽到的事情是騙人，實在少根筋。

這名員工不但錯認事實，受到個人好惡左右，也完全沒有拿出改革提案和改善方法。這種單純的在野黨行動，簡直是來攪局的。

本來這種話當成耳邊風，苦笑聽聽就算了，三枝卻笑不出來。

自己過去的人生當中，遇到好幾次不負責任的上班族在野黨，擺出無罪的模樣散播毒辣批評，破壞改革。要是放任不管，別說是勸告激進份子了，還會出現幫腔的人乘勢一起在暗地裏隨意批判和嘲笑。

平常三住的「**政治性**」薄弱，但這時總經理正好感覺到公司裏的這個動向。他私底下對當事人發出警告，非得要防止事件擴散不可。

痛苦的改革者設法在「死亡之谷」當中擺脫困境，這樣的事件對他們來說為難得很，實在**辛酸到想哭**。總經理從「**似曾相識**」的框架中，明白這種糾結的痛苦。

反抗者將改革者**好不容易累積的成果**從旁拆臺，感情用事從背後放冷箭，要是曉以大義還說服不了，最後就只能使出非常手段。

武田善盡這份責任，圓滿解決問題。

客服人員的正職化

這時武田決心執行另一項大方針。以往錄用的客服人員基本上是派遣員工，現在的課題則是要將客服人員「正職化」。不過，他還沒和總經理談過，或許會遭到總經理反對。

有一天，武田下定決心前往總經理室，講出這個構想。結果總經理又出現意外的反應。總經理馬上表示贊成，還敦促武田「徹底執行」。

仔細詢問之下發現，總經理的反應早在武田進入三住之前就埋下伏筆。就任之前總經理去地方中心看過，他早就注意到「雙重損失結構」和「三住員工沒有接觸顧客」的缺陷。

武田和五C改革小組主持的實驗，從當初預定要花的三個月再延後了二個月。等到五個月之後，新的業務流程終於臻至完成。

- 實驗小組的業務產能比實驗前改善了七五％。
- 客訴發生率削減了二七％。
- 訂單 **TAT** 縮短五二％。
- 客服人員的業務熟悉度提高了二・三倍。

不僅是數字的變化，更重要的是成員的心態大幅改變。「對顧客的心意和責任感」、「擺脫受迫感」、「開心自己能夠提出改善方案」及「實際感受到個人能力的成長」，這些方面都起了巨大的變化。

實驗小組獲得了成功，新方法將會水平擴展到整個 QCT 中心之內。

當時還引進另一個重大的革新，那就是將新中心的組織畫分為事業部單位。

讀者還記得總經理訪問地方中心時，詢問中心經營者山田雛子的事情嗎？畫分為事業部後，客服人員要逐一經辦的型錄和商品數就會極端減少。這麼一來，專業度和熟悉度就可以快速提升。地方中心人少，難以落實，但人數大幅增加的新中心就可以辦得到。

再次整併地方中心

這些體制整頓完畢後，終於要再次整併剩下的地方中心了。

那一年的十二月（武田擔任部門長算起一年三個月後，整個改革專案包含以往二次受挫在內，總計實為四年七個月後），就在橫濱和松本展開第一波重新整併。

這次藉由實驗做了周到的準備，並未引發嚴重的問題。雖然有點遲了，不過制定的戰略最後獲得了勝利。為了從挫折中站起來，要不斷發揮所需的斬斷力。

武田在開始整併的一個月前，就採取另一項必要措施。

這項計畫是要繼東京之後在熊本開設第二家中心，需要提上總公司經營會議的議程批准，以便防備可能會發生的東京大震災。

翌年四月，熊本QCT中心（公司內部暱稱為「熊Q」）獲准成立的五個月後，就已經納入作業體制。這項神技是三住組織的速度感所致。

而當然，東京QCT中心的實驗結果也統統移植到熊本當中。剩下的地方中心可以用東京和熊本雙方分攤吸收的形式轉移及存續。

在地方中心工作的客服人員當中，出現許多隨著業務轉移調到東京和熊本的人。第二次受挫之後不久，就從福島、仙台、金澤、群馬縣的太田、橫濱調了十個人到東京，再加上重新整併之後，從松本、靜岡、廣島及大阪各地調到東京和熊本的員工，人數就將近四十名。

她們個個都喜歡三住，同時對自己的職業感到驕傲。

女性領導者大顯身手

九月，熊本QCT中心開始運作的五個月後，三枝就前往熊本。

這是第二次視察。上次過去的目的是要替熊本是否夠格做為進軍地做出最後判斷。當地報紙也報導了三住設施開設的消息。這次的走訪當中去了縣政府，還見到熊本縣知事（按：相當於縣長），為了進軍熊本一事受到感謝。

三枝抵達熊本QCT中心的建築物，進入玄關爬上二樓後，就看見當地錄用的客服人員已經在那邊工作，佔滿了整層樓。

他在那邊偶然遇到驚人的光景。雖然聽說為了在熊本設立中心，還從東京調了幾個員工過去，然而具體而言，除了中心經營者的人事異動之外，就沒有聽說是誰要調任了。不過，當工作人員帶著總經理在那層樓走動之後，就陸續有熟識的女性領導者以滿面的笑容寒暄道：「總經理，您好。」每次遇到這種情況時都讓他很驚訝。「妳在這裏嗎？」「妳也在？」「咦，妳也在嗎！」

五C改革發生第二次受挫之前，從地方調到東京的女性領導者，就在那之後參加武田底下的實驗中心奮鬥到底。武田稱這些女員工們為並肩作戰的「戰友」。她們以中心經營者滋賀明子（簡歷如前述）和山田雛子（簡歷如前述）為首，從福島、群馬縣太田、東京、橫濱、後來的廣島等地調任到東京，這次甚至還遠調到熊本。

熊本錄用的客服人員還不成氣候，要由她們帶頭領導。

「等確實穩住『熊Q』之後，五C改革就完成了。我們會做到有成果為止。」

三枝在那層樓走動的同時覺得感慨萬千，熱淚盈眶。

過去日本許多公司就是這個樣子。然而，個人主義當道的現代，會有這麼熱愛公司和工作的人嗎？這樣的人願意待在三住，是莫大的榮耀。

儘管總公司輕忽三住的中心改革，她們這些資深員工卻**自始至終**都願意支持，堅持在地方做好屈居人下的工作，最後終於完成任務。

三枝那天晚上和她們去酒館開宴會。他四處斟酒，卑躬屈膝，走遍一張又一張座位，說出慰勞的話語。

十二月重新展開整併，從不久後的新年到一年後的新年，花了約一年時間執行。結束時間是武田出場的二年四個月後，假如從改革專案之初算起，包括二次受挫在內，則實際上是五年八個月後。

各地委託給外部業者的業務**全都圓滿結束**。地方的派遣員工幾乎都值勤到**最後一天**，一件勞資糾紛都沒發生，實在由衷感謝他們的協助。另外，幫忙公司順利度過風險的三住員工也很出色。

十三所地方中心終於統統整併完畢。

「這個問題我會在總經理任內解決，不會留給下一任總經理解決。」

三枝說這話的意圖達成了。三住管理陣容和改革相關員工借了大型的會場，舉行盛大的慶功宴。三枝一如往常手拿啤酒瓶走在會場上，幫員工倒啤酒加油打氣。假如有人要求拍照片就爽快答應。女員工叫他就會顯得很開心，和站在身旁的她們勾著手臂，面帶笑容拍照。

然而，這場改革是一齣連續劇，並沒有就此結束。

開始自行進步

地方中心整併統統執行完畢，武田的任務告一段落。他以成為經營者為職志，覺得從大型貿易商跳槽到三住是值得的。

三枝給了他下一個挑戰，那就是託他擔任模具沖壓零件事業的高階經營者。這是三住草創的事業，對僅僅三十幾歲的武田來說是個大挑戰。總經理又做了「亂來的人事異動」。

然而，五C改革是在那之後的事。以過去辛苦了五年八個月的結晶來說，最後階段中最有「滋味」的地方反而是從這裏開始。

前面已經提到，第二次受挫時陷入最糟的局面。新中心要比地方中心增收將近五成的人員來做完同樣的工作。於是就在實驗中心發明新方法。

依據這個方法將十三所中心全都整併完畢時，儘管完全避開之前產能惡化五成的情況，效率卻穩坐在和以往地方中心相同的程度上。

許多效率低落的新人調到東京和熊本，光是填補這項不利條件，落實同樣程度的產能，新中心也展現出相當的革新價值。

然而，武田的劇本是在整併完畢之後，才會真正出現合理的績效。事情開始和情節描述的一樣。從那之後的大幅成長，是武田臨別的紀念品。

當然，這種進步不會自動出現，要持續努力改善做得更踏實。武田調任以後，承接職務的就是山崎健太郎（簡歷如前述）。

他的「章魚壺事件」早已事過境遷；山崎經歷

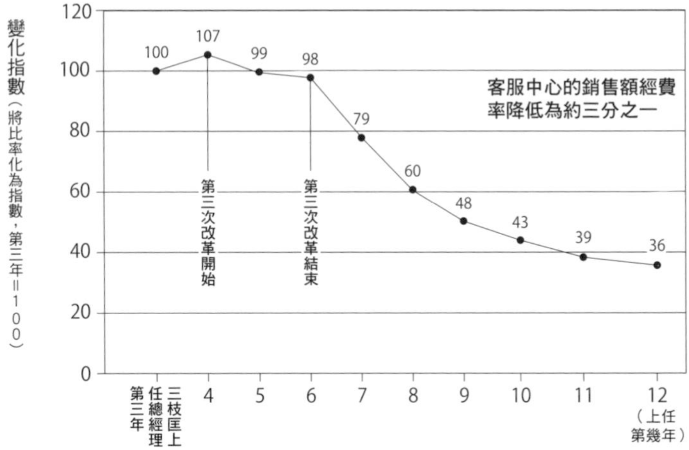

【圖7-2】客服中心改革的成果

過「二次受挫」和「第三次終於成功」，對於部門長和山崎來說，都有大幅成長。

山崎認為將來若要穩健推動改善工作，就需要工作準則的框架和改善工具。他巧妙地讓總經理成為自己的智囊，央求對方指導，再創造出一種工具，叫做改善的「**效果機制圖**」。

這張圖會標明將來要用什麼方法，成效會在哪裏發揮怎樣的作用，以及漣漪效應（ripple effect）。

這張圖表開頭寫著三住 QCT 中心的理念是「成為世界第一的聯絡中心」，底下還懸著二個次要目標。

「以顧客滿意度全球第一的客服中心為目標。」

「以全球最低成本的客服中心為目標。」

三住的商品很複雜，要進行的作業，遠比經辦簡單消費型商品的客服中心還繁複。所以這些目標的意思是要追求「這個業務型態當中」的世界第一。

聰明的讀者想必已經發現，其實這二個次要目標的關係相互矛盾。犧牲顧客滿意度就能輕易降低成本。另外，假如不在乎成本，顧客滿意度要提高多少都可以。

三枝說：

「山崎，這二個目標單單追求任何一邊都不行，要在取得雙方平衡的同時，專攻改善成果功效。

現場所有的人，從平時就必須經常意識到這份矛盾關係。」

因此，山崎健太郎就在圖表的二個次要目標上畫了連接線，並在那裏寫上「兩全其美是**絕對**條件」。

另外，「**效果機制圖**」的二個次要目標底下則分別展開成樹狀，列出他和他的部屬以後該解決的具體改善項目。重要項目當中還設定了ＫＰＩ。

再者，樹狀鏈的最後還具體寫出**那一年**該做的「改善活動項目」，由東京和熊本這二個中心的員工處理。

這張圖表的規畫將會產生以下二個功效：

- 放眼世界第一的「企業層峰願景」要循序落實為「組織末端的現場行動」。願景與行動的「連結」，就畫在一張圖表上。
- 換句話說，放眼世界第一的「長期目標」，要分解成這一年、這個月、這星期的短期活動再施行。內容和目標要採取**每年更新**的形式。

這其中蘊含三枝的管理思想「戰略鏈」（strategic chain）的觀念，將戰略應用到組織末端，而不是當成高階經營者的專利。

三枝對山崎的指導就到這裏。之後就由山崎自行思考，全盤施行。「效果機制圖」要在東京和熊本的所有部門付諸實行，全體客服人員貫徹改善行動，再透過**每星期**的會議持續追蹤。

由一百四十五人做六百人的工作

山崎接任武田的職位之後，又過了六年的歲月。儘管公司的銷售額曾因為世界景氣低迷大幅下滑，後來卻克服難關，達到三枝就職總經理時的四倍。三住現在成長為集團銷售額二千億日圓，全球員工數將近一萬人的企業集團。這六年來QCT中心的改善進展神速。

- 一個客服人員能夠做完的業務產能變成二·二倍。
- 結果客服人員人數得以削減約六〇%。整併完畢時客服人員原有三百七十二名，後來不但銷售額倍增，現在人數也降為一百四十五名。
- 將銷售額的經費比率化為指數後，就會發現數字從「第三次改革」結束時的九十八，降低到六年後的三六。
- 營業客訴對總出貨數的比率數值減少五七%。換句話說，不但成本降低，對顧客的服務品質也會大幅改善。

三枝從十三年前毅然改革，從經過二次挫折到藉由武田的新規畫整併完畢為止，總計用掉五年八個月，不過接下來的六年當中，這場改革就在山崎等人的改善工作下開花結果。要是侷限在全國十三所中心的體制，就一定不會出現成效。

- 假如中心仍維持十三所，直接延續和當時同樣的工作方式，就可以估算出往後全日本客服人員的數量會隨著三住的成長膨脹到六百人左右。不過，事實上用前面提到的一百四十五人就夠了。
- 這份改善功效當中，網路訂貨比率增加造成的合理績效約為三分之一，山崎等人推動內部業務改善的功效實際上約佔了三分之二。
- 將間接部門進行所謂的合理化時，要因應銷售額擴大而增加的業務量，同時將經費大幅減少到這種地步。坊間所知的方法幾乎都無法辦到這一點。

就這樣，客服人員長年含辛茹苦累積的技能，現在是三住該保護的智慧財產之一，成為支撐三住競爭優勢的要素。

山崎的下一個野心是要再減少人數。即使如此，現在還是可以說，悶在章魚壺的男人如今在管理上發揮才能，擁有創造性和領導能力。每當在多災多難的挑戰當中殺出重圍，就會加速培養出儲備經營者。

從失敗中學習

儘管對於三住集團所有相關幹部和員工而言，改革形同漫漫長路，但這也等於是他們的自我成長之路。

【眾生相】滋賀明子的說法（簡歷如前述）

當第二次受挫發生，武田部門長出現時，他丟給我們的第一個問題是「這場改革原本的目的是什麼？」幫我們回到基本的劇本。

客服中心的工作很複雜，從外面來的人難以道破矛盾。然而武田部門長卻精準地挑出毛病。要是沒有令人滿意的理由，他馬上就會發現。

從上次的挫折當中邁向重啟改革之際，是在工作前先回顧情況，再嚴格依照「**第一套、第二套、第三套劇本**」的順序進行。現在的我們將進行的方式記得清清楚楚。

回顧這場改革，當初就算思考未來也什麼都看不見。就在這時我仰望樓梯，看到類似平臺的東西在上面一點的地方，就暫時先以此為目標。抵達平臺之後，又會在上面一點的地方看見別的平臺。所以大家又努力往上爬，周而復始。於是就造就出現在的我。

我在五C改革告一段落之後接到任務，要將日本的營運模式移植到國外當地法人。就算去了國外，也經常覺得這是似曾來過的道路。

沒想到自己這個相當在地化的人，竟然要做會飛到世界各地的工作。

【眾生相】山崎健太郎的說法（簡歷如前述）

三枝總經理出現在三住之前，我認為自己的人生就某個程度來說是順遂的。

然而，我在營運改革當中歷經第一次受挫，發現這其實根本就不是順遂，而是自己沒有神經，以怠慢的心態度過職涯。

既然知道這一點，就要在公司急速變化當中設法找出自己的任務，不斷努力。

我從總經理身上學到各式各樣的管理框架，能夠當作自己的東西運用。我在第一次受挫時失去的自尊心終於找回來了。

我今年五十五歲。這十年來每天都是挑戰，讓自己改頭換面。

雖然也有麻煩的一面，但充滿挑戰也很有趣。從今以後，我這個站在組織之上的人也要追求許多目標。

【眾生相】武田義昭的說法（簡歷如前述。其後歷任事業部長、企業體總經理等職位，最後擔任專務董事）

連續發生多次失敗，每次挽救之後就會碰上新的改革概念。這意味著要改變以往的做法，忍痛轉型。

好在員工願意正視這個事實。當然還是有人離開，但大多數員工那時是流著淚突破難關的。

三住員工坦然接受方向的轉變，忠實執行的模樣是一種組織文化。我認為這對改革幫助很大。

就算出了什麼事，彼此之間的信賴感也一定會從根本上保留，並以此為基礎再度集結和行動。

傳統日本管理的優勢在於集團的熱情，或許日本企業正在喪失這一點。

最後，我將這場改革當中親身學到的「失敗教訓」整理如下：

- 管理領導者要是沒有具備框架，也就是將渾沌的現象單純化及結構化，直指本質的「工具」，組織就會疲弊，瀕臨極限。
- 流程改革必須要著眼於「結構」，從「整體觀點」而非「個別現象」出發。個別改善個別現象的做法不能達到根本的改革。
- 流程改革絕不能一口氣在**公司全面**進行，要掌握分散風險及控制的方法。

三住營運模式在世界的發展

維繫三住事業的業務營運不只是這一章描述的「客服中心」，還有經營配送中心的「物流部門」、貫串業務流程的「資訊系統部門」，以及人數雖少卻肩負戰略任務的「營業員組織」等。

三枝在三住待了十年以上，期間針對**所有部門同步推動**改革。無論從哪個部門來看都是艱辛的道路，和客服中心一樣要不斷多方嘗試。

結果改革就在所有的部門當中漸入佳境，讓「**創**、**造**、**賣**」的循環優質而迅速地運轉。

其後，三住開始將日本建立的商業模式移植到世界上，這項工作就叫做「MOM」（三住營運模式，Misumi Operation System）。在全球三住據點工作的當地員工與總公司的MOM小組同心協力，致力於改善工作。

這十年來進行的改革哪怕是失敗任何一個，都無法著手推動下一個改革，試圖往上累積成果。這時「改革鏈」會中止，難以銜接到全球的MOM活動。

儘管長路漫漫，三住許多員工卻踏實努力累積到這個地步，提升三住的國際競爭力。然而，一旦認為統統都「於焉完成」，管理馬上就會開始腐敗。營運模式的下一個進展是什麼？三住下一代管理陣容會持續思考這個問題。

【叩問讀者】長期進行企業改造的邏輯和框架

作者以企業再造專家為己任，從他過去經手的企業再造經驗當中，宣稱改革最好花二年一氣呵成推動，花二年追蹤後續情況，總計在四年之內結束。然而，這本書各章的改革則允許時間擴增為二倍，視情況可以改成將近三倍。即使途中遇到挫折也可以容忍，讓他們再次集結，再次**絞盡腦汁**之後，重新邁向挑戰，最後達到成功。

那麼問題來了。三枝匡在三住做「企業改造」時，容許長期抗戰，和企業再造講求立竿見影的速戰速決時不同，是根據什麼樣的邏輯和框架？對三枝匡來說，這不是紙上談兵，而是他在管理現場要迫切回答的真實課題。

朝氣蓬勃企業的「組織活性循環動態論」

事業計畫的相關章節〈三枝匡的經營筆記六：三住的事業計畫系統〉當中，曾經提到「三住組織模式的特徵是『組織論』與『戰略論』的結合」。我（作者）將這個視為框架，整理成下一章會出現的「三住組織原論一：生機盎然的組織」，然而單憑這個還不足以當作三住的管理方針。

不久後我建立了一個框架，命名為「三住組織原論二：組織活性循環動態論」。儘管名字很嚴肅，但這個稱呼最能代表其內容，然後我就在公司內部公開。

我認為，就算三住日後成長，銷售額達到五千億日圓或更大的規模，組織相繼改變，這個「原論」也依然成立。換句話說，原論可以成為那些日子「三住組織模式」的指南，普遍性也適用於坊間的一般企業。

本書中為了方便讀者理解，組織原論一與二的說明順序相反，原論一將會在接下來的第八章詳細說明，這裏要先談談原論二。

對立的二個關鍵字

組織要保持朝氣時，其中就存在二個關鍵字。

三枝匡的經營筆記 九

其一除了要做到「高階經營者（企業層峰）透過追逐風險，保持組織朝氣蓬勃」，還要將這股活力深入組織的每一個角落，使「組織末端和企業層峰一樣，朝氣蓬勃、幹勁十足」，保持充滿活力的狀態。就算是脫離總公司的組織，連同年輕員工在內的每個人也會精力充沛地工作。

另一個關鍵字是「戰略的凝聚」，企業層峰決定的戰略方針和戰略故事，要與組織上上下下共享，注重先後順序，同時凝聚向心力，讓所有人的槍口一致對外，群策群力面對外部競爭。

千萬不能把「兼顧」這二個關鍵字視為理所當然，在現實的企業中，這二個概念經常對立。

- 「戰略凝聚力」要是太強，上位者就會經常藉由上意下達發動戰略，強勢封鎖個人自由的行動。
- 反過來說，要是個人太有活力，自由自在、我行我素，就會失去應有的團結，反而會壓抑整個公司的成長，這不是只是理論上說說而已。實際上我擔任總經理時，這個症狀就在三住的內部蔓延。

我在描繪「組織活性循環動態論」的過程中，發現長久以來三住的循環動態起伏變化，直至今日。所以，【圖7-3】是證明三住現實狀況的框架。

1.落實「末端朝氣蓬勃」的出發點是「**小而美**」的組織論。這可以「賦權」（empowerment，按：另譯為培力），變成個人的「朝氣要素」。三住創辦人從創業以來，一直以傳統的「功能別組織」持續經營，後來則著眼於事業組織活化，拆解功能別組織，以「小組制」的型態引進

「**小而美**」組織，堅決實行組織改革。這就相當於【圖7-3】中的①。藉此孕育出來的組織環境能夠讓員工在小型組織自由行動，展開邁向多角化事業的對策（改革經過和小組制組織的概要將在下一章描述）。

2. 然而，當小型組織的數量逐漸增加後，組織就從【圖7-3】的①降為②，極有可能會出現二種疾病的症狀。

疾病之一是短視（眼界狹窄症、偏狹症）。員工行動時只能配合小型組織的事業規模，往往難以在市場競爭當中施展破釜沉舟的對策，獲得壓倒性勝利。

另一個疾病是分裂症。假如獨立的小型事業數量變多，各個小型組織硬要擅自行動，整個公司的戰略統轄就難以生效。事業間的「**綜效**」（synergy effect）會減弱，從全公司戰略的觀點

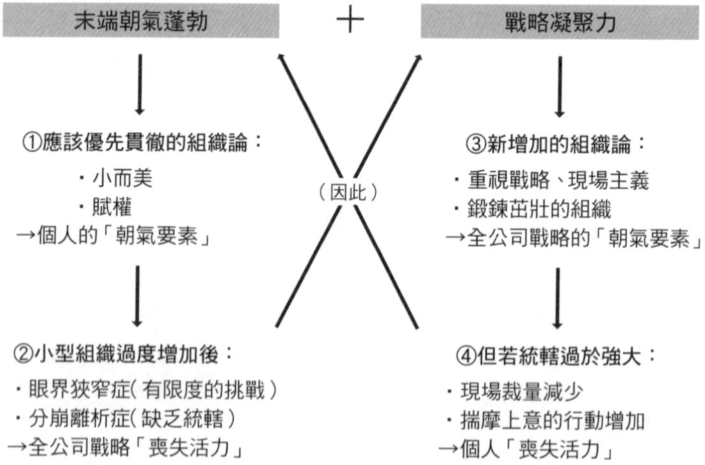

【圖7-3】三住組織原論二：組織活性循環動態論

三枝匡的經營筆記　九

出發很可能會陷入分裂狀態。就算在個人眼中是有趣的事業，**整個企業**也會「失去朝氣」。

三住從組織改革到新任總經理出現為止，花了約十年走上【圖7-3】①→②的路徑。三枝上任總經理之前在公司裏走動，發現實際上有二種疾病在發作。

3.要在二個疾病發作後活化組織之際，改革的視點要放在「戰略凝聚力」上。三枝擔任總經理後，就沿著朝【圖7-3】②→③上升的箭頭進行改革。整頓事業前要明確列出全公司戰略，那就是「七個撤退決策」「回歸正業」和「強化國外戰略」。

還有，為了提高對事業組織的戰略能力，要專注在藉由教育和事業計畫施展的戰略規畫方法上。整個公司的戰略要明確，整合小型組織和公司全體的戰略。

要確實執行轉型，就要記得由企業高階經營者的「**現場主義**」來領導。假如能夠順利實施，「戰略凝聚力」就會變成**整個企業**的「朝氣要素」，這樣三住日後的業績就會急速擴大。

4.但是，「戰略凝聚力」長期徹底延續太久，組織就會降到圖表的③→④，產生令人煩惱的新問題。

假如由上而下的戰略方法過於強大，上意下達的現象就會變多，組織下層揣摩上意再行動的習慣將會增強。換句話說，上班族式的行動會增加，導致個人的「失去活力」。假如這種狀況持續下去，**個人的**垂頭喪氣就會演變成「整個公司的失去活力」。

5.解決辦法是依照【圖7-3】④→①上升的箭頭，回溯到①的要素強化上。這張圖表是以平面格式撰寫，看起來就像是「歷史重演」（回溯），但實際上並非如此。只要公司持續擴大成長，否則會像是描繪在三次元當中的螺旋梯逐漸攀升。就算同樣是①，也一樣會回溯到高度不同的①上。

因此，既然比以前的①高上一層，就必須要配合不同的高度，擬定出嶄新的「組織模式」。這場改革的關鍵字是「事業分權化」、「員工獨立性」和「弘揚企業家精神」等。要依照公司情況導入「社內分社制」，或是三住在談的「企業體組織」。已經具備這種分權化組織的企業，要**重新定義**其組織型態和賦權的形式，或是在分公司化和其他型態下追求別出心裁的組織論。

因應發展階段重組，謀求組織活性化

成長的公司就像是走在螺旋梯上，將一個成功的步伐視為達成目標的動章，為了解決罹患新病的問題，思考下一個組織型態，再把目標放在更為成功的高處。這就是企業成長的基本模式和宿命。

只要閱讀日本和外國企業成長及組織的相關文獻之後，就會知道長久以來大幅成長的企業統統都要因應發展階段改變「末端朝氣蓬勃＋戰略凝聚力」的**平衡**，努力保持組織活性極大化。

這樣一想就會發現，「**組織循環動態論**」這張圖表具有通用性，不僅適合三住，也可以套用於一般企業，給日本企業的啟發很明確。假如公司長期停留在相同的組織論而置之不理，就無法實現長期的企業成長。現在，許多日本企業正陷入這個症狀當中。

第八章

企業改造八
如何設計充滿朝氣的組織？

「組織末端朝氣蓬勃」與「戰略凝聚力」兩全其美是公司的理想。然而，當成日本經營的實驗地不斷摸索，產生高成長率的「三住組織模式」，卻也日漸受到了「大企業病」的威脅。

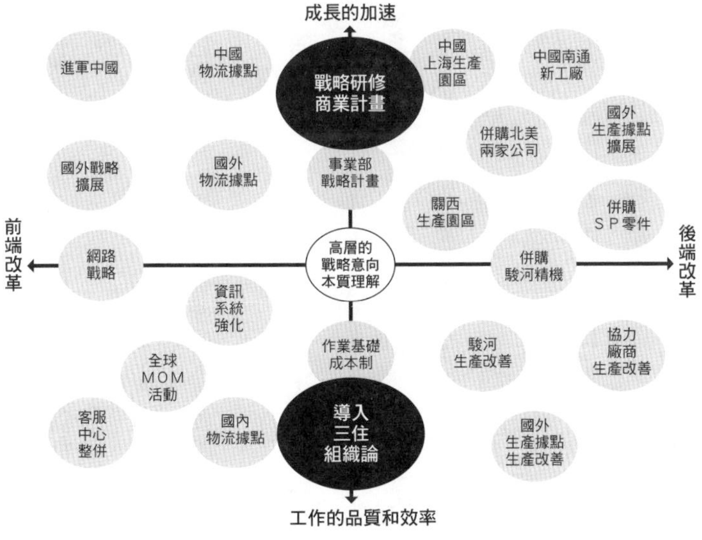

【圖8-1】企業改造八：如何設計充滿朝氣的組織？

三住舊有思想「小組制」的革新價值

三枝擔任三住總經理時，就希望在喪失朝氣的日本當中，誕生出嶄新的「日本管理風格」，足以號稱「朝氣公司」。這是他賭上人生最後階段的野心。

他擔任總經理不久，就描繪「**三住QCT模式**」展現三住事業的優點（第一章），但他想要的是和那個模式成套的另一項工具，稱之為「**三住組織模式**」。這二項管理模式將會成為靠山，對於創造三住的優點來說很重要。

三枝公開表示要把三住當成日本組織論新的「實驗地」。對於跳槽到三住的人來說，將他們下了重大決心轉行的去處稱為實驗地，說不定是在給他們添麻煩。然而，其實有許多充滿個性的人才吸引而來，願意接受這一點。儘管他們在這個實驗地當中腳滑或跌倒，卻鍛造出十四年來的業績。

三住的創辦總經理早在三枝以新任總經理身分登場的十年前，就對工業機械零件事業的未來感到不安，轉換方針發展多角化事業（第一章），但其實當時是在施行組織的大改革，要和多角化戰略相互配合。

那就是三住的「小組制」組織。創辦總經理企圖將三住的經營組織改成**日本前所未見**的劃時代型態。三枝在雜誌的報導上看到這件事，對他的先見之明感到相當驚訝。當時，三枝在企業再造的工作中多方嘗試嶄新的組織論，以便幫低迷的企業打氣。但是三住創辦總經理和自己的觀念竟然在原理上十分相似。

然而，當三枝在擔任總經理前後到三住內部走一趟後，就發現組織有嚴重的問題。現行制度和雜誌報導上看到的內容**顯然不同**；隨著調查的進展，結果更是使他驚訝不已。

三住的事業小組在工業機械零件方面的銷售額將近二百億日圓，多角化事業的銷售額則有幾億日圓的程度，新成立的小組有的銷售額還是零。這項驚人的特徵之一在於事業小組只能動用區區幾名員工，最多也不過十幾人。

三住的「小組制組織」細節如下：

1. 總公司的人事部、營業部、採購部、促銷部及其他功能別組織全都廢止，將職務和責任交給各個「事業小組」。
2. 小組領導者要從每年一次「願景簡報會」參選的員工當中任命。凡是員工皆可自由參選，由董事會選拔。任期為一年。
3. 假如出現好幾個人參選同一個小組領導者，就會變成「競爭簡報」。有時爭奪職位的還是經營者和部屬。三枝擔任獨立董事時看過這個場面，簡直就是以下犯上。
4. 領導者可以競選好幾個職位，但若全部落選，就會在公司內失去立足之地，要在降級或離職中挑一個。事實上這二種例子都發生過，真是成王敗寇的世界。
5. 小組領導者握有人事權，包括小組的員工任用、外部招聘、決定薪資、業績獎金分配等。換言之就是要變成雇主。

6. 傑出的員工會受到好幾個小組的邀請，有些人會透過交涉提升或降低薪資。薪資以一日圓為單位公開；聽說目的是要在公司內部形成「雇用行情」。
7. 員工每年可以要求調到不同的小組去，也能再去現在的小組應徵。熱門小組的應徵人數會超過定額，而若冷門則會招收不足，每年約有三成的員工會調職。
8. 招收不足的小組會進行外部招聘，領導者可以自由決定錄用與否和待遇。
9. 一般企業所謂的獎金是固定給四個月份，包含在年薪當中。再加上如果小組的業績刷新「過去最高淨利額」，其中一部分就會當成「分紅」支付。小組內怎麼派發分紅由領導者決定，包括他自己要分的那一份在內。借用某個董事的形容詞來說，就像是「**山賊老大分贓**」，當時只要業績成長得還不錯，光是分紅，就會超過**當事人的年薪**。

三枝從「**山賊老大分贓**」感受到日本人完全喪失的野性，然而，收入差距看起來過於懸殊，於是他就在擔任總經理後改變計算方式，縮小分紅的差距。

即使如此，但令人驚訝的是，創辦總經理訂立這樣的制度已有將近十年的歲月，仍然能在東證一部上市企業當中延續。當時，這種人事系統在日本很獨特，甚至可以說舉世無雙。

創辦總經理的思想：「自由與個人職責」

這並不是將過去的日本組織改一下的程度。背後要是沒有相當堅實的思想，就不會冒出這樣的點子。其基本的思想可以整理成以下四點：

1. 員工的事業活動要在「自由與個人職責」之下進行。
2. 盡量將「市場原理」引進公司之內。
3. 基於「人才會自己成長」的觀念，一律不以公司名義進行教育和訓練。
4. 公司擁有「**平臺**」（platform），由員工選擇要在平臺上面經營什麼樣的事業。

再重申一次，這並不是在隨便批判創辦總經理的觀念。創辦總經理想要在朝氣盡失的「日本經營」之下，將三住員工從傳統人事制度的束縛當中解放；三枝把它定位在積極的經營理念上。

第一章也提到，三住透過報章雜誌宣傳這個制度，成為慶應義塾大學商學院的個案教學，並收錄在許多大學教授的書籍和論文當中。然而這項制度後來在現實中發揮什麼功能，出現什麼樣的成果，相關的追蹤評論和報導幾近於零；當初公司的宣傳仍然以原始風貌殘留在世間。

新任總經理認為這項制度的好壞，是左右日後三住業績的重要課題，必須查明實際情況，若有需要就果斷改革。

新任總經理的思想

如同前述，三枝從過去的組織改革經驗當中掌握他特有的組織論，為日本企業提振活力。執行的例子已在描述小松產機事業改革的《V型復甦的經營》中揭露。他的組織論當中有二項基本原理。

1.創、造、賣

企業競爭力的原點在於每件商品「**創、造、賣**」運轉的速度（詳情參閱「經營者的解謎十一：創、造、賣（做生意的基本循環）」）。

2.小而美（small is beautiful）

這種組織能讓員工從功能別組織肥大化的制約當中解脫，做決策時不必浪費太多精力調整公司內部。

【經營者的解謎四十三】小而美的一條龍組織

這種組織又稱為「一條龍組織」，是將事業分割成小型單位，每個小型單位都有「創、造、賣」的全套功能。透過這種方法建立的事業組織能夠運作得比競爭對手**快**。另外還要提拔「將才」擔任事業組織的高階經營者，讓那個人取得戰略能力，自行提出及執行戰略，打贏包含國外在內的市場競爭。

列入這些原理的組織論，並不是藉機裁員的合理化戰略。目的是讓「**現在身在其中的人**」**眼睛閃閃發亮**，塑造充滿熱情的事業集團，急速提升組織的**戰鬥力**。只要壓制反抗改革的內部在野黨以免絆住公司發展，老老實實引進這套組織論，就會對組織活化及提升業績產生驚人的效果。

三枝這位新任總經理被迫要洞察局勢，過去的制度該保存什麼又該捨棄什麼？界限在哪裏？除非歸納出框架，當成判斷標準，否則很有可能實施錯誤的改革。

對人才培育的態度

三枝馬上就判斷出，三住以往的制度和他的觀念，其中有二個關鍵的不同。

一個是對於「失敗者」的價值觀，三住以往的制度秉持「失敗者離開公司也無妨」的觀念，三枝的想法則是「失敗才會讓人成長」。發生醜聞或敗德的事件另當別論，失敗者是公司重要的財產，這是三枝的信念。他自己的人生也是因為失敗，才達到下一個高峰，屢敗屢戰。

三住小組制擁有「小而美」的優點，
這是傳統日本企業組織絕對沒有的好處。

一、自律式的速度管理
・全體員工在意識到盈虧的同時以最短捷徑發展事業

二、培養人才
・環境適合培養經理人才

三、組織的柔軟性
・彈性調度公司內部人才

四、自清作用
・排除懈怠者

然而，三住的小組制在長年運用之後，逐漸浮現重大的問題。

【圖8-2】三住小組制的優點

【經營者的解謎四十四】失敗是企業寶貴的財產

假如公司輕易讓失敗者離職，不僅是花錢在那個人身上，還等於是將「失敗經驗」這項寶貴的財產，拱手讓給那個人下一間要去的公司。要是不能活用歷經失敗經驗的人，就無法累積內部人才。

當然，「**嚴厲斥責**」失敗者是很重要的過程，這一點不能縱容。另外，只要當事人有強烈地反省，失敗就告一段落。無論如何，要設法保留組織裏的失敗者。

【經營者的解謎四十五】嚴厲斥責

一家企業是否具備「**嚴厲斥責**」的組織文化，將會影響公司的優勢。不過，日本人和以前相比不會再斥責部屬和後進。公司要是小看斥責的方式，組織和個人的進步都會延誤，有志成為經營者人才，就需要累積「斥責部屬的框架」。

另一個決定性的不同則在於「培養人才」的態度。三住過去的制度基本上認為「人才會自己成長」。三住沒有由公司建立的教育制度，連個最基本的人事部門都沒有。小組的任期是一年，包含領導者都不知道明年誰還會在這個事業小組。這種**揮發性高**（按：陣亡率高）的組織，經營者還想扎實地培養部屬嗎？三枝對此有很大的疑問。

領導者資質以先天要素占極大比例，不過，「管理素養」可以後天取得。優秀的儲備經營者，必須在「坐著學」（透過研習獲得管理素養）和「做中學」（親身到管理現場嘗試）之間來來回回鍛鍊；這種計畫應該由公司準備，這就是三枝匡對於培育人才的看法。

【重要關鍵：經營者的解謎與判斷】組織文化

- 一家公司的事業成功，取決於員工的「長期貢獻」。必須否定三住內部弱肉強食、成王敗寇的氛圍，轉型成為讓大家安心挑戰風險的環境。
- 假如沒有這樣做，下一代的新事業就不會浮現，帶來大幅成長。關鍵在於要意識到真正的競爭對手不在內部，而在**外界**，並引進具體的戰略方法。
- 公司採取的體制應該要給予員工「指導和支援」，加速培育經營者人才。
- 當然，要是組織過於安穩，就會降低自律心態，逐漸上班族化。要持續判斷界限在哪裏，一次次調整組織制度。

十月十三日，三枝擔任總經理四個月後，就召開「全社管理論壇」。第二章當中長尾就是在這個會議上說明 FA 事業改革案。於是三枝就趁機向所有員工提出組織制度的改革案，要大幅變更持續十年以上的制度。

組織問題往往很複雜。就算發自好意提出新方針，就算反過來說制度不好要撤除，換句話說，也就是只要做了什麼事，就會有一些「弊害」和「反作用」。假如斬斷力發揮的方式不當，很可能會動搖員工的信賴感。

1.廢止在公司內公然以下犯上的「內部競爭簡報」。
2.領導者競選制可以繼續沿用。三枝認為**自告奮勇**追求一己升遷的制度很出色。
3.要引進一種叫做「公司指定人事」的制度，讓行動迅速的戰略事業透過公司權限決定人事異動。一般的公司提到人事，指的**統統都是這件事**，但三住需要特地創造「公司指定人事」這個詞。
4.每年進行至今的員工自由異動的制度（名為「喀啦喀啦砰」或「喀啦砰」，按：以狀聲詞形容自由異動的碰撞聲），減少為每隔二年實施一次。期盼員工能夠承諾盡量在同一個事業部待上至少二期（一期二年，共四年）。
5.業績評估和人事管理，薪資和獎金的決定權等事宜，要從小組掌控回歸到由公司管理。為了讓人事部功能復甦，要設置人材開發室。廢止員工薪資公開制。
6.事業計畫的擬定要視為「三住組織模式」的重要系統，因此要精心設計「從競爭中取勝的戰略」。就算小組的風險投資和赤字很大，但既然公司核准事業計畫，就是在宣告「大家坐在同一艘船上」（同舟共濟）。這樣一來，事業領導者就會和公司共同分擔風險和事業責任，輕鬆就能採取果斷的管理行動，脫離偏狹的經營。

7.當小組的業績成長，組織壯大之後，就要讓小組分裂。這就叫做「細胞分裂」。事業領導者實施細胞分裂之後，公司就會針對以往事業成長的程度，發給他「細胞分裂特別獎金」（按：細胞是將豐田生產方式的細胞式生產〔Cell Production〕，套用在事業組織的三住集團內部術語。細胞分裂有助於增加職位空缺，給一心想當儲備經營者的員工）。

三住組織論：充滿朝氣的組織

三枝企圖要這樣修正小組制，然而他總覺得心裏有疙瘩，感覺上框架似乎有哪裏不夠好。沒有掌握框架的企業管理會隨風飄盪。當時三住的銷售額還只有五百億日圓，後來即使變成十倍五千億日圓或更多，組織也依然充滿朝氣的組織論是什麼？三枝在思考這個問題，想要把三住當成實驗地嘗試這套組織論。

「說到底，『充滿朝氣的組織』是什麼？其中需要什麼樣的要素？」

三枝週末和平日晚上會在家溫習自己編製的研修教材和文獻，內容是他從二十幾歲開始蒐集而來的便條和簡報，就連聘來幫公司做研修的講師都拿來參考過。三枝將這些資料集大成，做出了一張表格。

這就是「三住組織原論一」的圖表（詳見【圖8-3】）。標題是「充滿朝氣的組織」，圖表當中「呆滯死板的傳統組織」指的是日本老字號的公司，右側的「充滿朝氣的變化創造型組織」，則不妨想像成矽谷的新創企業。

• 每個組織分類當中具有特色的「組織結構」是什麼？傳統組織以層級制（hierarchy）的集權式組織為主流。相反地，變化創造型組織則具有強烈的分權分散型組織色彩，像是全方位或專案小組等。

• 內部的「工作流程」方面，傳統組織多半以功能別畫分，要是沒有召集關係人士洽談，往往就不能做決策。反觀變化創造型組織則是要「多工化」，由一個人獨自做完各種的工作，很少「交接」工作，所以組織很單純。

• 「組織的統轄」方面，傳統組織的管理偏向控制（control），變化創造型組織則顯然傾向於賦權（empowerment）。

• 因此「經營者的職責」從傳統組織來看是「管理職」，從變化創造型組織來看則是「指導領袖」（先驅）。

• 就公司內的「明智之舉」而言，傳統組織有

組織的特性	呆滯死板的傳統組織	充滿朝氣的變化創造型組織
・組織構造	科層型（集權）	● 分散型（全方位小組）
・工作流程	複雜	● 簡單（一氣呵成）
・個人的工作範圍	偏狹（分工）	● 廣泛（多工化）
・組織的統轄	管理（控制）	● 自律性（賦權）
・上司的職責	管理職	× 指導領袖（先驅）
・員工的職業意識	受雇（勞資）	× 專案
・要滿足的對象	上司	● 顧客
・評估對象	行動（努力）	× 追求結果（利益）
・報酬型態	月薪（時薪）	● 成果報酬
・明智之舉	風險迴避	● 創造機會（高風險）
・獲得誇讚的行動	改善（改寫說明書）	● 變革（改寫劇本）
・企業經營風格	永續維持（農耕）	× 追求戰略（狩獵、騎馬）

【圖8-3】三住組織原論一：充滿朝氣的組織

很高的比率是「避險」和「改善」，變化創造型組織則是會讚揚「高風險創造機會」和「變革」的行動。

- 「企業經營風格」方面，許多傳統組織整體來說還是以「農耕型」為實際情況，變化創造型組織則是「狩獵和騎馬型」。前者以「改善」為主流，後者則重視「隨著劇本改寫而來的變革」或「創新」；用草食系（農耕型）和肉食系（狩獵和騎馬型）形容似乎也很恰當。

這個組織發展不順利的原因是什麼？

三枝不斷花費各種工夫建立框架。完成之後，下一個疑問就自然湧現出來。

「三住以前具備哪種組織的特性？」

逐一檢查之後發現，創辦總經理追求的組織在這項「原理」和「觀念」當中，所具備的特性竟然都是右側的「充滿朝氣的變化創造型組織」。

「是嗎，從孕育朝氣組織的『原理』來看，三住以前果然是個優秀的組織。」

不過就算「原理」是正確的，實際上公司內部的問題也層出不窮。這個組織不能順利發展的原因是什麼？

三枝再次逐一徹查。首先，他判斷以下這三個項目的「潰敗」會引發其他潰敗。

潰敗一：「專業」（站在員工立場，追求工作上的專業）的缺失。

潰敗二：「追求結果」（站在公司立場，凡事以結果論斷）的缺失。

三枝認為這二項潰敗是問題的出發點。聚集到三住的人是凡夫俗子，稱不上是專業經理人。即使如此，還是縱容員工不去追求結果，藐視經營，都赤字了還持續做八年。假如沒有對業餘人才嚴格追求成果，就孕育不出以專家為志的心態。

另外，這二個潰敗會成為病因，波及到以下二個項目：

潰敗三：「指導領袖」（coaching leader，指導與培育部屬）的缺失。

潰敗四：「追求戰略」（創造具備競爭意識的贏家故事）的缺失。

新事業為了越過「死亡之谷」，要發揮戰略技巧。但由於這種意識不夠，擬定天真的戰略，於是就蔓延到公司了。

【經營者的解謎四十六】農耕民族vs.騎馬民族

日本在創業時獲得成功，以大企業之姿脫穎而出的公司顯然比美國還少。我以前在做創業投資時，看到美國的牛仔（騎馬民族）擁抱淘金熱，以一夕致富為目標奔馳的模樣，就覺得孜孜不輟的農耕民族（按：指日本人）具備的心理素質實在望塵莫及，可惜的是，現在，日本人也敗在中國人追求貪慾和速度感之下。就算日本的管理領導者無法徹底成為騎馬民族，也必須早點學會足以對抗的戰略力量，否則就不能在世界舞臺上獲勝。

三枝就這樣將三住小組制具備的「四大缺陷」顯露出來，這下就可以好好解釋十年來沒能締造龐大成果的原因。假如考量到偏狹症和分裂症也是從「整個公司缺乏戰略」孕育而來，就會發現這是「潰敗之四」的一部分。

總算可以看出三住需要的組織論框架了。

請允許我把講述的順序顛倒一下，之後三枝還設計出另一個框架，命名為「三住組織原論二：組織活性循環動態論」（參閱〈三枝匡的經營筆記九〉），於是**三住組織原論**一和二就湊成了一對。三枝認為就算三住成為龐大的企業，這些框架也可以當成通則，時時站得住腳，隨著三住的成長逐漸變遷，以「**三住組織模式**」的基礎理論延續下去。

改革的方案

於是三枝就決定推動改革解決「四大缺陷」，從【圖8-4】「改革的方案」往左的箭頭處就能看得到。只要實施這項改革，三住就可以變成戰略意識組織了。

剛開始具體的戰略是開設「戰略研修講座」。講座是為了提高員工的管理素養而舉行，「班主任」就由三枝本人負責。

戰略講座是以每三個月一次的頻率召開，董事、部門長和部門協理會分配到三十人左右的小班級，花上整整一天進行課程。從早上到傍晚約八小時左右的研修會場上，三枝動來動去沒坐下來休息過，將問題一股腦兒丟給大家。課後還會出功課，要學員交報告。當天講課結束後，就會開個小小的飲酒會交流。

- 自己從過去的管理經驗累積的框架，希望能在離開三住之前，統統傳承給幹部。累積多年透過實驗歸納的框架，三住的員工只要短短一天就可以學到。
- 剛開始要記得掌握許多框架的「抽屜」，就算是向總經理借來或抄來的也沒關係。將來在實踐時，員工要靠自己的邏輯思考戰略，趁機養成建立框架的習慣。

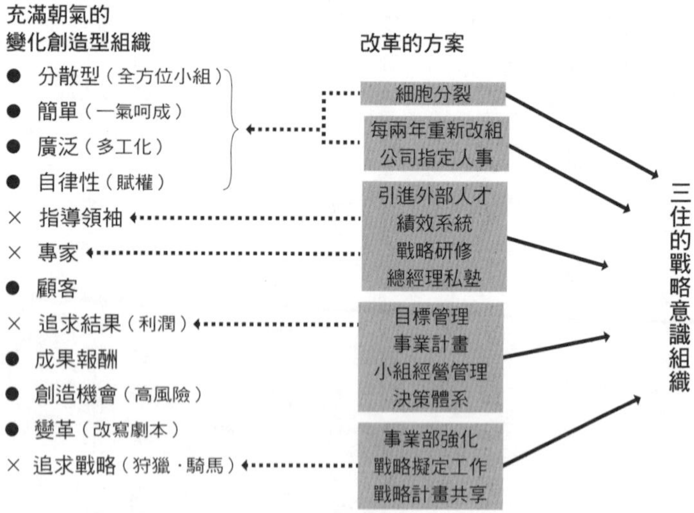

【圖8-4】三住的組織改革能夠與戰略改革並行

三枝沒有委聘外部講師進行這次的研修，這是為了讓三住的組織染上自己的戰略管理風格。因此他自己必須下定決心，當一個「戰略的傳教士」。

這並非上市企業的總經理能夠輕鬆完成的工作，已經超過一般總經理的職責範圍，體力和精力都要足夠。從幹部和員工的角度來看，眼前的講師是總經理，有個**文武雙全**的經營者逼近自己，連打瞌睡和偷懶都不行。

這個戰略講座至今仍在續辦當中，從幾年前還設置了適合年輕員工的「基礎講座」。總經理就職後過了十四年，所有講座總計辦了將近一百次。

剛開始從製作教材、講課和課後報告的指導全都是親力親為。為了保持研修的高水準，就只能這麼做了。不久後，晉升下一代管理陣容的人就幫忙分擔。現在他們每次輪流擔任輔佐班主任的「助教」，負責指導員工。透過這項任務，他們的管理素養也會提高。

事業計畫系統

然而，只靠研修「坐著學」，很有可能會和某個大企業一樣，只會製造大量紙上談兵的知識份子（intelligentsia）型上班族。相形之下，三住的「事業計畫系統」（business plan system）所扮演的角色與運用方式，如同〈三枝匡的經營筆記六〉描述的一樣。事業計畫扮演「關節」的角色，讓三住的「組織論」和「戰略論」合而為一。

有個幹部說了這樣的話：

「四年前，進入三住的那一年，我曾經自行擬定事業計畫。最近重新再看，當時自己的程度真差，實在丟人現眼。」

這句話當中說了二件事。首先，入社四年以來有相當程度的成長。另一件事，是現在他看了四年前的事業計畫之後，即使內容很粗糙，當時也算低空飛過，這是事實。

換句話說，從公司立場看來，事業計畫合格的界限押在勉強可以的水準。假如技巧拙劣，擬定事業計畫就要耗時甚久，如果因此將其他工作長期放著不管，這樣也不行；所以才會有這種達到及格邊緣就好的考量。

三枝在就職後的數年間，一個人就主宰公司內所有事業小組事業計畫的審議。事業部長和總經理一起坐在議長席，這樣的指導可說是名符其實的「**現場主義**」。說老實話，雖然是要指導在正對面席位上的事業協理，但真正的教育對象是坐在自己旁邊不遠的事業部長。

假如事業部長獨當一面，能夠向事業協理做戰略指導，三枝就會交給他們處理，自己退出議長席，這就是「薪火相傳」。

事業協理陷入僵局，沒辦法順利完成事業計畫的工作，開始一個人急得團團轉。三枝眺望情況，假如覺得對方逼近極限，如同天神降臨到他所在的地方，開始以「手把手」的帶人方式個別指導。這是第二章長尾謙太遇過的情景。這樣子和部屬一起工作到深夜，擔任閱卷老師的情況多得數不完。假如沒有做到那種地步，自己人生當中獲得的技能就難以傳承，於是就鐵了心埋頭苦幹。

舉例來說，之前還發生過這種情況。那是事業協理在某個事業計畫的最終審議上做簡報時的事情。

會議室裏在場的有事業部長和小組的幾個員工。當總經理最後批准計畫，離開這個房間，穿過走廊之後，就從背後的房間傳來「萬歲！」（按：表示慶賀）的呼聲和掌聲。看來他們似乎以為總經理走遠了。當時事業部長、協理和員工全都一起發出勝利的歡呼：「結束了，我們戰勝了總經理！」

類似的事件層出不窮，透過這個可以感覺到事業計畫系統，成為他們極為沉重的負擔。不過，就算他們再怎麼辛苦，三枝還是繼續施行這項制度和指導方針。每當事業幹部的力量提升，幹部和員工突破障礙，就會感受到他們的成長。

不擅長邏輯思考的學員當中，會出現出局的人，這是無可奈何的事情。但是，習慣戰略思考的人就會突飛猛進，學會如何指導部屬，逐步晉升到企業層峰。

幾年後，三枝不再親自指導事業計畫。因為專責的組織逐漸成形，會由董事負責這個任務。儘管他有時會去**旁聽**事業計畫的審議過程，但連這個也不參加了，把所有審議和指導的工作交給繼任的管理幹部。

當然，下一代的部門長和事業協理是否真的能夠好好繼承戰略思考呢？究竟能否薪火相傳成為更好的公司？還是會中斷傳承變成平凡的公司呢？這是下一代管理團隊該抉擇的問題。

與員工溝通

三枝擔任總經理沒多久，強化員工戰略思考的計畫「管理論壇」就開跑了。這個活動每個月舉辦一次，依照層級召集幹部和員工。剛開始這也是一律由三枝擔任班主任。

公司當中困難的專案和管理課題是由總經理或幹部做簡報，進行相關討論。參加的部門長要交報告和心得。另外，還要求聽講者回顧自我，也就是要包含「**第一套**」劇本（自我反省）。

三枝會將交上的報告和感想文統統看過，剛開始他一律都會回信。等到忙起來之後，就只會針對內容亮眼的報告撰寫回覆。這項工作從星期六一大早開始，有時要到星期天晚上才會結束。

說實話，其實許多人在寫這樣的報告時，都會企圖討講師歡心，將堪稱「乖寶寶」的答案送過去。何況「閱卷者」是總經理，那就更不能寫下會得罪人的內容了。

然而，就算是這樣也不要緊，反正寫就對了。只要當事人透過書寫的行為將腦中的觀念稍微咀嚼和扎根就好，結論就是這樣。

還有員工因為交出有趣的心得文章，被總經理叫去談話，平時很少接觸的年輕員工，也會被總經理叫去聊一聊，因為儲備經營者不曉得會躲在什麼地方。

另外，三枝還舉辦「開放論壇」，召集全體員工。這場二小時的座談會沒有腳本，年輕員工無論有什麼問題都可以直接詢問總經理，總經理逐一回答。

開放論壇以每年二次的頻率舉行。最近繼任總經理和企業體總經理等人成為班主任，由各個組織單位舉辦依照科層或組織分類的論壇。

三枝匡以三至四個月一次的頻率，寫信給全體員工。這份文件以「管理觀點」為主標題，附上「以打造三住管理幹部共同語言為目標」的副標題，透過電子郵件傳送給所有員工。

戰略觀點、理想的業績管理、事業計畫實踐法、理想的董事報酬、員工的服裝儀容等，信件的主題涉及了很多層面。

ＫＪＫＪ：總經理發出的建言電郵

另外，總經理就職後過了差不多一年，三枝就開始以**祕密**電郵，私下給予有意成為經營人才的**少數**幹部建言。這種一對一溝通，不會讓當事人以外的人看到。

當三枝認為「真想培養那個人」「一定要趁現在先說比較好」的時候，就會寫這種郵件。

三枝將這種電子郵件取名為「ＫＪＫＪ」。ＫＪＫＪ是什麼意思呢？即使在公司裏也很少人知道，這是「儲備經營者教育資訊」的簡稱（按：ＫＪＫＪ是「経営者人才教育情報」〔Keieisha-Jinzai-Kyouiku-Jouhou〕日文發音的英文縮寫）。既然郵件的出發點是「寄件者把收件者當成儲備經營者大力栽培」，就算內容再嚴苛，閱讀時也可以視為三枝匡的個人建言，而不是針對收件者的斥責。

寄件者第一封ＫＪＫＪ電郵的收件者是加加美健斗。三枝匡就職總經理的隔年，正值加加美為了三住的中國事業而痛苦不堪之際（詳見第四章）。在那之後的十二年當中總共發出二百封的ＫＪＫＪ。

平日的深夜、早晨，甚至是在周休假日，只要寄件者有空待在家裏靜思時，就會寫給加加美。除非當事人自己爆料，否則「ＫＪＫＪ是誰寄的」至今仍然是個謎。不過，聽說幹部之間在喝酒時，還曾經有過這樣的對話：「我沒收到耶，原來我不是對象嗎？」想必三住的高階經營者當中有人知道內情。

三枝還曾經每個月和頂著當地總經理頭銜，與國外的幹部互通私信一次，電郵主旨是「管理雜感」。既然派了力量還不夠的人到一個國家擔任企業層峰，就要設法開拓他們的管理視野。

設置人材開發室

組織變革中不能忘記提上一筆的，就是「人材開發室」（按：「人才」的日文漢字為「人材」）的設置。以前三住曾經有過的人事部復甦了。

【眾生相】水田由希的說法（人材開發室長，當時三十七歲。其後她希望轉戰事業領域，挑戰事業部長、國外當地法人總經理和其他新工作）

我上一個工作是人事顧問。當初去三住總公司應徵時是由三枝總經理面試。那時他這樣問我：

「妳認為三住的事業風險是什麼？」

這話來得真突然。一般的公司不會對人事部門的應徵者這樣問。事業的問題我沒有預習太多，很難應付過去，於是就這樣回答：

「要是在小組制下建立許多小型組織，就很難以公司的名義管理，這樣就有可能產生事業風險。」

我回答時逃避事業的話題，拿組織問題來頂替。不過三枝總經理卻說：「就是這樣沒錯」，拿了「三住組織原論一」的圖給我看。

之前我從事顧問時接觸過許多企業經營者，但是經營者將「組織論」當成「戰略」的一部分來談論，這樣的情景我還是第一次遇到，因而留下強烈的印象。

順便提一下別的話題，從那之後過了差不多三年，我這個人材開發室長幾乎天天都會見到總經理，有一天他突然問我：

「對了，妳想經營事業嗎？我相信妳辦得到。」

我嚇了一跳。其實我希望有一天能調去做事業的工作。雖然沒有刻意顯露在臉上，卻還是給人看破手腳。

於是我馬上就回答：「是的，我想做。」

一個將近四十歲專攻人事出身的人，就算希望調去當事業部長、國外當地法人總經理和其他新職位，也不能順利實現。總經理很乾脆地幫了我這個忙。

企業體組織

三枝擔任總經理後，三住就開始急速成長，遲早必須要配合情況擴大組織。當時總是人手不足，連貓的手都想借來用（按：日語中形容忙不過來的諺語）。

組織依照三枝的「組織設計」，展開活躍的「細胞分裂」。比方像是由長尾擔任事業部長的FA事業部，三枝就任總經理時只有二個事業小組，四年後就變成十一個小組。

整間公司從三枝任職總經理時的二十個小組，四年後增加將近二倍，變成三十八個小組。翌年包含國際市場在內，增加到五十七個小組，約為原來的三倍。

總經理就職後，四年來年平均銷售額超過一千億日圓，成長了一九%。三住從創辦以來銷售額要花**四十年**才能達到五百億日圓，結果僅僅**四年**就累積到下一個五百億日圓。這無非是事業計畫的制度創造出來的成果。

三住後來也持續成長，第六年遇到全球景氣低迷，銷售額是一千二百六十六億日圓。就職以來總計六年間的銷售額增加為二．五倍，這段期間的年平均成長率為一六%。組織也配合高成長持續膨脹。董事和管理職來不及補位，一人身兼數職，同時謀求全球戰略的發展，是一段辛苦的時期。

總經理就任時，直接向總經理報告的董事和部長（相當於事業部經理）有七人。依照三枝的經驗，差不多到十人為止還足以善加指導。奇異（GE）前執行長傑克．威爾許（Jack Welch）的確說過，最多可以到十三人。

然而組織持續擴大，總經理就職的四年後，向三枝報告的人數就變成二十人。他的行程表總是密密麻麻，要約時間也很麻煩。還有人藉機混水摸魚，等他發現到時，已經有人三個月沒來報告了。

這下子可糟糕了。三枝發現必須開始準備添加新概念到「**三住組織模式**」。假如沒有急速成長，無論過了多少年後應該都不礙事。一個成功，會創造出下一個障礙。

他考慮將組織的科層，增加一級。反正是平凡的構想，那就把事業本部長放在事業部長之上。然而，他對於疊床架屋的組織沒有興趣，因此就開始思考「企業內建立企業」的方案。

這很類似坊間所談的社內分社制（Company System），但三枝可不想模仿率先開創的索尼（SONY）。總經理就職第四年的八月，他召集董事在東京都內的旅館集訓，商討這項組織概念。結果企業內企業就決定命名為「企業體」。當時三枝堅持要將「企業體總經理」的頭銜致贈給企業層峰，他認為關鍵在於要盡量讓人趁年輕時體驗總經理的立場。企業體總經理底下配屬幾名董事，每個企業體在設計上是由管理團隊所組成。

組織的設計圖大功告成，卻延了一年才實施。當時的幹部各個半斤八兩，硬要遴選「企業體總經理」感覺會很危險。

結果，企業體組織就在總經理就職第五年的七月成立了。那是三住創辦以來從「總經理直轄型組織」改弦易轍為「事業分權化組織」的歷史轉捩點。其後，細胞分裂的概念不僅適用於事業小組，也適用於在那之上的事業部和更上級的企業體組織。

今天企業體組織擁有模擬的董事會，以提高自主性。能否活用自主性成就自我管理，就取決於每個任命為企業體總經理者的管理能力了。

組織持續改變

組織型態長期固定不變，不適合保持企業高活性。就算乍看之下變更到和以往的組織理念相逆，也可以從新的觀點判斷這是否合乎戰略。

再重申一次，「**三住組織原論一和二**」從一開始就將「動態論」列進去，所以組織要配合公司每次的變化逐漸變遷。「**三住組織模式**」往往可以在不同時期保持朝氣蓬勃的樣子。

三住這十四年來，從修正「創辦總經理的組織論」（小組制、個人職責）起步，歷經「三枝的組織論」（末端朝氣蓬勃、戰略凝聚力）和「分權化」，結果就完成了以上這三大變化。而現在代替三枝出場的下任總經理，要開始展望世界四極的企業體組織及將來發展，施行屬於他的嶄新組織論。

相信將來三住的組織也會持續變化。讓事業和公司持續保持朝氣的關鍵字就是「持續變化」。

【叩問讀者】貴公司目前處於哪個階段？

成功的企業會透過「企業改造」不斷累積高風險的「改革鏈」，將全球競爭力拉抬到下一個高度，而要如何不斷維持暫時獲得的組織活性則是一大課題。只要以廣義的觀點掌握圖表「**三住組織原論一和二**」的內容，就會具備普遍性，無論哪裏的公司都可以適用。對照圖表思考時，你認為自己公司現在的組織目前處於哪個階段？假如你在公司裏發現新的組織問題，解決的對策是什麼？對三枝匡來說，這不是紙上談兵，而是他在管理現場要迫切回答的真實課題。

三枝匡的經營筆記 十

個人的「跳躍」與組織「矮化」的力學

職位低，難道就不能做事嗎？

我（作者）在三住內部發信時提過「**職位矮化**」一詞，後來這項概念就成為幹部的共通語言之一。像三住這樣組織急速膨脹的成長企業，經常會出現這種嚴重的問題。

譬如說，跟十年前的自己在同一崗位上的現役年輕社員，是不是比當時的自己從事較小規模的工作呢？反過來說，現在的自己和十年前在這個崗位上的前輩相比，是不是從事著較小的工作呢？

組織的官僚化和上班族化要是在公司裏蔓延，就一定會出現上述的現象。

這樣描述下來，感覺不管怎麼想都是組織的問題，但只要拆解個別的案例，就可以看出「這是獲得升遷的當事人與公司的意圖背道而馳時，以**個人的身分**挑起的現象。」。

「**職位矮化**」發生的場合不只是在公司內獲得提拔之際。從外面跳槽過來的空降人才如果占據高位，也會出現這種現象。

好不容易獲得大幅「跳躍」的機會，職位換了，當事人腦袋卻沒換，不僅沒有相應的實力，而且心態沒有準備好，於是就無法採取適合新職位的心態和行動。這種人缺乏覺悟，預設立場窄化新職位的任務，還四處訴苦取暖討拍，把「晉升之前親手幹過的粗活」當成「晉升後的職責」。

這就是「職位矮化」。如此一來，就算公司毅然提拔人才，也形同於將當事人連降幾級。還有，要是成長的公司發出許多這種人事命令，矮化的管理職位就會出現在公司各地，整間公司將會變得偏狹。

一旦陷入「**職位矮化**」，除非當事人**持續**接受經營者嚴格的指導，否則就不容易脫離險境。因為當事人和周遭的人，都誤以為這種職位矮化的作風天經地義。

為了高成長而擴大組織的公司，可以說是必然會有這樣的症狀產生。假設你現在任職的公司正在成長，卻覺得公司和以前相比變得「上班族化」（萎靡不振），就極有可能是「**職位矮化**」長期造成得惡化。

企業中迅速升遷的人，會在目前的職位準備就緒，營造「即使我不在，也沒關係」的氛圍。像是提早在部門中尋覓繼任者，或在其他部門另找接班人。相反地，那些認為「沒有我，凡事就停擺」「這個組織不能少了我」的人，通常升遷速度很慢；主要的原因，在於周遭的人會認為「如果現在調動那個人，由於他凡事一肩挑，也沒有培育接班人，一旦動到他，麻煩可就大了」。

是否刻意忽略自己能力不足的問題？

奇怪的是，挑起「**職位矮化**」的人，其中也有些人對於自己的能力不足的事實毫無自覺，還說自己「未受重用」、「懷才不遇」、「大材小用」。

照理說，責怪公司之前應該躬身自省，其實問題出在自己；不過，會這樣講的人一定沒有這個自覺。對於部屬和同事的立場而言，這個人只要好好完成原來的任務就謝天謝地了；然而，這個人既沒有做到本分事，加上莫名的自尊，結果這個人就變成「很難用又難搞的人」。

這個人有很高的機率，會在不久之後辭職另找工作。然而，從經營者的角度來看，這個舉動很可能會讓他陷入禍不單行的窘境。明明下了決心拔擢他，當事人卻挑起職位矮化，心懷不滿，一旦轉職，也失去部屬，陷入噩運。

身為這個人的經營者，倘若不想讓事情演變至此，千萬不要急著提拔他，花一點工夫讓他再多努力提升實力。不過，在高成長的公司中，由於人才不足，升遷速度會加快，這樣的例子其實相當多。

挑起「**職位矮化**」的人一旦離職，前同事就會說他「中途跳船」「我們明明幫他很多忙」。既然交給那個人的工作沒完成，他就會成為前公司的「中輟生」。公司**不會**挽留他，即使勉強慰留也無濟於事。

公司外面的人沒辦法透視公司內部的實際狀況，看不出一個人在這家公司是否會挑起「**職位矮化**」。所以要是當事人說「對現在的工作不滿意」，外人就會堅信這人實力很強。假如這家公司在坊間的形象很好，無形中也會膨脹當事人的能力，一旦轉職之後，還會有公司願意提供超乎當事人實力的職位和薪資。

不過，說實在的，在這世上，以打腫臉充胖子的偽造實力，離開前公司之後設法自我推銷的人就會露出馬腳。這種人開心的只有辭職的**那一刻**；等到他找到下一份工作，又會繼續挑起「**職位矮

化」。

假如知道讓他「跳躍」（晉升）會有點勉強，就需要以寬容的心態給他充分的時間。然而，如果他轉職之後，下一家公司就不一定會像前公司那般厚道。新東家的人會批評他能力不夠，他卻要虛張聲勢度過每一天，這實在非常辛苦。當然，這絕不是那家公司的錯。

這樣的人有相當大的機率會想要再次離職，到時候，他又忽略自己能力不足的事實，說什麼「龍困淺灘」。

這種事情重複二、三次之後，一般人也會注意到，可疑的不是公司，而是他。這麼一來，就算當事人試著再次轉職，人生後半段也就只能在馬馬虎虎的職位上度過一生。

這種人會將剛開始給他跳躍機會的公司當成跳板，透過下次轉職獲得的高位，很可能是他職業生涯的巔峰。儘管那一瞬間看起來像是成功人士，但是過了多年之後，別人很可能會說：「那個人的人生後半段是在做水平移動，又感覺有點走下坡。」

明明能力不夠，社會上卻把他說得像是「專業經理人」一樣，要是當事人也有意於此道，之後就會變得非常辛苦。就算當過總經理，頂多**只有一家公司**的經驗，達不到能夠稱為「專業經理人」的水準。就如「經營者的解謎三十七：將管理技巧變成通用工具」所寫的一樣，除非是像松下幸之助這樣的天才，否則憑著一家公司的經歷，就想要將管理技巧「通用化」，其實是不夠的。

我對此有自覺，想要設法達到專業經理人的領域，必須不斷挑戰風險，累積經驗，關鍵在於經歷「死亡之谷」的**次數**。

三枝匡的經營筆記　十

原本日本年輕的人才應該要追求更高的挑戰，但明明歷練不多、技巧不佳，金錢的待遇卻像是訓練有素的專業經理人。儘管賤賣「專業經理人」這個術語的風潮，只是部分日本企業的現象，但是暴露日本人的管理素養之低。如此賤賣術語只會妨礙人才輩出，以至於從日本登上全球舞臺的經營者人才愈來愈少。

「跳躍」將人生的學問極大化

另一方面，就算辭掉現在所待的公司，但以這家公司的「畢業生」身分離開的人，「看漲的人生」就會在將來等著他。

公司的「畢業生」對於給他的任務會盡力「參與」，至少花幾年賭上肉身和靈魂，周圍的人信賴他，他也不斷努力，可以經常拿出百分之百或更高的產能。無論年輕也好，董事層級也好，年齡和行為責任程度也好，這種「將才」多多少少存在於很多公司當中。

這樣的人，即使因為某種原因離開現職，則答案是「畢業生」和年齡和職位無關，別人會說「你幫了我們很多忙」、「你對公司有貢獻」。大家會衷心為那個人送行。辭職之後，以前的經營者或部屬也會偶爾聯絡持續來往。

這對於以「畢業生」身分離開組織的人來說，是一種勳章。他們會抬頭挺胸，自稱是那家公司的校友。

三住也有許多這樣的校友再度回鍋，他們回來時會說：「去了外面一趟，果然還是三住好。」

三住歡迎這樣的人，會迎接他們回來。一度辭職的事實不會成為內部人事的不利條件，大家很快就連這個事實都忘了。這本書出版時，三住也有超過二十名是回鍋的員工，他們回來任職之後，其中還有人晉升為部門長及國外當地法人總經理。

與「畢業生」相反的是「中輟生」，當中也有人對前東家或經營者口出惡言。對於在職時自己挑起職位矮化成為中輟生的事實有所自覺的人不多。就算有自知之明，會自己講出來的也很罕見。和前東家的人聯絡時，對於前經營者敬而遠之，和職位比自己低的前同事見面時板起前輩的臉孔，甚至鬼鬼祟祟搞些小動作。

反觀「畢業生」，幾乎以待過前東家的經歷引以為傲，雖然當時接受鍛鍊也有辛苦的時候，不過，當時的經驗卻成了往後人生的支柱。對於以這份履歷為跳板，獲得人生的下一個機會，他們抱持強烈的感謝之意。拜訪公司時也會去找鍛鍊自己的前經營者，傳達近況。

我繼續對三住的員工說：「**自己**主動接近困難的任務再跳躍，會將人生的學問極大化。」說到底，我的人生就是一連串痛苦的跳躍。

雖然多少有點不安，但在跳躍時要鎖定**能力所及的上限**，設法掌握超出自己過去經歷的舒適圈，我稱為「**適合身高的跳躍**」。假如錯估上限，要進行超出能力的大跳躍時，則會變成「魯莽的跳躍」。這時必須謙虛衡量，假如感到恐懼，覺得很可能會出意外，就要避免一口氣跳躍，腳踏實地才是明智的選擇。

關鍵在於現在的公司之中也好，轉職時也好，假如人生給你大幅跳躍的機會，就要在接受這項工作及答覆前先冷靜思考，**謙虛**衡量要怎麼填補新職位要求的能力和自己實力之間的落差。

三枝匡的經營筆記 十

消除職位矮化

我有時會做出「亂來的人事異動」，當事人和周遭的人都嚇一跳，其實這是精準看出一個人的極限，我認為「這個人辦得到」，才會做出這樣的決定。培育人才時，判斷一個人「跳躍（成長）的極限」很重要。優秀的人才在接受「亂來的人事異動」時，就算還有一段很長的距離要努力追上，但是，從發布人事異動命令的**第一天**起，當事人態度也會不同。這個受到寄予重望的人不必謙虛，最重要的是「決心」。

以這本書來說，當時四十三歲的西堀陽平就是如此。當時，駿河精機的改革停滯不前，領導能力形同虛設時，他雖然說「自己完全不懂生產」，卻以總經理的身分進入現場，用毅然的態度轉換公司的體質，速度快得驚人（第六章）。

還有在客服中心改革陷入第二次受挫時，當時三十六歲被派到現場的武田義昭。他也說自己是這個領域的門外漢，卻空降到看不見出口的組織當中，提出新的戰略，毅然迎向公司內部的反抗（第七章）。

他們**正確**認識自己所背負的新任務，自知自己能力不足的地方是什麼，剛開始就要奮力一跳，拿出行動妥善彌補能力的落差，這就是「決心」。

困難的狀況當中，支持他們痛下決心的就是**謙虛地深思熟慮**的態度。這時需要高超的管理素養和框架，推導明快的故事。然後將這個故事散播到周圍，鼓舞大家發揮熱情趕緊跟上來。

無論是什麼樣的奮力一跳，都要記得早點消除「**職位矮化**」，不久之後就能發揮超乎職位的功效。然後再準備下一次跳躍。能夠做到這一點的人，大家會說他的人生確實在力爭上游。和似乎在走下坡的人相比，就算默默做事，下一個重責大任也會自然降臨在他身上。

當然，這對於不幸成為「中輟生」招來「**工作矮化**」而辭職的人也是好事。只要他發現自己的不足之處，低調沉潛修身養性，未來還是有機會可以遇到更好的工作。

以儲備經營者的身分暫時在三住工作的人，希望他們務必活用這段期間的經驗，活出能夠自我實現的人生。每當想起他們一張張的臉，就覺得感慨不已。儘管身為企業經營者，卻反而像是替學生餞別的學校老師一樣不捨。希望各位讀者也務必把握人生加倍努力，預祝各位旗開得勝。

後記　「戰略」與「熱情」的經營

以成為專業經理人為職志的讀者，好好把握機會

那麼，挑戰「企業改造」的故事即將要來到尾聲了；這裏要回到第一人稱的「我」總結。前面描述到三住各部門致力在做的國際戰略、生產革新、營運改革及其他施行過程。每個改革主題往往包含了「時間戰略」的概念。將這些勾連之後，就會造就「三住商業模式」的進步，以對抗發源於歐美的「企業革新大趨勢」。三住這十二年來改頭換面成以前無法想像的公司。

另外，我擔任執行長的十二年來，常常要不斷面對就職總經理以來，一貫標榜的課題「培養儲備經營者」。我擔任總經理的三個月後，就在日本全國報紙刊登三分之一版面的徵才廣告（圖Ａ）。

「有志成為明日經營者的人，報上名來吧。」

「直接決勝的工作就在這裏。」

當個上班族追求安定的人生，當然也是一種生存之道。然而，**滿腔熱血正在沸騰**，對於現在身處的位置不滿意的人，或是以經營者為職志的人，就要「抓住機會」來到三住；徵才廣告就是在透露這樣的訊息。

我的目標是要建立朝氣蓬勃的組織，當多年後離職之際，就要將三住的管理工作交棒給**四十幾歲**的經營陣容，這一點已經實現。

在過去的工作當中，我推薦過許多經營者該做的其中一件事，為在上任新職位的瞬間，暗中列出三個該職位的接班人。然而，當我來到三住時，卻沒辦法舉出三個繼任總經理的人選。這個階段當中別說是三個，就連決定一個都有風險。

不過，成為獨裁經營者，直到年老力衰都賴在公司不走的形象，和自己提倡的培養儲備經營者的觀念有所矛盾。於是我訂下前提，一旦培養出接班人，自己就要讓賢。

因此，我就計算自己身為總經理，大概幾年之後會離職。假如這時要指名四十幾歲的接班人，推算這位接班人現在到底是幾歲的人。

我認為，應該要將當時年齡三十六至四十四歲左右的員工，當成三住的未來接班人加以鍛鍊。從以前就在三住的人和日後集中從

【圖A】三住徵才廣告

三枝匡（圖中人物）上任總經理三個月後，三住在日本全國報紙刊登三分之一版面的徵才廣告，標題文案為「有志成為明日經營者的人，報上名來！」

外面錄用的人要儲備起來，將挑戰性的職位給予這個年齡層的人才，促進經營者人選應有的成長。

我在購買自己要在三住搭乘的公司用車時，要求車牌使用獨特的號碼，那就是自己擔任總經理的西元年和當時年齡搭配而成的數字。我幾乎每天都會看到它，提醒自己「從擔任總經理以來已經幾年」。可以說，汽車的車牌號碼就是計算我任職三住年資的計數器。

事業成長和人才培育的你追我跑

然而過了一段時間後，就逐漸發現鎖定培養對象年齡層的方針不可行。

假如看中這個年代看似將才的人，鐵了心讓他晉升，他們就像脹滿的氣球，即使負責不熟悉的工作有多麼勉強也會努力去做。

每個人既開朗又認真，熱情洋溢，但是，經營者該有的成長卻不快。

我在四十歲時，就已經當過戰略顧問、二家公司的總經理，還擔任過創投公司的總經理，累積相關的經歷和經驗。幾十年前，這樣的經歷在日本還太過早熟，現在也發現這無法變成別人的標竿，但若將四十歲左右的日本人再度集結起來，就會明白他們的管理技巧比預期的還要薄弱。

三住給他們的職位很高，假如仍然繼續待在上一家公司，往後沒過個十年或二十年就休想輪得到。對他們來說，這種狀況就像是必須讓自己的腳配合稍大的鞋子，然而集結到三住的「志願役」統統都希望這樣，打算將那個年代的佼佼者吸引過來。

但是，他們幾乎都不習慣站在部屬之上，對數字的敏感度低，缺乏追求獲利的執著。談起道理只要嘴皮子，戰略的架構卻很薄弱。一旦執行，由於領導力不足以至於無法以腳踏實地的態度統率組織的人，更不在少數。

為了矯正他們染上的上班族習性，因而做了初步的指導，卻要撥出大量的精神和時間，而且其中還加上意料之外的要素。

三住的業績、組織和國際發展開始急遽擴大。儲備經營者光是任職三住就已經有所成長，對他們來說，事業的複雜度與日俱增，改革的功效以出乎意料的速度呈現，足以讓我開心驚嘆。

不過，這卻形成龐大的壓力，影響身在其中的幹部和員工。尤其是國際戰略幾乎是從零開始建立，對任何一個總公司幹部來說都是巨大的挑戰。

換句話說，他們些微的成長趕不上管理所需的程度，以至於出現了「你追我跑」的滑稽場面。

用什麼方法可以輕鬆一點？

當我將認為有潛力的人才擔任要職之後，就算明知能力顯然不成氣候，但除非犯下重大疏失，否則也會讓他持續挑戰二至四年，以「手把手」的方式耐心指導。

對我來說，悉心調教和嚴厲斥責，相當耗時費力。一旦說話方式粗暴，有時就會深深覺得自己像是軍官學校的校長，儲備經營者（形同預官）會來我這裏上課。

另外，即使打算培訓後進，但受到指導的當事人有時覺得「實在很沒意思」。這種人自尊心相當高，對自己犯下多大的疏失沒有自覺。有時還斥責過他們，但沒有自覺的人照樣遲鈍到無動於衷的程度。

我不斷工作，希望協助三住集團急速成長。剛開始每年必定放二次長假，過了一段時間後也變得很難休假。身為公司的董事，報酬愈高就愈要拚命工作，要是拿不出匹配報酬的貢獻，就會對不起員工。我從三十幾歲首度擔任經營者以來，就一直保持這份信念。

然而，工作過度也是不行的。身為企業層峰，心態和體力要留有餘地，以保持健全的判斷能力。人才的培養和補充往往是在公司的成長後面跑，每個人都身兼多項工作。有段時間，我這個執行長還兼任部門長的工作。我很拚命，大家也很努力，累得人仰馬翻。

老實說，我有時對自己打著「培養儲備經營者」的招牌感到有些迷惘。當初多少次想要抄捷徑，放棄「即使現在能力不足，也要耗費心力培養」的做法。或許趁早判斷人才的好壞，一旦覺得這個人不行就換掉，採取這種方式較能儘快擺脫痛苦。直到現在，我才敢表明當時的心聲。

不過，要是我為了因應事業快速成長的現實，捨棄「召集新世代和培育年輕人才」的方針，那該用什麼做法代替才好？

這個答案很明顯。那就是召集更上一代的人，也就是當時五十幾歲「有成功經驗的人」。如此一來，對我來說，應付三住急遽擴大就會變得相當輕鬆。

當然，假如要徵求更上一代的人才，其中會有能力多麼非凡的人才呢？從以往的經驗判斷，這也是有疑問的。那一代會出現在轉職市場中的經營者級應徵者，多半都有著濃厚的上班族經營者心態，事情統統交給部屬去做，自己只要在上面等著收割部屬的成果就好。即使如此，但若事態嚴重顧不了那麼多，腦中就會不斷隱隱約約地思考如何轉換培育管理人才的方針。

然而，以結論來說，我會沉住氣，絕對不改變方針。假如那樣做的話，聘僱的年輕一輩要晉升層峰的日子就會長達將近十年。從外面來的董事會盤據在他們之上，難得「抓住機會」來三住的年輕人才，一定會心灰意冷。

最重要的是，「我卸任時，把將來寄託給四十幾歲的經營陣容」的夢想也會消失。

如此一來，三住將會變成普通的日本企業，影響將擴及三住內部二、三十幾歲的年輕員工，這一點只要看看許多日本企業中發生的事情就會明白。思及至此，我就決定要努力維持方針不變。這種糾結的痛苦，至今我尚未對任何人坦白，我確實是單槍匹馬應戰。

以東證一部上市企業營業額超過二千億日圓的規模來說，目前三住集團的管理團隊，以四十幾歲或年紀略長的青壯年員工為核心陣容，是很獨特的團隊。假如我當時屈服而改變主意，就絕對無法實現這個理想。設法努力堅持不斷培養自己召集的世代，真是太好了。

培育人才的難題

當然，沒有達到我的要求，掛冠求去的人也不少。令人振奮的是，並沒有因此造成「一將功成萬骨枯」，而是有更多人才留下來，努力追求成長最後脫穎而出。在本書各章的改革中打破停滯和挫折，締造「一將功成萬民生」的強人領導者，都是正面決勝進而出類拔萃的成功人士。就算他們將來離開三住集團，也是出色的「校友」。

到頭來，我當初「培育儲備經營者」的願望成功了嗎？雖然目標是要將三住當成日本式管理的新型「實驗地」，但這項嘗試奏效了嗎？

我擔任執行長的十二年來，一直不斷感受到培養人才的困難。最後會發現培育儲備經營者的時間要以十年為單位。即使如此，三住還是努力以「二倍速度」培育人才。其他日本企業要花二十年，三住就花十年；其他企業要花十年，三住就花五年。

於是，我卸任時，由四十幾歲的世代接班的目標達成了。不過，我在三住培養人才的計畫是否成功，真正的答案要從現在算起過十年之後才會揭曉。

這是薪火相傳是否真能運作的關鍵。從結果來看，現在的部門長和協理階層將來會陸續冒出多少經營者？或許應該問，現在二、三十幾歲的員工當中會嶄露多少維繫日本將來的經營者？

三住聚集了志氣高昂的日本人，密度遠高於一般的日本企業。然而，要讓他們真正提升管理技巧，做個值得認可的人才出現在日本職場的最前線，就需要累積更多經驗，連堪稱困難和修羅場的狀況都要包含在內。

即使是離開三住的前員工，曾在三住工作也會成為職涯中有意義的經驗，期盼將來這能夠化為日本的管理能力盡情發揮

公司是「生物」

我在就職的十二年間卸任三住的執行長。看到銷售額從就職時的五百億日圓，成長至將近

二千億日圓，員工人數從三百四十人增加到全球一萬人。雖然我依然精力充沛，卻決定要結束階段性任務。現在我成了董事長，並沒有負責實際執行。

公司和人類一樣是「生物」，決定公司命運的是當時在這家公司的人（領導者）。究竟未來三住會日益成長及擴大，還是會一味拖延怠惰，變成平凡的公司？又或者是會變得更反常，導致公司逐漸衰落？這家公司的命運完全由那個時代經營公司的執行長和管理幹部所掌握。

「公司屬於誰」是個具爭議的話題。我完全不能贊同「公司為了股東存在」的主張，公司的命運要由領導者自己決定。企業家將無限的熱情貫注到事業當中，一呼百諾，領導者全力落實。這就是**原點**，所要求的是「戰略」和「熱情」。

我接手管理三住時，就毫無顧忌地否定過去的管理當中應該否定的舊規，大幅改變公司。創辦人田口弘先生對此連一句不平之鳴都沒有。想來田口先生已經認清，企業這種生物的命運，就是要遵循當時在位經營者的指揮，所以就由我自由管理。同樣地，我也會對下一位接班人說：「再怎麼否定過去的時代也無妨，要建立自己喜歡的公司。」

相信這本書的讀者當中也有許多儲備經營者以晉升層峰的高位為目標，期盼有一天能夠達到專業經理人的境界。或是也有人以這本書為契機，重新發現自己的生存之道，說不定還有人對自家公司的經營和戰略改觀。

假如這本書能夠成為契機，讓各位讀者思考日本企業家嶄新的生存之道，務必在全球競爭中活下來，而不侷限在日本這個蕞爾小國，作者的夙願就達成了。

國家圖書館出版品預行編目資料

企業改造（修訂版）：組織轉型的管理解謎，改革現場的教戰手冊 / 三枝匡著；李友君譯. -- 二版. -- 臺北市：經濟新潮社出版：家庭傳媒城邦分公司發行, 2018.07

面；　公分. --（經營管理；149）

譯自：ザ・会社改造：340人からグローバル1万人企業へ

ISBN 978-986-96244-4-2（平裝）

1. 企業再造　2. 組織管理

494.2　　107008243